220kV及以下变电站
继电保护故障案例分析

国网浙江省电力有限公司温州供电公司　组编

内 容 提 要

目前继电保护人员紧缺、培养周期长，一线安全生产承载力紧张。为帮助继电保护相关从业人员巩固知识、快速成长，编写了《220kV 及以下变电站继电保护故障案例分析》。

本书主要针对 220kV 及以下变电站继电保护故障案例进行分析。全书分为六章，首先介绍了变电站事故类型和事故处置流程；然后按照设备故障、回路异常、操作事故、一次设备配合、智能站设备五大类进行故障案例分析；每一类给出 3～6 个案例，每个案例均给出了案例简介、事故信息、检查过程、原因分析和知识点拓展，为防止发生同类型事故提供思路和方法。

本书案例丰富、讲解详细、图文并茂，可供电力系统内继电保护专业的管理人员、运维人员、检修人员以及相关技术人员学习参考，可作为变电站二次专业检修人员技能培训教材。

图书在版编目（CIP）数据

220kV 及以下变电站继电保护故障案例分析/国网浙江省电力有限公司温州供电公司组编. -- 北京：中国电力出版社，2025.1. -- ISBN 978-7-5198-9608-9

Ⅰ. TM77

中国国家版本馆 CIP 数据核字第 2025S80V28 号

出版发行：中国电力出版社
地　　址：北京市东城区北京站西街 19 号（邮政编码 100005）
网　　址：http://www.cepp.sgcc.com.cn
责任编辑：穆智勇
责任校对：黄　蓓　马　宁
装帧设计：郝晓燕
责任印制：石　雷

印　　刷：三河市航远印刷有限公司
版　　次：2025 年 1 月第一版
印　　次：2025 年 1 月北京第一次印刷
开　　本：710 毫米×1000 毫米　16 开本
印　　张：14
字　　数：228 千字
定　　价：85.00 元

编委会

编写组

陈立 陈颖 王佳兴 陈刚 奚洪磊 陈继拓 潘武略

吴佳毅 张辉 娄子屹 赵梓亦 杨剑友 戴倩倩 赵张磊

陈琼良 郑伟 郑重 高炳蔚 郑发博 陈前前 张茜

周王峰 陈文汉 潘茜茜 周煜智 夏仁义 王黎敏 胡亦涵

叶超 王策 梅宏 陈瑜潇 陈晨 刘曦

前 言

随着国民经济的高速发展，电力系统不断向大电网、大机组、长距离输电方向发展，新技术、新装备在电网中不断得到推广应用，区域电网之间的联系更加紧密。与此同时，电网的系统特征及其故障特性也发生了显著变化。电网安全稳定运行是社会稳定、经济向好的前提与基础。一旦发生电网事故，影响范围日益扩大，保障电网安全稳定运行所面临的形势更为严峻。能源资源紧缺增大了电网保供的压力，电力系统内外安全形势严峻，电网事故一旦发生将可能造成影响民生的直接后果。继电保护作为电力系统安全稳定运行的重要一环，是保障电网、设备、人身安全的最后一道防线。当变电站事故发生时，继电保护人员需要迅速配合判断事故原因，并正确处理事故。这要求继电保护人员具有专业的技术水平与扎实的理论知识，通过现场情况分析事故现象、保护信息等，迅速查明事故发生的起因，并正确处理故障。

2022 年，国家电网有限公司全面铺开全业务核心班组建设，旨在培养高素质技能人才队伍，做实做强做优基层班组、夯实公司高质量发展基础。为帮助二次检修班组尽快向“作业自主、安全可控、技能过硬”的核心班组转变，提升继电保护人员面对故障时判断问题、分析问题、解决问题的能力，确保事故分析、故障抢修等核心业务“自己干”“干的精”，国网浙江省电力有限公司温州供电公司（简称国网温州供电公司）编写了《220kV 及以下变电站继电保护故障案例分析》。

本书包括六章，第一章介绍变电站内主要的一、二次设备故障类型，以及通用的事故处置流程；第二章到第六章，分别从设备故障类、回路异常类、操作事故类、一次设备配合类、智能站设备类等五类案例介绍事故概况、原因分析和相关知识点拓展，将理论知识与现场实际立体的呈现给读者，希望可以给相关专业从业者以启迪和帮助。

通过阅读本书，读者可以了解到调查事故的思路、事故发生内含的机理以及背后的原理，根据相关知识点和内在逻辑，举一反三，结合事故现场的实际情况，选择最合适的分析工具，并按照事故处理要求，严谨细致地推导、分析出异常原因。

由于变电检修领域监测手段与新技术不断发展，加之编写团队水平和时间有限，书中难免存在疏漏和不足之处，敬请各位专家同仁和读者批评、指正。

编　者

2024 年 12 月

目　录

第一章　概　　述

在电力系统中，变电站承担着电压转换和电能分配的工作，是连接各个电网的枢纽，变电站的安全与稳定直接关系到系统的电力安全。变电站一旦发生事故，将严重影响用户用电，对社会生产和生活造成重大损失。本章主要介绍变电站的事故类型，然后讲解变电站的事故处理流程。

第一节　变电站事故类型

引发变电站事故的主要原因有自然因素、质量不良、人为误操作、继电保护故障等。因此，确定变电站事故类型，需要检修人员配合进行事故综合分析，做出相应的判断。变电站事故原因可分为外部原因与内部原因。内部原因主要是指电力系统或者变电站设备自身发生故障，直接或者间接导致事故的发生；外部原因主要是指管理、人为或者自然原因导致设备功能失效、损坏或者出现不合理的运行方式。

外部原因包括自然因素，如雷击、台风、洪水、火灾等；安装调试不可靠，如回路接线错误或接线不可靠、设备调试不到位；人为误操作，如操作人员误操作、定值误整定；维护因素，如维护不当、未及时维护更换性能不达标的设备。

内部原因包括元件故障，如母线故障、主变压器故障、线路故障；二次系统故障，如保护装置故障、控制回路故障、直流电源故障等；电力系统不稳定，如静态破坏、暂态不稳定、系统振荡、频率不稳定。

变电站内的设备主要包括变压器、线路、断路器、电流互感器、电压互感器、隔离开关、接地开关、母线、电容器、电抗器等。变电站内发生事故导致故障跳闸，可能是一次设备故障引起的，也可能是二次系统故障引起的。以断路器、隔离开关、电流互感器、电压互感器为例，发生故障时可能的一次设备故障与二次系统故障原因如表 1-1 所示。

表 1-1　　设备故障可能原因

设备故障类型	一次设备故障	二次系统故障
断路器故障	操动机构故障、直流电阻过大、分合闸动作时间过长、灭弧室不能切断电流等	分合闸电源消失，如熔电器熔断或接触不良、就地端子箱分合闸电源空气开关未合、控制回路断线、分合闸线圈或继电器烧坏、辅助触点接触不良、直流电压过低、把手失灵、分合闸闭锁等
隔离开关故障	隔离开关触头、触点过热；合闸不到位或三相不同期；绝缘子损坏、放电等	操作失灵，如电机或控制回路不正常，闭锁回路异常、继电器触点接触不良等
电流互感器故障	渗油、匝间短路、接触不良或绝缘击穿引起过热；内部绝缘性能降低放电等；铁芯松动、过负荷引起异响等	二次开路、短路、多点接地、接线错误等
电压互感器故障	渗油、铁芯松动、匝间短路、绕组断线、铁芯接地不良、放电或绝缘击穿等	二次短路、二次空气开关跳闸、二次回路断线、多点接地等

一、一次设备故障

在电力系统长期运行中，由于自然因素等影响，可能发生短路、断线等故障，其中发生概率最高的是短路故障。短路故障包括三相短路、两相短路、单相接地短路及两相接地短路。断线故障包括单相断线、两相断线和三相断线。在短路故障中，单相短路接地故障占 65%，两相短路故障占 10%，两相短路接地故障占 20%，三相短路故障发生概率最低，只占 5%。除此以外，设备本身发生故障，也可能导致变电站事故的发生。

（一）线路故障

对于架空线路，由于所处地理环境复杂多变，发生跳闸的可能性远大于其他设备。如大风吹动线路造成线路之间短接、雷击绝缘子表面发生闪络等都会使线路发生跳闸，但此类故障一般具有瞬时性，通常变电站内断路器跳闸后重合闸动作，断路器重合，故障消除后，线路就能恢复正常运行。但有些故障具有永久性，发生后不能瞬间消除，线路重合闸不会动作或动作后断路器再次跳闸，引发停电事故，如输电线路断裂、绝缘子破损或异物造成的短路或接地等。

与架空线路相比，电缆线路供电更加可靠，不受外界影响，不易发生因雷击、台风等自然灾害造成的故障。电缆线路主要由电力电缆、终端接头和中间接头组成。发生故障后一般认为是永久性故障，因此重合闸不投入。不同类型线路的故障原因如表 1-2 所示。

表 1-2　不同类型线路故障原因

线路类型	故障原因
架空线路	绝缘子闪络或断裂、异物、大风、雷击跳闸、外力破坏等
电缆线路	外力破坏、电缆接头爆炸、绝缘击穿等

线路发生故障后，若不能及时切除，如断路器故障、线路保护不正确动作等，造成越级跳闸，导致母线保护动作，切除整段母线，引起电网事故，破坏电网系统的稳定运行。若故障发生在死区，也会造成母线保护动作，切除整段母线。当发生近区故障时，主变压器流过的短路电流过大，也可能导致主变压器绕组损坏。

（二）变压器故障

变压器作为变电站最重要的设备，关系着电力系统的安全稳定运行，一旦发生事故，将造成严重的经济损失。变压器的短路或断线故障分为内部故障和外部故障两种。外部故障是指接线发生短路故障或断线故障，如绝缘子损坏、导线断线接地等。内部故障是指变压器油箱内发生的故障，包括相间短路、绕组匝间短路、层间短路和单相接地（带电部分碰壳）短路等。发生短路或断线故障后，短路电流产生的电弧不仅会损坏绕组绝缘和铁芯，也会产生很大的机械破坏力，导致绕组变形或崩断。同时，高温、电解会使绝缘材料和变压器油分解而产生大量气体，绝缘强度迅速下降，最终导致变压器油箱爆炸，产生严重后果。此外，变压器还可能出现油温异常、油位异常等情况，说明变压器内部可能发生故障，如表 1-3 所示。变压器一旦故障，应及时处理，必要时停机处理，避免情况不断恶化，导致事故发生。

表 1-3　变压器故障及原因

变压器类故障	故障原因
油位异常	油位计卡针等故障、呼吸器堵塞、隔膜破裂、漏油等
油温异常	冷却器不正常运行、运行电压过高、长期过负荷、内部故障、温度计损坏等
异常声音	负荷过大；内部放电，如有载开关接触不良；外部放电，如瓷套管电晕放电；内部零部件松动；绕组故障、局部严重过热；内部绝缘击穿等

非电量保护作为变压器油箱和绕组发生短路及异常的主要保护，对变压器匝间和层间短路、铁芯故障、套管内部故障、绕组内部断线及绝缘劣化和油面下降等故障均能灵敏动作。变压器投运后，非电量保护一般只投入气体保护和油温高跳闸。当油浸式变压器的内部发生故障时，由于电弧将使绝缘材料分解并产生大量的气体，从油箱向储油柜流动，气体冲击气体继电器，使气体保护动作。如发生轻瓦斯报警，其原因一般为变压器内部有轻微故障、变压器内部存在空气或二次回路故障等，检查后如未发现异常现象，应进行气体取样分析；如重瓦斯动作跳闸，若二次回路无故障，则表明变压器内部可能发生严重故障。

（三）母线故障特点

母线接线方式包括单母线接线、单母线分段接线、双母线接线、双母线双分段接线、3/2 断路器接线等。在不同的运行方式下，母线故障造成的影响各不相同。如 3/2 断路器接线，因其供电可靠性高，每个回路有两台断路器供电，发生母线故障或断路器故障时不会导致出线停电。在实际运行中，常见的母线故障主要有以下原因：

（1）母线绝缘子和断路器套管发生表面污秽闪络；

（2）母线电压互感器或母线与断路器之间的电流互感器发生故障；

（3）倒闸操作时引起断路器或隔离开关的支柱绝缘子损坏；

（4）运行人员误操作，如带负荷拉隔离开关等。

母线发生故障时，将跳开故障母线上的所有元件，造成大面积停电事故，破坏电网系统的稳定运行。若故障未及时切除，将导致故障进一步扩大，随着短路电弧的移动，故障类型也从单相接地故障或相间短路发展为两相或三相接地短路。

二、二次系统故障

二次系统主要指由继电保护、安全自动控制、系统通信、调度自动化、自动控制系统等组成的，为保障一次系统安全运行的保护系统（见图 1-1）。二次系统的任一环节出现故障，都可能导致保护装置或一次设备拒动或误动，从而发生事故或加剧事故的严重性。二次系统的故障类型多样且故障现象复杂，需要先确认故障点，然后采取针对性的措施消除故障。从功能角度将二次系统故障分为以下三种主要类型。

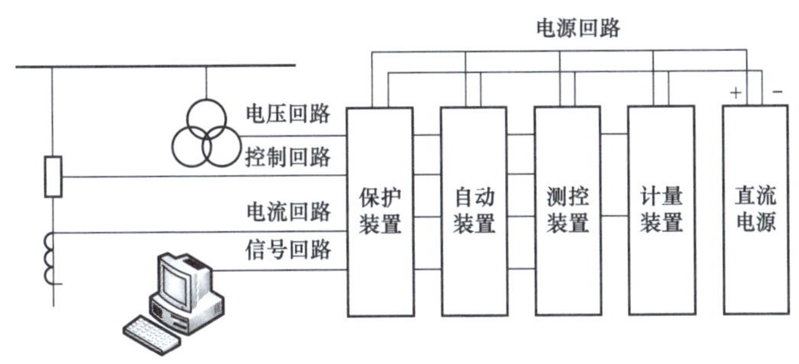

图 1-1 二次系统

(一) 二次回路故障

二次回路包括继电保护回路、电源回路、闭锁回路、电流回路、电压回路、开入量回路、控制回路等回路。表 1-4 所示为不同回路可能引发事故或扩大的故障原因。

表 1-4 不同回路的可能引发跳闸事故的故障原因

故障原因	短路	开路	接线错误	触点故障	直流或多点接地	绝缘不良
测量回路	√	√	√		√	√
开入回路		√	√	√	√	√
控制回路	√	√		√	√	√
电源回路	√	√			√	

1. 测量回路故障

测量回路包括交流电压、电流二次回路。为防止感应产生高电压，交流电压、电流二次回路均要求接地且必须为一点接地。故障情况下，在接地网中通过的短路电流很大，两点接地会影响装置测量电流或电压的正确性。电流回路两点接地会导致两个接地点间产生分流，影响装置测量电流的正确性；电压回路两点接地会导致两个接地点的中性点间存在电压差，影响装置测量电压的正确性。因此，多点接地下，交流电压、电流二次回路均可能导致保护装置不正确动作，扩大事故范围。多点接地电流回路分流如图 1-2 所示。

电流、电压二次回路也可能出现回路断开、极性或接线错误、短路等问题，导致保护误动或拒动。电流回路开路可能导致电流互感器铁芯过热、烧坏线圈，或性能变坏，误差增大，并在二次侧产生过电压，对一、二次绕组绝缘造成破坏，威胁人身、设备安全。常见的电流回路接触不良，会使接触不良处升温，严重时烧毁端子，使电流回路处于开路风险。电压回路短路则可能导致电压互感器烧毁。

接线错误表现为极性错误或不同绕组电流回路互相连通（见图 1-3）。如不同绕组接线交叉错误，虽然正常运行时，绕组电流可以通过接地线形成完整回路，但一旦发生接地不良，将造成电流回路开路。

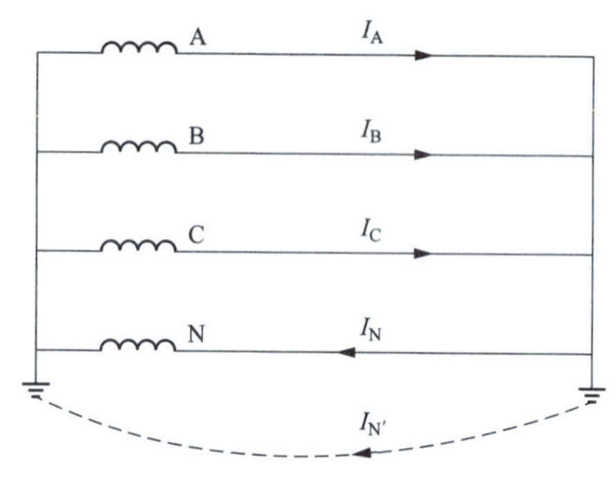

图 1-2　多点接地电流回路分流

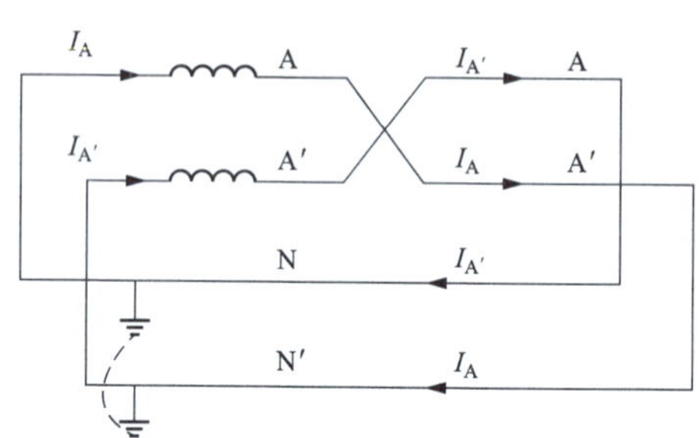

图 1-3　不同绕组电流回路互相连通

2. 控制回路故障

控制回路包括断路器控制回路和隔离开关的控制回路，如图 1-4 所示。隔离开关回路故障往往在运行人员操作过程中被发现，影响运行人员操作任务的执行，但一般不会引发事故，除非回路故障导致误合接地开关或带负荷拉开隔离开关。

断路器控制回路且影响断路器正常运行的故障，包括防跳失败、三相不一致不动作、控制回路断线等。下面以防跳失败、控制回路断线为例，说明其危害及原因。

防跳由跳闸回路防跳电流继电器启动，合闸回路防跳电压继电器保持实现。防跳失败时，断路器将反复分断，则可能导致断路器损坏或发生爆炸。引起防跳失败的原因主要有：①防跳继电器触点接触不良或损坏；②防跳继电器动作时间不配合；③防跳回路断线；④断路器本体和操作箱同时存在防跳，配合不当导致防跳失败。

控制回路断线表现为断路器无法分合，导致保护失去选择性。控制回路断

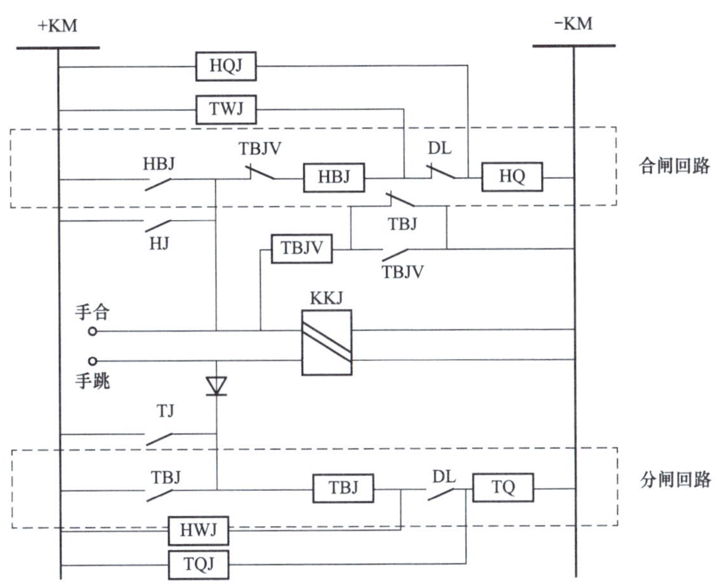

图 1-4 控制回路

线后通常会发出告警信号，通过装置内部的合位继电器 HWJ 动断触点和跳位继电器 TWJ 动断触点的串联，合位继电器与跳位继电器分别串入分闸回路和合闸回路，当分闸回路或合闸回路出现故障导致继电器同时失磁，两动断触点同时闭合，发出“控制回路断线”告警信号。

引起控制回路断线故障的原因主要有：①控制跳开、故障或控制电源熔丝熔断；②断路器辅助触点接触不良或损坏；③分、合闸线圈烧毁、断线；④储能回路故障、储能电机或储能行程断路器损坏、储能触点接触不良；⑤电磁操动型机构电磁合闸线圈烧毁。

3. 开入回路故障

保护装置本身包含几个固定开入，装置检修、信号复归、保护功能压板，以及可能存在的闭锁开入，如气压低闭锁重合闸。本体保护包括本体重瓦斯、有载重瓦斯等开入。测控装置的开入回路包括弹簧未储能、断路器合位、各隔离开关合位、控制回路断线、装置故障等。

开入回路（见图 1-5）故障可能会影响保护的功能，如本体二次回路影响本体保护正常运行、变压器本体二次回路异常。在雨季，如果变压器气体继电器、油温/绕温温度计等本体元件密封效果不好且未加装防雨罩，雨水或喷淋水进入

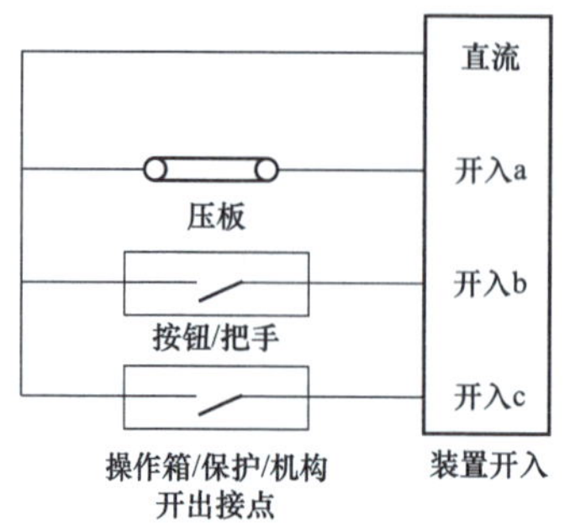

图 1-5　开入回路

继电器接线盒内都可能造成变压器非计划停运。

4. 绝缘不良

运行中的继电保护设备和二次回路的绝缘薄弱点被击穿破坏，会造成二次回路直流失电、跳闸触点高阻导通、交流电流/电压回路两点或多点接地等故障，进而引起被保护的设备运行异常、误跳闸或区内故障拒跳闸，甚至引发火灾，进而破坏电力系统的安全稳定运行。

二次回路的绝缘问题往往是缓慢的击穿过程，运行中不易被发现，导致不能第一时间发现隐患。因此，加强对继电保护设备及二次回路的绝缘测试，及时发现绝缘不良隐患至关重要。绝缘不良可能是老化、环境、生物、机械损伤等多种因素引起的：

（1）运行环境不良。当加热器、烘潮器受设计或端子箱、机构箱空间结构限制，安装位置不合理，距电缆很近时，会加速电缆绝缘老化；如未封堵或封堵不严密时，由于密封不良进水、温控器故障等原因造成二次回路设备严重受潮、端子箱进水，进而导致直流系统绝缘性能降低，甚至引发直流接地。

（2）机械损伤。如电缆保护管管口毛刺和尖锐棱角未打磨光滑，在二次电缆穿管时刺破电缆；二次电缆长期受振动磨损、拉扯、破损等因素破坏电缆绝缘。

（3）长年运行后设备老化。如二次回路电缆绝缘层严重老化开裂破坏；金属软管老化损坏，雨水通过破损口顺着软管流入设备接线盒造成绝缘击穿事件。

5. 直流接地

直流电源作为电力系统的重要组成部分，为一些重要常规负荷、继电保护及自动装置、远动通信装置提供不间断供电电源，并提供事故照明电源。直流系统发生一点接地，不会产生短路电流，可继续运行。但必须及时查找接地点并尽快消除接地故障，否则当发生另一点接地时，就可能引起信号装置、继电保护及自动装置、断路器的误动作或拒绝动作，从而造成直流电源短路，引起熔断器熔断，或造成空气开关跳开，使设备失去控制电源，引发电力系统严重故障乃至跳闸事故。因此，不允许直流系统在一点接地情况下长时间运行，必须加强在线监测，迅速查找并排除接地故障，杜绝因直流系统接地而引起的电力系统故障。直流接地的可能原因如下：

（1）设计错误或本身不合理，如开关柜设计过于狭小，致使柜门关闭后二次电缆被柜门硬物割伤，造成直流接地；二次回路发生两组直流电源在遥信回路中交叉、互串现象，造成直流互串，直流系统可靠性降低，引起直流系统接地故障告警，甚至分别接入直流和交流回路，造成两组直流电源、交/直流电源间相互感应产生有源互串现象。

（2）在运行中由于绝缘老化、绝缘材料质量不合格、机械损伤等因素，造成直流接地。如不同功能的直流回路接线设计不当；未采用隔离的方式而是直接接在相邻上下的端子；随着投运年限增长等因素，由于灰尘、端子老化导致上下端子高阻导通。

（3）金属零件、铁屑或其他导电异物进入带电回路，与外壳或其他端子导通，造成直流接地。

（二）装置异常或故障

无论是保护装置、操作箱或测控装置等，当发生异常或故障时，都可能导致事故的发生或扩大事故范围，表现为失去装置本身功能、误动作跳闸或合闸，或拒分拒合。引起装置出现异常或故障可能是采样异常、失电、定值消失、CPU板损坏、开入异常等原因。

如装置发生失电或电源板损坏，对于电压等级为220kV的保护装置，由于采用双套配置，保护装置失电后发生故障，保护装置能正常动作。同理，由于操作箱也采用双套配置，断路器仍能正常跳闸。但一些老旧变电站的线路保护可能采用断路器保护，会失去选跳功能。而对于110kV配置单套保护的间隔，将失去保护，一旦发生跳闸事故将导致越级跳闸。同样，智能终端或操作箱失电也将失去切除故障的能力。对于智能站，110kV第一套母设合并单元失电，将导致保护装置失去选择性，此时发生事故会导致保护误动事故扩大。而操作箱或智能终端失电，将导致开关无法跳闸，从而引发越级跳闸。

装置异常或故障可能有以下原因：①运行环境不良，如通风不良、空间布局不合理，将加速老化导致装置板件内部元件损坏，引起装置运行异常或故障；②插件、接线松动，如本体智能终端插件松动，导致非电量保护不能正常动作；③串入高压，烧毁板件；④程序、硬件固有缺陷。

（三）误碰、误操作与误整定

工作中，由于工作措施不到位，对设备了解程度不够或存在违章行为，导致误操作、误接线、误碰、误整定。

（1）误操作。如带电热插拔，当误插拔电源板时可能造成短路，从而使电源板烧毁。

（2）误接线。由于涉及的回路不同，将造成不同程度的危害。如操作电源与信号电源线接反，将造成直流互串。

（3）误碰。在端子紧固工作中，由于作业人员对现场条件不够熟悉或不够负责，误触，将正负极端子短路，使空气开关跳闸。

（4）误整定，包括整定计算错误与装置整定错误。电力系统继电保护的误整定事故是一种非常典型的人为责任事故，一旦工作人员在收集电流互感器等设备运行参数的过程中出现失误，或出具定值单时出现错误，将影响保护正常功能。如线路保护检线无压、检母线有压应投入，但定值单未投入，此时投入运行后将导致重合闸失效。保护设备整定错误属于人为误整定，主要原因是工作不仔细、检查过程不全面。应规范作业，做好继电保护定值三核对。

第二节 事故处置流程

变电站事故的处理，必须严格遵守安全工作规定、现场运行规程等要求。事故处理需要依据时间，记录微机事件记录、故障录波图形、装置灯光显示信号等信息，根据有用的信息做出正确合理的判断，以解决问题。利用微机提供的故障信息能解决经常发生的简单事故，但对于少数故障，仅凭经验是难以解决的，应采取正确的方法和步骤。事故处理流程见图 1-6。

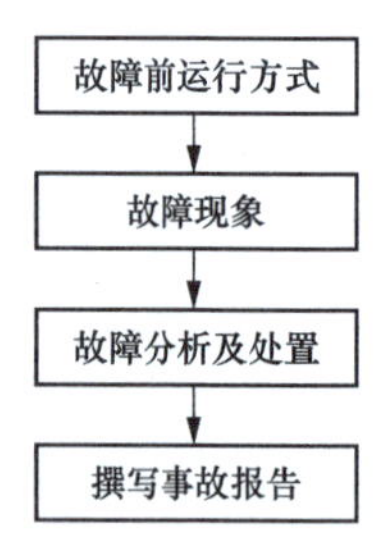

图 1-6　事故处理流程

（1）故障前运行方式。需要了解故障发生前变电站内的主接线、运行方式（包括关键的二次保护及自动化装置投退情况）、负荷情况等，以及故障发生前设备是否发出异常告警情况。

（2）故障现象。检查故障发生后继电保护、自动化装置的动作情况，断路器的跳、合闸情况，相关主变压器、母线、出线、交/直流电源等的失压情况，一次设备的损坏或其他异常情况，其他重要告警信号等，并做好记录。现场的光字牌信号、微机事件记录、故障录波器的录波图形、装置的灯光显示信号、保护信号等是继电保护事故处理的重要依据。

（3）故障分析及处置。通过对一次设备与二次系统的全面检查，判断是否发生一次设备故障、继电保护是否正确动作。分析继电保护、自动装置的动作行为，判断动作是否正确、相关告警信号是否正确。如果事故发生后，按照现场的信号指示无法找到故障原因，或断路器跳闸后没有信号指示，事故处理难度较大，需要先界定是人为事故还是设备事故。如果是人为事故，必须如实反映，以便于分析，并避免浪费时间。若判明故障点出现在二次系统上，要尽量维持原状，做好记录，待分析并制订出事故处理计划后再开展工作，以免由于原始状况破坏，给事故处理带来困难。

（4）报告撰写。事故处理完毕后需要撰写事故故障处理与分析报告，总结故障处置经验与设备故障原因，提出处置过程中存在的问题和改进建议，以及设备故障的防范措施。

一、事故分析工具

事故处置依赖于电力系统的监测分析工具。当变电站系统发生故障时，系统中各支路电流、触点电压都会发生一定的变化，同时，继电保护设备产生相应的保护信息，断路器和隔离开关根据这些信息进行相应的动作。通过监测分析工具提取电力设备电气量的变化、继电保护设备发出的信息、开关信息等信息并进行分析诊断，现场人员可以更快地掌握事故的全貌，对事故原因做出判断，及时发现问题所在。

1. 故障录波器

故障录波器是提高电力系统安全运行的重要自动装置，当电力系统发生故障或振荡时，能够自动记录整个故障过程中各种电气量的变化。通过对这些电气量的分析、比较，帮助现场人员分析处理事故、判断保护是否正确动作，从而提高电力系统事故的处理速度。故障录波器能记录因短路故障、系统振荡、频率崩溃、电压崩溃等大扰动引起的系统电流、电压及其导出量，如有功、无功及系统频率的全过程变化现象。故障录波是分析系统故障的重要依据。

根据所记录波形，可以正确地分析判断电力系统、线路和设备故障发生的确切地点、发展过程和故障类型，以便迅速排除故障和制定防止对策。

2. 事件顺序记录

事件顺序记录（sequence of event，SOE）是指把事件（开关或保护动作）发生的过程按时间先后顺序逐个记录下来。其记录精度精确到毫秒级，能够区分各断路器动作的时间间隔。当电力设备发生遥信变位如断路器变位时，相关设备会自动记录下变位时间、变位原因、断路器跳闸时相应的遥测值，形成SOE记录。通过查看SOE记录，可以辅助现场人员进行故障定位与故障分析，同时判断后台遥信是否存在缺陷。

3. 保护装置报文信息

保护装置保护动作后会形成相应的动作报告，一次完整的动作报告包括动作事件报告、装置启动时的开入量、装置启动过程中自检和开入量的变位、保护动作时的定值、故障录波的波形等内容。保护装置内显示的内容往往不够全面，需要打印查看。在动作事件报告中，通常给出动作事件、故障相别、故障电流大小、故障测距、动作的具体过程。通过报告，并结合故障录波器的波形，可以辅助现场人员进行分析，并确定保护装置是否正确动作。

二、故障检查方法

查找二次系统故障必须防止经验主义、盲目动手等错误做法，以免无法迅速排除故障，反而使故障扩大或导致问题的复杂化。因此，对继电保护及自动装置进行故障处理，应当遵循一定的规则。当利用微机事件记录和故障录波不能在短时间内找到事故发生的根源时，可以采取以下方式进行检查。

1. 逆序检查法

即从事故的结果出发演绎，一级一级往前查找，直到找出原因为止。

2. 顺序检查法

即利用检验调试的流程寻找故障的根源，需要在设备停电后进行。按外观检查、插件检查、接线检查、绝缘检测、定值检查、电源性能测试、保护性能检查、传动实验等顺序进行。外观检查未发现问题时，应根据故障现象，抓住故障特征，尽快判断出故障的范围，把故障点压缩在最小的范围以内。

3. 整组试验法

运用整组试验法的主要目的是检查保护装置的动作逻辑、动作时间是否正常。整组试验法可以用很短的时间再现故障，并判明问题的根源。如出现异常，可结合逆序检查法进行检查。

4. 二分法

将二次系统中的某一环节断开，如空气开关、二次回路，然后查找后续环节是否存在故障，若后续环节不再出现问题，则表明故障存在于模拟环节之前。通过二分法可以更快地定位故障点。

5. 对比法

对于二重化配置且相互独立的设备，同时发生故障的概率较低，若双套装置同时出现告警或故障，则表明故障点可能在共有部分。

现场可根据具体情况选用上述办法。实际在故障处理时，经过简单检查，往往就能查出一般的故障部位。如果经过常规检查仍未发现故障元件，说明该故障较为隐蔽，应引起充分重视，此时可采用逐级逆向排查方法，即从故障现象的暴露点入手，分析故障原因，由故障原因判断故障范围，在故障范围内确定故障元件并加以排除，使保护及自动装置恢复正常。如果仍不能确定故障的原因，可采用顺序检查法，对装置进行全面检查，并进行认真分析。

三、事故处理要求

在事故现场的检查过程中，如果发现装置元件特性参数与标准值相差很远，应仔细检查试验接线、试验电源、电流电压的极性、试验仪器、试验方法等是否存在问题，确认正确无误后，再考虑被试元件的问题。

1. 处理事故继电保护工作人员的要求

工作人员要了解继电保护故障的基本类型，掌握继电保护事故处理的基本思路，以便于提高继电保护事故处理水平；同时，还必须掌握必要的理论知识，运用正确的工作方法。

继电保护及自动装置事故处理要求工作人员思路清晰、动作迅速、分秒必争，只有思路清晰、迅速准确地排除故障，才不会在消缺时扩大故障，确保电网的安全运行。

继电保护及自动装置的事故处理工作和其他技术工作一样，要求理论与实践相结合、调查研究和逻辑思维相结合，为提高事故处理的水平，相关人员至少应符合以下要求：

（1）具有电子技术知识。由于电网应用的是微机继电保护，继电保护工作人员必须具有电子技术、集成电路及微机知识。

(2) 必须掌握电力继电保护原理。根据保护及自动装置所产生的故障分析产生故障的原因，迅速确定故障部位，找出并更换损坏的元件，工作人员必须具备继电保护的基础知识、全面了解保护的基本原理与性能，熟记其方框图，熟悉电路原理图。

(3) 具有继电保护相关的技术资料。一般情况下在现场应具备继电器检修规程、产品说明书、调试大纲、调试记录、定值通知单、整定试验记录、电路方框图、电路原理图、标准电压值、电流值、波形以及有关的参数等资料。这些资料主要依靠平时的收集与积累，特别是在检修及消缺后都要做好记录，作为下一次检修及消缺的参考资料。

2. 处理故障方法

在继电保护及自动装置故障处理中，常用的几种方法如下：

(1) 开路法。在直流系统出现接地故障时，一方面要对整个电气电路进行逐条开路操作，找出有问题的回路；另一方面要测量对地电压，观察测量值是否正常。另外，可以通过查找结果和测量结果确定二次回路出现故障的位置。

(2) 测量电阻判别法。利用万用表测量电路电阻和元件阻值来确定或判断故障的部位及故障的元件，一般采用电路电阻测量法，即不焊开电路的元件直接在印刷板上测量，然后判断其好坏。

(3) 测量电流判断法。利用万用表测量集成电路的工作电流、稳压电路的负载电流，可确定该电路工作状态是否正确、元件是否完好。常用的回路电流测量方法有直接测量、间接测量和取样测量三种。对于小电流（微安级）的测量，可将万用表直接串在电路中进行测量；对于毫安级以上的较大电流可以采用间接测量法，即测量回路中某已知电阻上的电压而求得电流的方法。如果在电路中找不到合适的电阻，可采用取样测量法，具体的做法是在回路中找一个适当功率的小量值电阻串，测量该电阻上的压降，计算出电阻中的电流。

(4) 测量电压判断法。对所有可能出现故障的电路的各参考点进行电压测量，将测量结果与已知的数值或经验值相比较，通过逻辑判断确定故障的部位及损坏的元件。

(5) 插件替代、对比、模拟检查法。替代法是用规格相同、性能良好的插

件或元件替代保护或自动装置上被怀疑而不便测量的插件或元件。对比检查法是将故障装置的各种参数与正常装置的参数或以前的检验报告进行比较，差别较大的部位就是故障点。模拟检查法是根据电路原理，在良好的装置上进行脱焊、开路或改变相应元件的数值，观察装置有无相同的故障现象出现。若有相同的故障现象出现，即可确认故障部位及损坏的元件。

第二章　设 备 故 障 类

案例一　开关柜绝缘件损坏主变压器差动保护动作

一、案例名称

变电站开关柜绝缘件损坏导致 1 号主变压器差动保护动作。

二、案例简介

6 月 24 日，220kV 某变电站 35kV 甲线保护动作，同时 1 号主变压器第一、二套差动保护动作，相继 35kV 母线保护动作，35kV 甲线开关跳闸，1 号主变压器三侧开关跳闸，35kV Ⅰ段母线上的开关均跳开。故障发生时刻，现场天气为雷雨，当日站内无检修工作。经现场检查后还原故障过程，35kV 甲线发生 AC 两相相间短路接地故障，甲线相间距离Ⅰ段动作跳甲线开关。此时系统 B 相电压升高，导致站内 1 号主变压器低压侧隔离柜内绝缘击穿，B 相铜排对 AC 相铜排放电，造成 ABC 三相短路接地，1 号主变压器第一、二套差动保护动作，跳其三侧开关。同时，三相短路拉弧造成隔离柜内引下线仓气体膨胀，冲开主变压器引下线母排与母线母排之间绝缘隔板，导致 1 号主变压器隔离柜内 B 相引下线与 35kV Ⅰ段母线 C 相短路，35kV 母线保护动作，35kV Ⅰ段母线上的开关均跳开。

三、事故信息

该变电站 220kV 为双母接线方式，110kV 和 35kV 为单母线分段结构，故障前 1 号、2 号主变压器三侧开关运行，220kV 母联开关运行；110kV 母联开关运行；35kV 母分开关热备状态。运行方式见图 2-1。

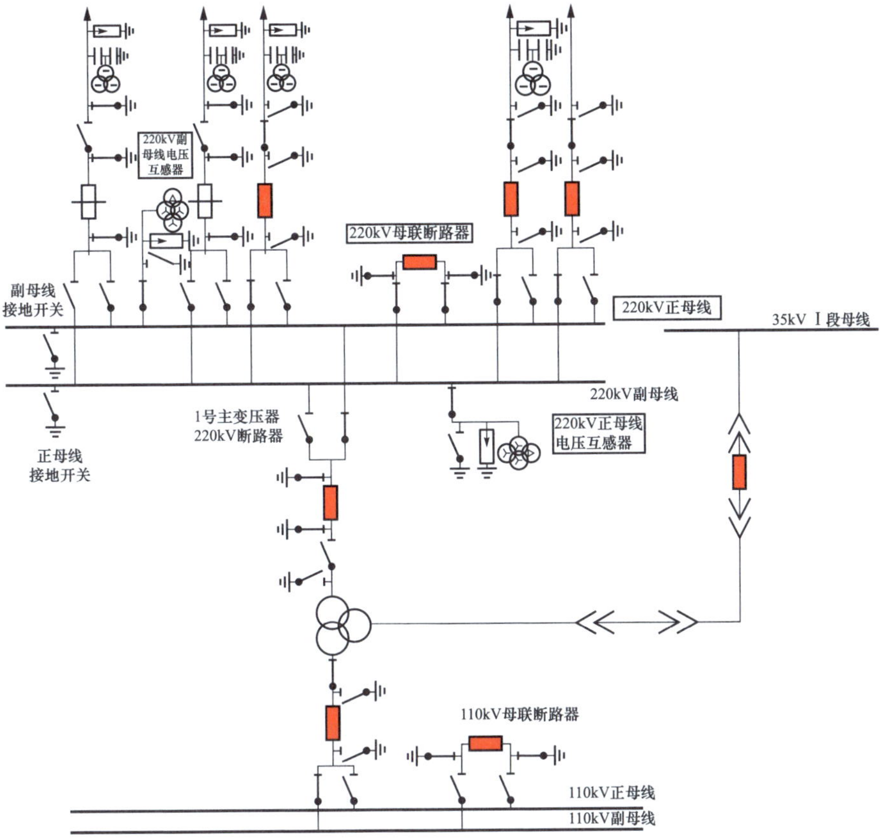

图 2-1　变电站运行方式接线图

查询设备台账，得到如下信息：

1 号主变压器型号 SFSZ9-240000/220，2015 年 12 月生产，生产厂家为西安西电变压器有限责任公司，2016 年 12 月投运，最近一次检修时间是 2018 年 5 月。

1 号主变压器 35kV 隔离开关柜型号 ASN1-40.5，2016 年 6 月生产，生产厂家为库柏（宁波）电气有限公司，2016 年 12 月投运。

1 号主变压器第一套保护型号为许继 WBH-801B/G2，2016 年 12 月投运，上一次检修时间为 2018 年 5 月，检修内容为 1 号主变压器保护测控例行试验。

1 号主变压器第二套保护型号为许继 WBH-801B/G2，2016 年 12 月投运，上一次检修时间为 2018 年 5 月，检修内容为 1 号主变压器保护测控例行试验。

35kV 甲线线路保护型号为许继 WXH-811BG1，2016 年 12 月投运。

35kV 母线保护型号为许继 WMH-800A/P，2016 年 12 月投运。

四、检查过程

现场检修人员对保护装置动作报文信息、故障录波器记录信息进行收集分析，同时对一次设备包括主变压器、进线桥架、开关柜进行检查试验。

1. 保护动作信息

6 月 24 日 13 时 53 分 36 秒 727 毫秒，35kV 甲线保护启动，747 毫秒 35kV 甲线相间距离Ⅰ段保护动作，跳开甲线开关，动作信息见表 2-1。

表 2-1　　35kV 甲线保护动作信息

WXH-825C 微机线路保护测控装置	
序号	报文信息
1	保护启动
2	相间距离Ⅰ段动作
3	故障测距 5.7km

13 时 53 分 36 秒 727 毫秒，1 号主变压器第一套、第二套保护启动，828 毫秒 1 号主变压器第一、二套纵差保护动作，跳开 1 号主变压器 220、110、35kV 侧开关，动作信息见表 2-2。

表 2-2　　1 号主变压器第一套保护动作信息

WBH-801B/G2 微机线路保护测控装置	
序号	报文信息
1	保护启动
2	纵联差动动作
3	A 相差流 1.9A，B 相差流 2.0A，C 相差流 1.88A

13 时 53 分 36 秒 734 毫秒，35kV 母线保护启动，871 毫秒 35kV 母线保护Ⅰ母线动保护动作，跳开 35kV Ⅰ段母线上所有开关（1 号接地变压器、1 号电容器、乙线、甲线、1 号电抗器、3 号电容器），动作信息见表 2-3。

表 2-3　　35kV 母线保护动作信息

WMH-800A/P 微机线路保护测控装置	
序号	报文信息
1	保护启动

续表

WMH-800A/P 微机线路保护测控装置	
2	纵联差动动作
3	A 相差流 2.5A，B 相差流 0.2A，C 相差流 2.4A

2. 一次设备检查

现场检查，1 号主变压器 35kV 进线桥架处无渗水痕迹，1 号主变压器 35kV 进线桥架水平部分无绝缘击穿痕迹。将 1 号主变压器 35kV 隔离开关柜母线仓、隔离手车仓泄压盖板打开（见图 2-2）发现，1 号主变压器 35kV 隔离开关柜内下穿进线母排烧损（见图 2-3），主变压器进线母排与母线之间的两块绝缘隔板间冲开（见图 2-4）。1 号主变压器 35kV 开关柜和隔离开关柜内加热器工作正常，下柜仓无放电受损痕迹，气溶胶正常未动作。

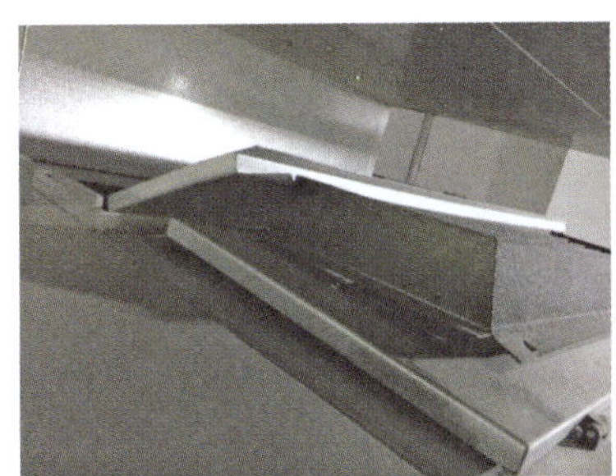
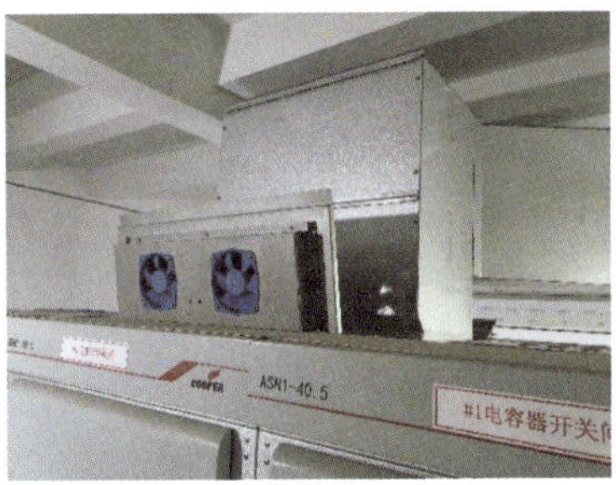

图 2-2　1 号主变压器 35kV 隔离开关柜母线仓、隔离手车仓泄压盖板打开

图 2-3　1 号主变压器 35kV 隔离开关柜内进线母排烧损

五、原因分析

根据设备检查情况以及保护信息，故障分三个阶段，动作时序见图 2-5。

图 2-4　主变压器进线母排与母线之间绝缘隔板冲开

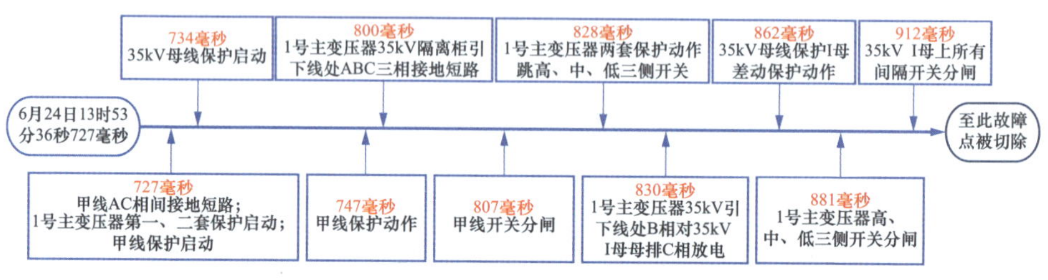

图 2-5　动作时序图

第一阶段：13 时 53 分 36 秒 727—800 毫秒，35kV 甲线 5.7km 处发生 AC 两相相间短路接地故障，甲线相间距离 Ⅰ 段保护动作跳甲线开关。雷电信息系统查询：6 月 24 日 13 时 53 分，甲线线路跳闸前后 5min 线路走廊半径 3km 共有 82 个落雷记录，最大落雷电流为 76.5kA，甲线开关柜内避雷器 A 相计数器动作。分析过程如下：

13 时 53 分 36 秒 747 毫秒，甲线路保护相间距离 Ⅰ 段动作，故障测距 5.7km。根据 1 号主变压器 35kV 侧和 35kV 母线保护内波形分析（见图 2-6、图 2-7），主变压器保护仅启动，未动作。35kV Ⅰ 母 B 相电压升高至故障前 1.5 倍（故障前二次电压 60V，一次电压 21kV，故障后二次电压 90V，一次电压 31.5kV），AC 两相电压降低，且主变压器低压侧 AC 两相电流大小相等，方向相反（有效值约 2A，变比 2500/1，一次电流值为 5000A）。甲线线路 AC 两相相间短路接地故障特征（甲线故障电流有效值约 4.47A，变比 1200/1，一次电流值为 5364A；1 号主变压器 35kV 侧故障电流有效值约 2.05A，变比 2500/1，一次电流值为 5125A）。

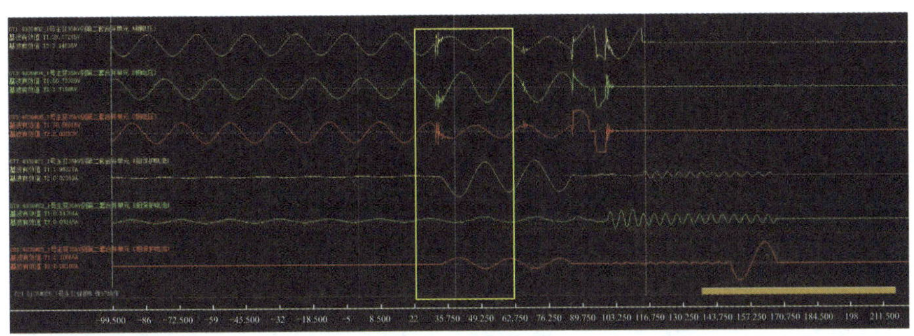

图 2-6　1 号主变压器故障录波器低压侧波形图

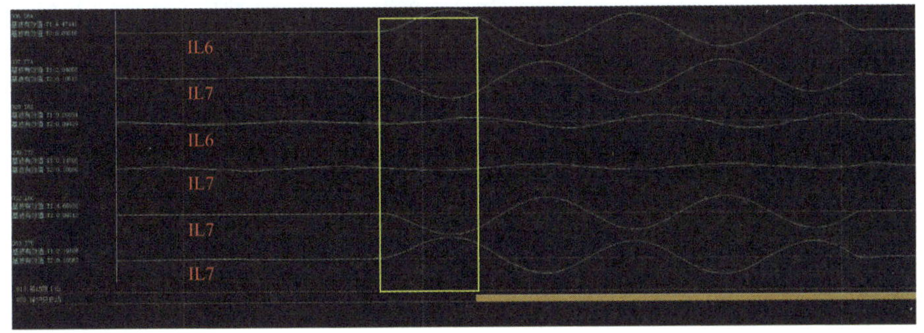

图 2-7　35kV 母线保护波形图（L6 为甲线，L7 为 1 号主变压器 35kV 侧）

第二阶段：13 时 53 分 36 秒 800—830 毫秒，因 35kV Ⅰ母 B 相电压抬升造成 1 号主变压器低压侧隔离柜内进线引下线处 B 相经相间绝缘隔板对 AC 相铜排放电，造成 ABC 三相短路接地故障。故障点在 1 号主变压器保护区内，35kV 母线保护区外，故 1 号主变压器差动保护动作，跳 1 号主变压器各侧开关。分析过程如下：

结合 1 号主变压器故障录波器高、中压侧电压、电流波形分析（见图 2-8），此时低压侧故障电流为高、中压侧故障电流之和，折算低压侧一次值为 18907A，且电压、电流波形为典型的三相接地短路故障特征，低压侧三相电压降低至 0V，电流降低至接近故障前负荷电流，因此判断故障点在 1 号主变压器低压侧电流互感器的前端，现场检查发现除 1 号主变压器低压侧 ABC 三相引下线下穿到隔离柜支柱绝缘子处有明显电弧放电痕迹外（见图 2-3），主变压器低压侧户外母线桥、桥架水平布置部分均无放电痕迹，可以确定柜内故障起始于 1 号主变压器 35kV 隔离柜进线引下线处，该处 ABC 三相短路接地故障造成 1 号主变压器第一、二套保护区内纵差保护动作，跳开主变压器三侧开关。

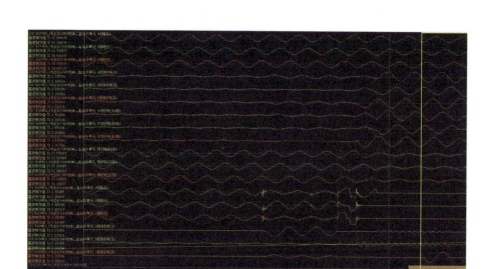

图 2-8　1 号主变压器故障录波器各侧电压电流波形图

第三阶段：13 时 53 分 36 秒 830—912 毫秒，1 号主变压器低压侧 ABC 三相短路拉弧造成引下线仓气体膨胀，冲开主变压器引下线母排与母线母排之间的绝缘隔板，导致 1 号主变压器隔离柜内 B 相引下线与 35kV Ⅰ段母线 C 相短路（见图 2-4）。35kV 母线保护Ⅰ母区内故障，跳开 35kV Ⅰ母上所有间隔。分析过程如下：

现场检查发现 1 号主变压器隔离柜内引下线母排与 35kV Ⅰ段母线之间的两块绝缘隔板拼接处下部被冲开，35kV Ⅰ段 C 相母排热缩盒被冲开，C 相母排有明显放电痕迹。结合 1 号主变压器故障录波低压侧电流及 35kV 母线保护内波形分析（见图 2-9、图 2-10），1 号主变压器纵差保护动作后，在主变压器各侧开关跳开前，1 号主变压器保护及 35kV 母线保护内主变压器低压侧 C 相电流突然增大（有效值约 7A，变比 2500/1，一次电流值为 17500A），且低压侧 AB 两相电流接近 0A，高中压侧电压、电流特征无明显变化。

结合上述分析判断，二阶段故障引起引线仓压力增大，冲开引线仓与母线仓间绝缘隔板，电弧受冲开气流影响，引线仓内的 BC 相相间短路打开，1 号主变压器隔离柜内 B 相引下线与 35kV Ⅰ段母线 C 相铜排短路，放电电流从主变压器 B 相引下线流经 35kV Ⅰ段母线 C 相铜排，流经主变压器 35kV 主变压器开关柜和隔离柜 C 相电流互感器后与主变压器 C 相引下线形成短路回路（见

图 2-11）。因此，1 号主变压器低压侧 C 相电流互感器采集到电流。此时 35kV 母线保护判断为 C 相发生区内故障，保护动作，跳开 35kV Ⅰ段母线上所有间隔。

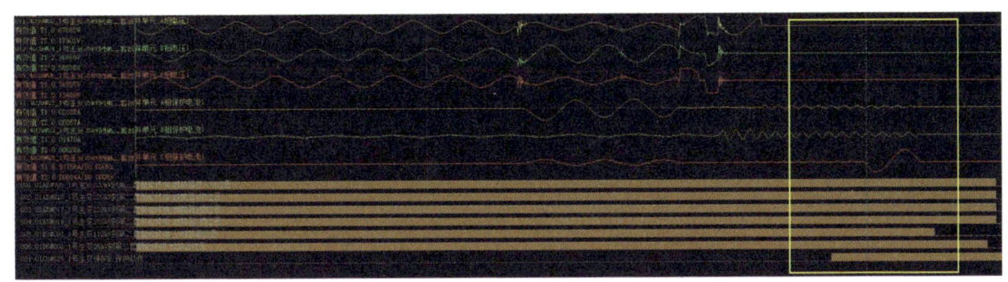

图 2-9　主变压器保护内低压侧电流波形

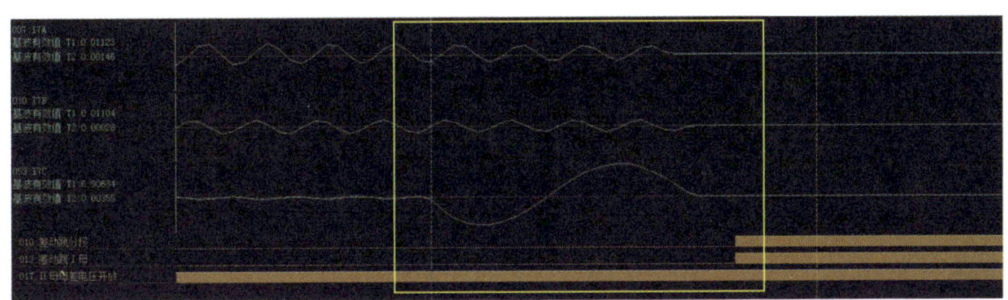

图 2-10　35kV 母线保护内主变压器低压侧电流波形

六、知识点拓展

根据检修人员在该变电站的故障跳闸分析与处理经验，若变电站主设备跳闸，作为二次检修人员，应能快速准确收集现场设备信息、保护动作报文信息、故障录波器记录信息、自动化监控设备记录报文信息，并具备电力系统故障分析理论基础。对相关数据进行有效分析，是故障原因分析、一次故障点查找与故障跳闸事件定性的关键。

1. 现场信息收集

变电站设备跳闸后，二次设备相关信息收集步骤：

（1）记录变电站一、二次设备故障前、后运行状态，包括站内主接线、运行方式、保护装置运行状况等。

（2）记录保护装置动作报文信息，包括保护动作类型与动作时刻，故障电流、电压值，故障测距等。同时，理清保护动作时序，绘制保护动作时序图

（见图 2-5），可完成对故障类型、故障形成与发展进行初步判断。

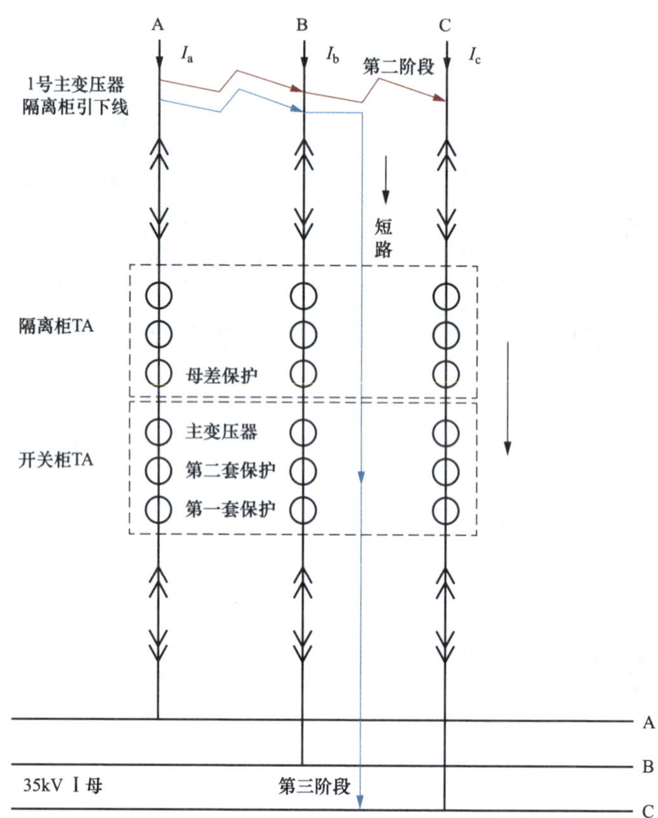

图 2-11　1 号主变压器引下线与 35kV 母线短路故障点

（3）记录自动化监控设备报文信息，同步完成二次设备与开关设备动作时序更新与核对，同时查看故障前后是否有其他设备异常报文。

（4）记录故障录波器信息，包括故障前、后过程的各种电气量（电压电流量、直流量、开关量）的变化，完成对故障全过程分析。

2. 故障分析

故障分析主要是对系统典型故障的电气量波形特征，以及主变压器各侧不同故障时各侧的电气量波形特征，以提高故障电气量波形分析的水平与效率。

（1）单相接地短路。其波形如图 2-12 所示，一相电流增大、电压降低，出现零序电流和零序电压；电流增大、电压降低为同一相别；零序电流相位与故障相电流同相，零序电压与故障相电压反相；零序电流超前零序电压 100°左右。其边界条件为（以 A 相接地为例）$U_a=0$、$I_b=0$、$I_c=0$。

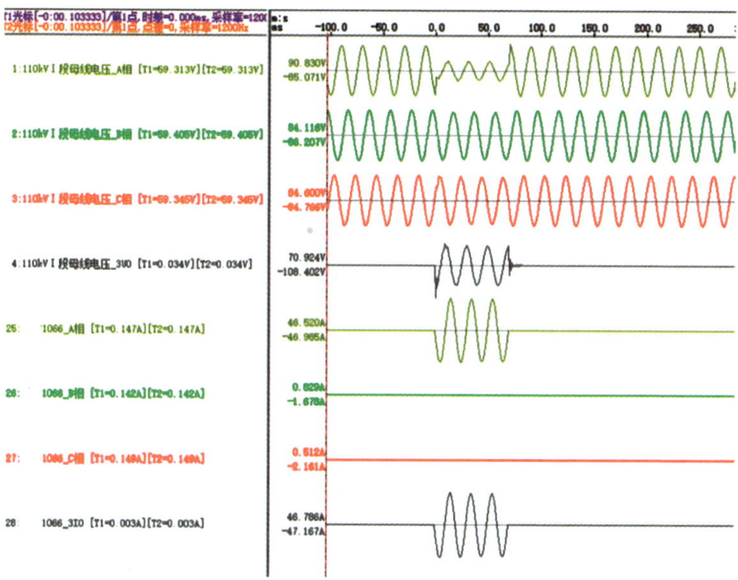

图 2-12　A 相接地故障波形图

（2）两相短路。其波形如图 2-13 所示，两故障相电流增大、电压降低，没有零序电流和零序电压；故障相电压总是大小相等，数值上为非故障相电压的一半，两故障相电压相位相同，与非故障相电压方向相反；短路两相电流增大、大小相等、相位相反；非故障相电压、电流变化不明显；其边界条件为（以 BC 相间短路为例）$U_a=U_b$、$I_a=-I_b$、$I_c=0$。

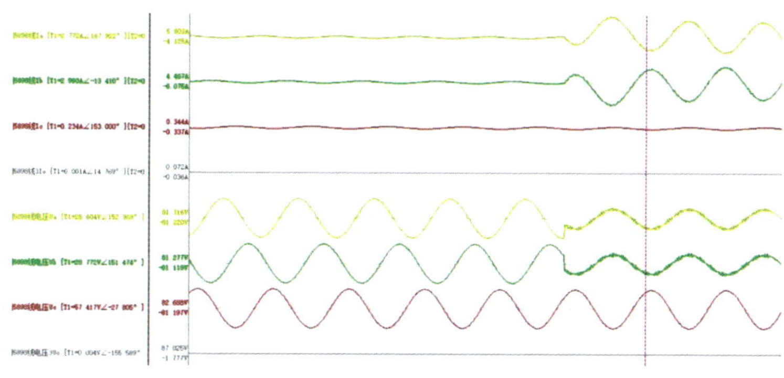

图 2-13　AB 相间短路故障波形图

（3）两相短路接地。其波形如图 2-14 所示，两相电流增大，两相电压降低，出现零序电流和零序电压；电流增大，电压降低为相同两个相别；零序电流相量位于故障两相电流间；其边界条件为（以 BC 相间短路接地为例）$U_b=$

$U_c=0$、$I_a=0$。

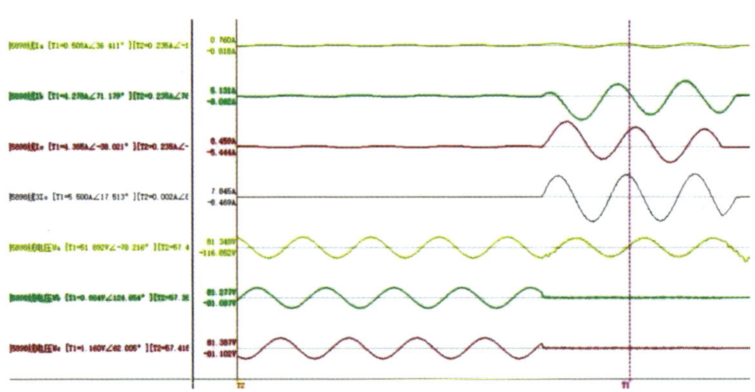

图 2-14　BC 相间短路接地故障波形图

（4）三相短路接地。其波形如图 2-15 所示，三相电流增大，三相电压降低；没有零序电流和零序电压；故障相电压超前故障相电流 8°左右；三相短路与三相短路接地故障波形特点一致；其边界条件为（以 ABC 相间短路接地为例）$U_a=U_b=U_c=0$、$I_a+I_b+I_c=0$。

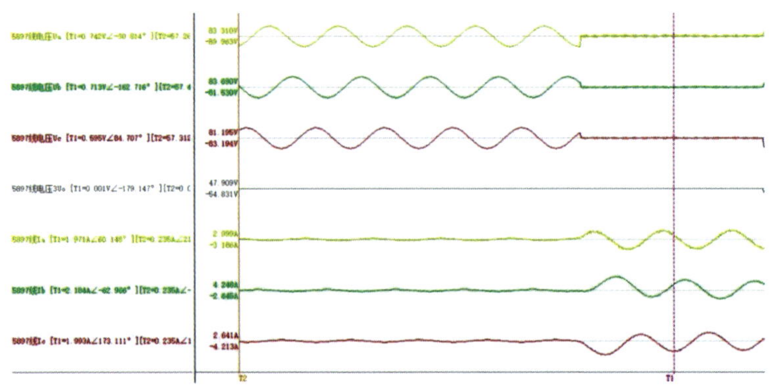

图 2-15　ABC 三相短路接地故障波形图

（5）主变压器各侧故障特征。针对常见的 YNd11 接线双绕组变压器，不同侧故障的电气量特征如下：

1）YNd11 接线，d 侧 ab 相间短路故障。

d 侧：$\dot{I}_a=-\dot{I}_b$，等大反相，$\dot{I}_c$ 为 0，$\dot{U}_a=\dot{U}_b=-0.5\dot{U}_c$，A 相电压与 B 相电压相等，且为 C 相的电压的一半，方向相反。

Y 侧：滞后相 $\dot{I}_B=-2\dot{I}_A=-2\dot{I}_c$，$U_A=U_C$（幅值）$\gg U_B$，且高压侧电压

电流均无零序分量。

注：高压侧 B 相电流最大，而电压最小，低压侧近区故障，极端情况下高压侧接地距离保护有可能误动。

2）2YNd11 接线，d 侧 ab 相间短路接地故障。

高低压侧电流特征同 1）。

d 侧：U_a、U_b 幅值跌至 0，U_c 幅值上升（低压侧系统不接地，零序阻抗远大于正序阻抗）。

Y 侧：电压特征同 1）（零序分量无法通过主变压器传变）。

3）YNd11 接线，Y 侧 AC 相间短路故障。

Y 侧：$\dot{I}_A=-\dot{I}_C$，等大反向，$\dot{I}_B=0$　$\dot{U}_A=\dot{U}_C=-0.5\dot{U}_B$。

d 侧：超前相 $\dot{I}_c=-2\dot{I}_a=-2\dot{I}_b$，$U_a=U_b\gg U_c$（幅值）（无零序分量），$U_a$ 与 U_b 接近反向。

4）YNd11 接线，Y 侧 AC 相间短路接地故障。

Y 侧：$I_A=I_C$（幅值），但方向并不是相反，U_A、U_C 电压跌至 0，U_B 略微上升（当零序阻抗大于正序阻抗时）。

d 侧：$I_a=I_b<I_c$（幅值），$U_a=U_b\gg U_c$（幅值）。

5）YNd11 接线，Y 侧 B 相接地短路故障（低压侧有源）。

Y 侧：$I_B=I_K$，$I_A=I_C=0$，$U_A=U_C$（幅值），$U_B=0$。

d 侧：$\dot{I}_a=-\dot{I}_b$（相量），$\dot{I}_c=0$，$U_a=U_b\ll U_c$（电压无零序分量）。

单相接地故障，非故障相电压变化情况说明：

当 $Z_0<Z_1$，电压减小；当 $Z_0=Z_1$，电压不变；当 $Z_0>Z_1$，电压升高（直至零序阻抗远大于正序阻抗，电压升高至 1.73 倍）。

（6）复杂故障。除了本案例中所述的主变压器低压侧区内区外短路外，同杆双回线路跨线故障也是电力系统中常见的复杂故障。以某 500kV 双回线为例，线路中点处发生 5897 线 B 相 5898 线 C 相跨线故障。其故障电流波形如图 2-16 所示，5897 线 B 相两侧波形同相，呈现区内短路特征，而 C 相电流则呈现穿越性区外短路特征，此时两侧线路保护均为 B 相有较大差流，判别为 B 相区内故障。5898 线两侧波形如图 2-17 所示，其电流特征与 5897 线相反，B 相呈现穿越性电流特征，而 C 相两侧同向，两侧线路保护均为 C 相有较大差流，判别为 C 相区内故障。此时站内电压互感器采集到 BC 相间短路的电压波形，故从电压波形上可判断为系统发生了 BC 相间故障。

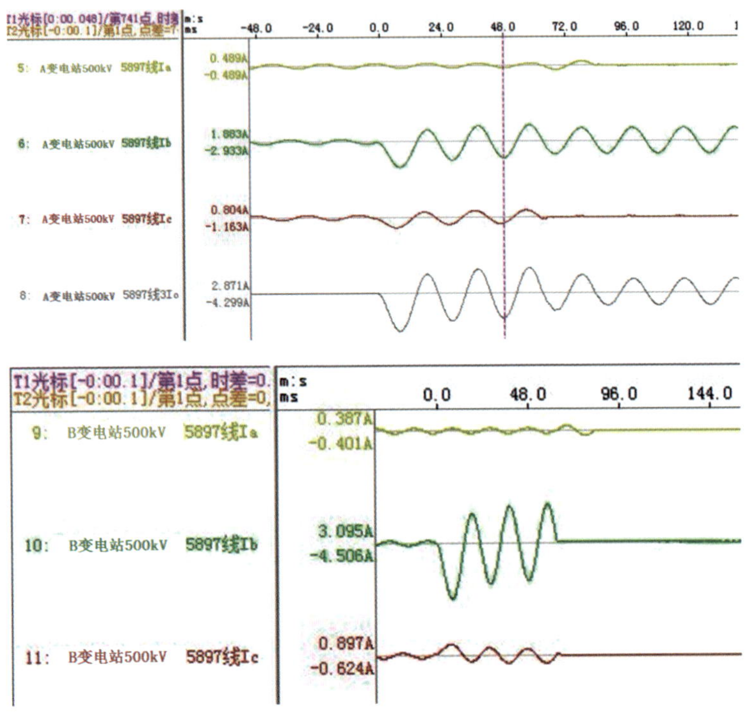

图 2-16　5897 线 A 变电站侧、B 变电站侧电流波形

3. 案例拓展

变电站内部分一次设备的典型布局，在发生单一故障点时，易导致事故范围扩大。本案例中，由于隔离柜母排与出线铜排距离过近，导致主变压器区内短路故障扩大为 35kV 母线故障，从而导致低压侧负荷损失。针对本次事故，对柜体内一次结构进行详细分析。如图 2-18 所示，主变压器隔离柜进线侧母线分别与开关柜的贯穿主母线在同一金属封闭的隔室内，仅采用绝缘隔板分开。绝缘板受运行时间及运行环境等因素影响，随着运行时间的延长，老化加剧，一旦发生绝缘击穿事故，可能损坏整段主母线，导致无法采用联络柜供电，造成更大的损失。因此，仅采用绝缘板对进线侧母线与主母线分开的一次布局，其同在一个金属封闭隔室内存在严重的事故扩大隐患和检修安全隐患。后续整改时，将主变压器隔离柜内的主母线移出至柜顶桥架，在主变压器隔离柜两侧邻柜的母线室顶部现场改造并加装桥架进行连接。

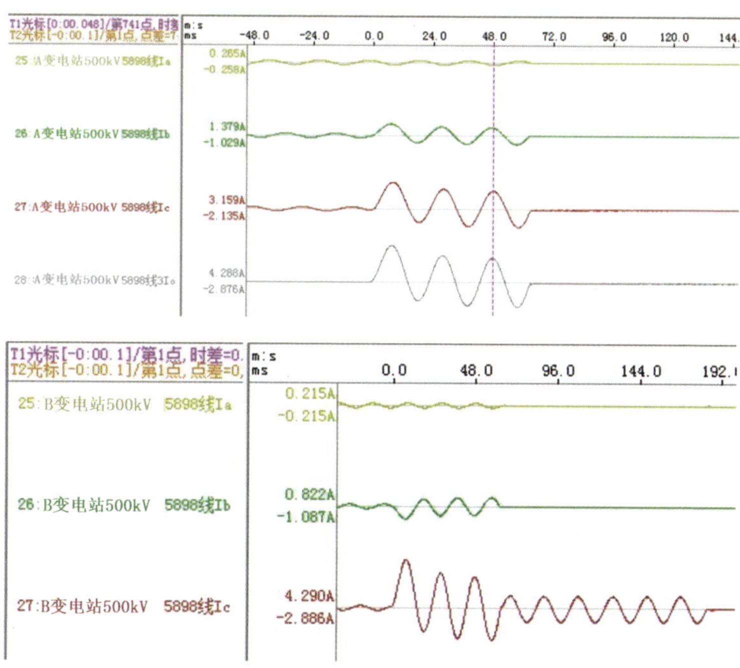

图 2-17　5898 线 A 变电站侧、B 变电站侧电流波形

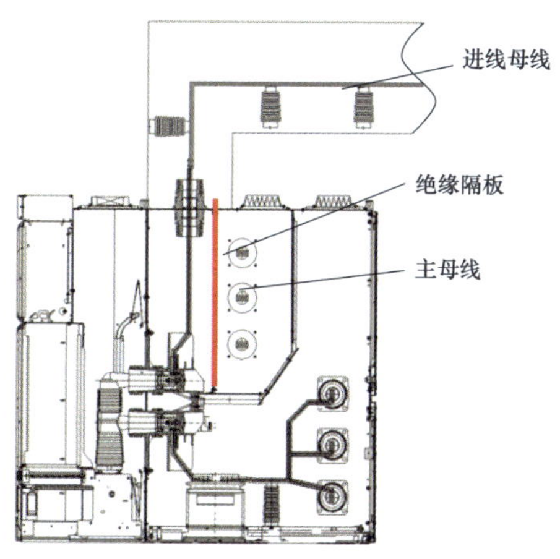

图 2-18　主变压器隔离柜断面图

同时，在变电站内还需重点关注母线电压互感器引流线、主变压器引流线等横跨运行母线上方的跨条引线。如图 2-19 所示，该一次布局在检修工作中需重点防范引线带电而下方设备停电进行检修的工作，尤其是吊装等易碰上方运

行设备的工作。在设备运行时，需防止跨条引线断线引发的跨区域故障，如母线电压互感器引线断线将导致正母线、副母线同时短路；主变压器引线断线将导致母线与主变压器间隔同时短路。

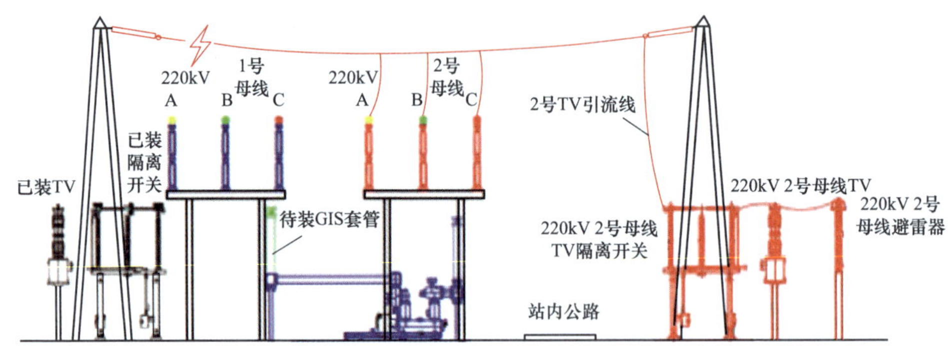

图 2-19　变电站内跨条引线示意图

案例二　GIS 出线套管损坏主变压器差动保护动作

一、案例名称

某变电 GIS 出线套管损坏导致 1 号主变压器保护动作。

二、案例简介

2022 年 6 月 24 日 13 时 47 分，220kV 某变电站 1 号主变压器两套保护动作，跳开主变压器三侧开关，10kV 备用电源自动投入装置（简称备自投）动作，合上 10kV Ⅰ-Ⅱ段母分开关，无负荷损失。当日该站内无操作任务和检修工作。

三、事故信息

1. 事故发生前系统运行情况

220kV 系统：220kV A 线、220kV B 线、1 号主变压器 220kV 开关正母运行，220kV C 线、220kV D 线、2 号主变压器 220kV 开关副母运行，220kV 母联开关运行。

110kV 系统：1 号主变压器 110kV 开关Ⅰ母运行，2 号主变压器 110kV 开

关Ⅱ母运行，110kV 母分开关运行。

10kV 系统：1 号主变压器 10kV 开关Ⅰ母运行，2 号主变压器 10kV 开关Ⅱ母运行，10kV 母分开关热备用。

2. 现场运行设备情况

一次系统：1 号主变压器 220kV GIS 设备型号 ZF16-252，出厂日期为 2020 年 10 月，投运时间为 2021 年 3 月。投运后首次带电检测、首次 SF_6 气体微水、分解产物检测，检测结果无异常。瓷套为湿法成型，出厂时间为 2020 年 11 月，套管编号 1404。套管气室额定压力 0.4MPa。

二次系统：1 号主变压器第一套保护为 PCS-978T2-DA-G 装置，版本号为 V4.00，第二套保护为 PRS-778T2-DA-G 装置，版本号为 V1.10。10kV 备自投保护为 PCS-9651DA-D 装置，版本号为 V3.05。基建验收时间为 2021 年 3 月，保护装置试验结果正确。

3. 保护动作信息

6 月 24 日保护动作信息如图 2-20～图 2-23 所示。

10	2022年06月24日13时47分50秒175	#1主变220kV主变闸刀气室SF6气压低告警 动作(SOE)（接收时间 2022年06月24日13时47
11	2022年06月24日13时47分50秒220	主变#2故障录波装置启动 动作(SOE)（接收时间 2022年06月24日13时47分52秒）
12	2022年06月24日13时47分50秒226	主变#1故障录波装置启动 动作(SOE)（接收时间 2022年06月24日13时47分52秒）
13	2022年06月24日13时47分50秒238	110kV故障录波装置启动 动作(SOE)（接收时间 2022年06月24日13时47分52秒）
14	2022年06月24日13时47分50秒255	#1主变第二套差动保护动作 动作(SOE)（接收时间 2022年06月24日13时47分52秒）
15	2022年06月24日13时47分50秒257	#1主变110kV开关间隔事故信号 动作(SOE)（接收时间 2022年06月24日13时47分52秒）
16	2022年06月24日13时47分50秒257	#1主变第一套差动保护动作 动作(SOE)（接收时间 2022年06月24日13时47分52秒）
17	2022年06月24日13时47分50秒258	#1主变10kV开关间隔事故信号 动作(SOE)（接收时间 2022年06月24日13时47分52秒）
18	2022年06月24日13时47分50秒258	全站事故总信号 动作(SOE)（接收时间 2022年06月24日13时47分52秒）
73	2022年06月24日13时47分55秒224	10kV备自投装置充电完成 复归(SOE)（接收时间 2022年06月24日13时47分56秒）
74	2022年06月24日13时47分54秒552	10kV备自投动作 动作(SOE)（接收时间 2022年06月24日13时47分56秒）
75	2022年06月24日13时47分54秒753	10kV备自投动作 复归(SOE)（接收时间 2022年06月24日13时47分56秒）
76	2022年06月24日13时47分54秒809	#1接地变消弧线圈控制装置故障 复归(SOE)（接收时间 2022年06月24日13时47分56秒）
77	2022年06月24日13时47分54秒809	#2接地变消弧线圈控制装置故障 复归(SOE)（接收时间 2022年06月24日13时47分56秒）
78	2022年06月24日13时47分54秒809	#1主变220kV开关汇控柜温湿度控制设备故障 复归(SOE)（接收时间 2022年06月24日13时
79	2022年06月24日13时47分54秒810	线开关汇控柜温湿度控制设备故障 复归(SOE)（接收时间 2022年06月24日13时4
80	2022年06月24日13时47分54秒810	线开关汇控柜温湿度控制设备故障 复归(SOE)（接收时间 2022年06月24日13时4
81	2022年06月24日13时47分54秒811	220kV副母汇控柜温湿度控制设备故障 复归(SOE)（接收时间 2022年06月24日13时47分5
82	2022年06月24日13时47分54秒811	#1主变220kV开关汇控柜温度异常 动作(SOE)（接收时间 2022年06月24日13时47分56秒）
83	2022年06月24日13时47分54秒811	线开关汇控柜温度异常 动作(SOE)（接收时间 2022年06月24日13时47分56秒）
84	2022年06月24日13时47分54秒812	220kV副母汇控柜温度异常 动作(SOE)（接收时间 2022年06月24日13时47分56秒）
85	2022年06月24日13时47分54秒812	线开关汇控柜温度异常 动作(SOE)（接收时间 2022年06月24日13时47分56秒）
86	2022年06月24日13时47分54秒817	事故照明逆变电源异常 复归(SOE)（接收时间 2022年06月24日13时47分56秒）
87	2022年06月24日13时47分54秒820	10kV Ⅰ-Ⅱ段母分开关 合闸(SOE)（接收时间 2022年06月24日13时47分56秒）

图 2-20 变电站动作信息 SOE

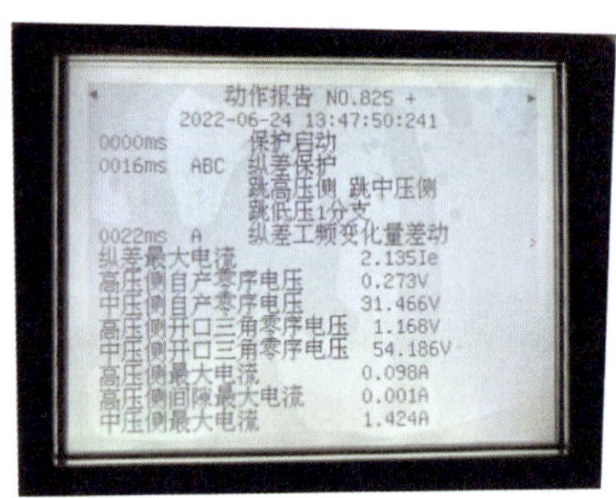

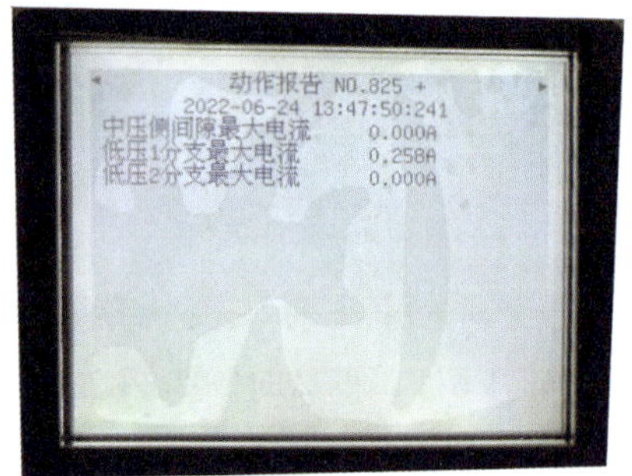

图 2-21　1 号主变压器第一套保护动作信息

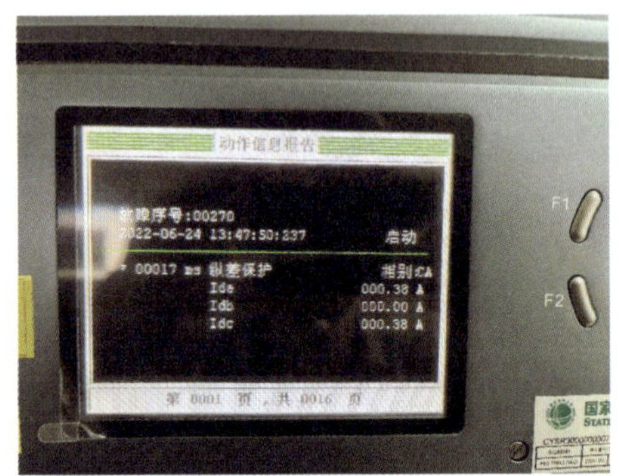

图 2-22　1 号主变压器第二套保护动作信息

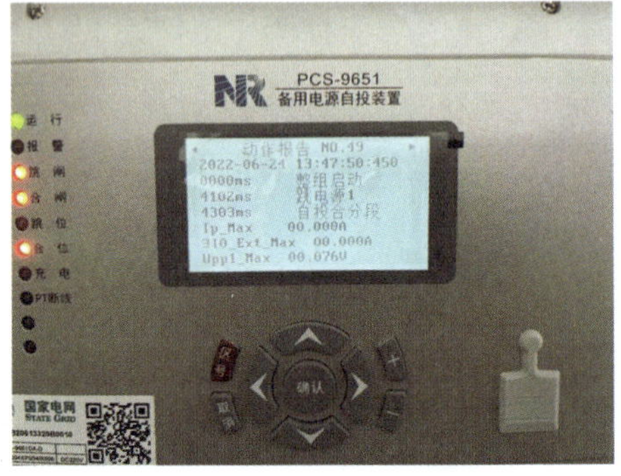

图 2-23　10kV 备自投动作信息

动作时序如下所示：

13 时 47 分 50 秒 175 毫秒，1 号主变压器 220kV 主变压器隔离开关气室 SF_6 气压低告警信号动作。

13 时 47 分 50 秒 255 毫秒，1 号主变压器第二套保护装置差动保护动作，跳闸出口。

13 时 47 分 50 秒 257 毫秒，1 号主变压器第一套保护装置差动保护动作，跳闸出口。

13 时 47 分 50 秒 258 毫秒，全站事故总信号动作。

13 时 47 分 50 秒 307 毫秒，1 号主变压器 220kV 断路器、110kV 断路器、10kV 断路器分闸。

13 时 47 分 54 秒 552 毫秒，10kV 备自投动作。

13 时 47 分 54 秒 820 毫秒，10kV Ⅰ-Ⅱ段母分开关合闸。

四、检查过程

1. 一次设备检查

1 号主变压器 220kV GIS 出线套管破裂，瓷套碎片散落在四周较大范围，碎片中发现有瓷套主变压器部分存在打磨后修补痕迹、修补深度达 2cm，如图 2-24 和图 2-25 所示。

图 2-24　1 号主变压器 220kV 出线套管受损情况

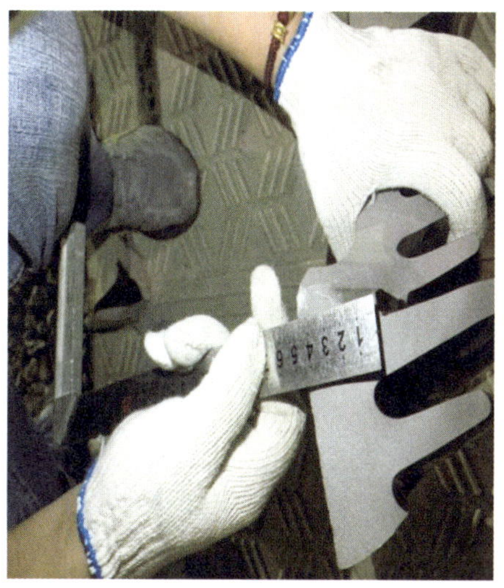

图 2-25　1 号主变压器 220kV 出线套管现场部位及修补深度

2. 二次设备检测

1 号主变压器保护定值单如图 2-26 和图 2-27 所示，其纵差保护启动电流定值为 $0.5I_e$。

电网继电保护定值通知单

日期：2021年3月6日

厂站名称		定值单编号	WZD020210033	作废单号	
设备名称	#1主变	调度命名	第一套主变保护	装置型号	PCS-978T2-DA-G
其他	版本V4.00				

设备参数

序号	名称	单位	一（三）区定值	二区定值	备注
1	定值区号		1(3)		
2	被保护设备		#1主变一套		
3	主变高中压侧额定容量	MVA	240		
4	主变低压侧额定容量	MVA	120		
5	中压侧接线方式钟点数		12		
6	低压侧接线方式钟点数		11		
7	高压侧额定电压	kV	220		
8	中压侧额定电压	kV	115		
9	低压侧额定电压	kV	10.5		
10	高压侧PT一次值	kV	220		
11	中压侧PT一次值	kV	110		
12	低压侧PT一次值	kV	10		
13	高压1侧CT一次值	A	3200		
14	高压1侧CT二次值	A	1		
15	高压2侧CT一次值	A	0		
16	高压2侧CT二次值	A	1		
17	高压侧零序CT一次值	A	600		
18	高压侧零序CT二次值	A	1		
19	高压侧间隙CT一次值	A	200		
20	高压侧间隙CT二次值	A	1		
21	中压侧CT一次值	A	2000		
22	中压侧CT二次值	A	1		
23	中压侧零序CT一次值	A	600		
24	中压侧零序CT二次值	A	1		
25	中压侧间隙CT一次值	A	200		
26	中压侧间隙CT二次值	A	1		
27	低压1分支CT一次值	A	4000		
28	低压1分支CT二次值	A	1		
29	低压2分支CT一次值	A	0		
30	低压2分支CT二次值	A	1		

差动保护定值

序号	名称	单位	一（三）区定值	二区定值	备注
1	纵差差动速断电流定值	Ie	8		

第1页/共9页

电网继电保护定值通知单

日期：2021年3月6日

厂站名称		定值单编号	WZD020210033	作废单号	
设备名称	#1主变	调度命名	第一套主变保护	装置型号	PCS-978T2-DA-G
其他	版本V4.00				

序号	名称	单位	一（三）区定值	二区定值	备注
2	纵差保护启动电流定值	Ie	0.5		

差动保护控制字

序号	名称	一（三）区定值	二区定值	备注
1	纵差差动速断	1		
2	纵差差动保护	1		
3	CT断线闭锁差动保护	1		

高压侧后备保护定值

序号	名称	单位	一（三）区定值	二区定值	备注
1	高低电压闭锁定值	V	70		
2	高负序电压闭锁定值	V	4		
3	高复压过流Ⅰ段定值	A	0.3		
4	高复压过流Ⅰ段1时限	S	10		
5	高复压过流Ⅰ段2时限	S	3.5		
6	高复压过流Ⅰ段3时限	S	3.8		
7	高复压过流Ⅱ段定值	A	20		
8	高复压过流Ⅱ段1时限	S	10		
9	高复压过流Ⅱ段2时限	S	10		
10	高复压过流Ⅱ段3时限	S	10		
11	高复压过流Ⅲ段定值	A	0.3		
12	高复压过流Ⅲ段1时限	S	10		
13	高复压过流Ⅲ段2时限	S	5 (0.3)		
14	高零序过流Ⅰ段定值	A	0.09		
15	高零序过流Ⅰ段1时限	S	10		
16	高零序过流Ⅰ段2时限	S	2.1		
17	高零序过流Ⅰ段3时限	S	2.4		
18	高零序过流Ⅱ段定值	A	20		
19	高零序过流Ⅱ段1时限	S	10		
20	高零序过流Ⅱ段2时限	S	10		
21	高零序过流Ⅱ段3时限	S	10		
22	高零序过流Ⅲ段定值	A	0.09(0.25)		
23	高零序过流Ⅲ段1时限	S	10		
24	高零序过流Ⅲ段2时限	S	5.5 (0.3)		
25	高间隙过流时间	S	1.5		
26	高零序过压时间	S	0.5		

高压侧后备保护控制字

第2页/共9页

图 2-26　1 号主变压器第一套保护定值单

五、原因分析

1. 事故过程概述

经检查，1 号主变压器 220kV GIS 套管的瓷套在生产过程中主体出现了裂纹，生产厂家浦口电瓷对裂纹进行打磨、修补处理，修补深度接近瓷壁厚度的 40%，不符合 GB/T 772—2005《高压绝缘子瓷件 技术条件》中关于“承压瓷套不允许对主体进行修补，允许在距离主体（包括电极）部位 10mm 以外的伞棱表面上有裂纹”的要求，使得一次设备本身存在安全隐患。事故发生时，1 号主变压器 220kV 侧主变压器隔离开关气室 SF_6 气压降低，气室内发生放电情况，导致 A 相套管炸裂。1 号主变压器 220kV 侧 A 相断线，随后套管处靠近主变压器侧发生 A 相单相接地故障，电源侧电流通过 2 号主变压器、110kV

电网继电保护定值通知单

日期：2021年3月6日

厂站名称		定值单编号	WZD020210034	作废单号	
设备名称	#1主变	调度命名	第二套主变保护	装置型号	PRS-778T2-DA-G
其他	版本V1.10				

设备参数					
序号	名称	单位	一（三）区定值	二区定值	备注
1	定值区号		1(3)		
2	被保护设备		#1主变二套		
3	主变高中压侧额定容量	MVA	240		
4	主变低压侧额定容量	MVA	120		
5	中压侧接线方式钟点数		12		
6	低压侧接线方式钟点数		11		
7	高压侧额定电压	kV	220		
8	中压侧额定电压	kV	115		
9	低压侧额定电压	kV	10.5		
10	高压侧PT一次值	kV	220		
11	中压侧PT一次值	kV	110		
12	低压侧PT一次值	kV	10		
13	高压1侧CT一次值	A	3200		
14	高压1侧CT二次值	A	1		
15	高压2侧CT一次值	A	0		
16	高压2侧CT二次值	A	1		
17	高压侧零序CT一次值	A	600		
18	高压侧零序CT二次值	A	1		
19	高压侧间隙CT一次值	A	200		
20	高压侧间隙CT二次值	A	1		
21	中压侧CT一次值	A	2000		
22	中压侧CT二次值	A	1		
23	中压侧零序CT一次值	A	600		
24	中压侧零序CT二次值	A	1		
25	中压侧间隙CT一次值	A	200		
26	中压侧间隙CT二次值	A	1		
27	低压1分支CT一次值	A	4000		
28	低压1分支CT二次值	A	1		
29	低压2分支CT一次值	A	0		
30	低压2分支CT二次值	A	1		

差动保护定值					
序号	名称	单位	一（三）区定值	二区定值	备注
1	纵差差动速断电流定值	Ie	8		

第1页/共9页

电网继电保护定值通知单

日期：2021年3月6日

厂站名称		定值单编号	WZD020210034	作废单号	
设备名称	#1主变	调度命名	第二套主变保护	装置型号	PRS-778T2-DA-G
其他	版本V1.10				

序号	名称	单位	一（三）区定值	二区定值	备注
2	纵差保护启动电流定值	Ie	0.5		

差动保护控制字				
序号	名称	一（三）区定值	二区定值	备注
1	纵差差动速断	1		
2	纵差差动保护	1		
3	CT断线闭锁差动保护	1		

高压侧后备保护定值					
序号	名称	单位	一（三）区定值	二区定值	备注
1	高低电压闭锁定值	V	70		
2	高负序电压闭锁定值	V	4		
3	高复压过流Ⅰ段定值	A	0.3		
4	高复压过流Ⅰ段1时限	S	10		
5	高复压过流Ⅰ段2时限	S	3.5		
6	高复压过流Ⅰ段3时限	S	3.8		
7	高复压过流Ⅱ段定值	A	20		
8	高复压过流Ⅱ段1时限	S	10		
9	高复压过流Ⅱ段2时限	S	10		
10	高复压过流Ⅱ段3时限	S	10		
11	高复压过流Ⅲ段定值	A	0.3		
12	高复压过流Ⅲ段1时限	S	10		
13	高复压过流Ⅲ段2时限	S	5 (0.3)		
14	高零序过流Ⅰ段定值	A	0.09		
15	高零序过流Ⅰ段1时限	S	10		
16	高零序过流Ⅰ段2时限	S	2.1		
17	高零序过流Ⅰ段3时限	S	2.4		
18	高零序过流Ⅱ段定值	A	20		
19	高零序过流Ⅱ段1时限	S	10		
20	高零序过流Ⅱ段2时限	S	10		
21	高零序过流Ⅱ段3时限	S	10		
22	高零序过流Ⅲ段定值	A	0.09(0.25)		
23	高零序过流Ⅲ段1时限	S	10		
24	高零序过流Ⅲ段2时限	S	5.5 (0.3)		
25	高间隙过流时间	S	1.5		
26	高零序过压时间	S	0.5		

高压侧后备保护控制字

第2页/共9页

图 2-27　1 号主变压器第二套保护保护定值单

Ⅰ-Ⅱ段母分开关向 1 号主变压器高压侧 A 相接地点提供故障电流，之后 1 号主变压器两套保护装置差动保护动作，跳开主变压器三侧开关。10kV Ⅰ段母线失压，10kV 备自投保护动作，合上 10kV Ⅰ-Ⅱ段母分开关，向 10kV Ⅰ段母线供电。

2. 结合波形分析

从定性的角度对本次事故的录波波形进行分析：

事故中所涉及的两台主变压器，1 号主变压器 220、110kV 侧均为接地运行，由于 2 号主变压器与 1 号主变压器 220、110kV 侧均为并列运行，根据要求，2 号主变压器 220、110kV 侧均为不接地运行。运行中的 1 号主变压器三侧电流大小分别为 0.06、0.19、0.20A，2 号主变压器三侧电流大小分别为 0.06、0.18、0.20A，因两台主变压器参数相近，故可以在后续分析中对两者进行近似等效处理。

13 时 47 分 50 秒 146 毫秒（将此时刻定义为 0 时刻），1 号主变压器 220kV 侧 A 相电流跌落为 0，BC 相电流、三相母线电压未发生变化；与此同时，1 号主变压器 110kV 侧 A 相电流也有一定程度的跌落；1 号主变压器 220kV 侧出现了大小等同于 A 相原电流且相位与 A 相电流相反的零序电流 $3I_0$；1 号主变压器 110kV 侧也出现了少量零序电流，如图 2-28 所示，故判断为 1 号主变压器 220kV 侧此刻发生了 A 相断线故障。

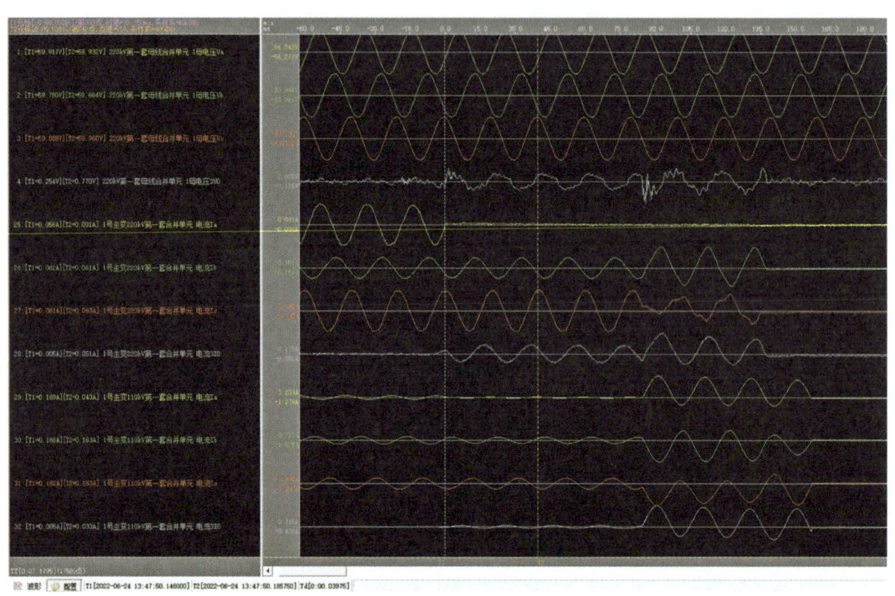

图 2-28　故障录波器电流波形图 1

13 时 47 分 50 秒 230 毫秒，即从 0 时刻开始的 84ms 时刻，1 号主变压器 220kV 侧 BC 相电流出现大量谐波，波形发生严重畸变，但电流大小变化并不明显，零序电流也略有增大；1 号主变压器 110kV 侧 A 相电流突增至 1.5A，BC 相电流发生不同程度的增大，BC 相相位变为相同且均与 A 相相位相反，同时出现零序电流，其相位与 A 相相同；110kV Ⅰ-Ⅱ段母分、2 号主变压器 110kV 侧 A 相电流增大，三相相位均与 1 号主变压器 110kV 侧电流相反；2 号主变压器 220kV 侧 A 相也出现 0.4A 的大电流，且其三相电流相位与 1 号主变压器中压侧基本相同，如图 2-29 所示，故判断为 1 号主变压器 220kV 原断线的故障点此刻又发生了主变压器侧 A 相接地的复合故障。

3. 保护动作行为分析

本次事故中共有两台主变压器保护、一台备自投保护动作，因备自投动作逻辑较为简单且动作时许符合定制单的要求，因此着重分析两套主变压器保护

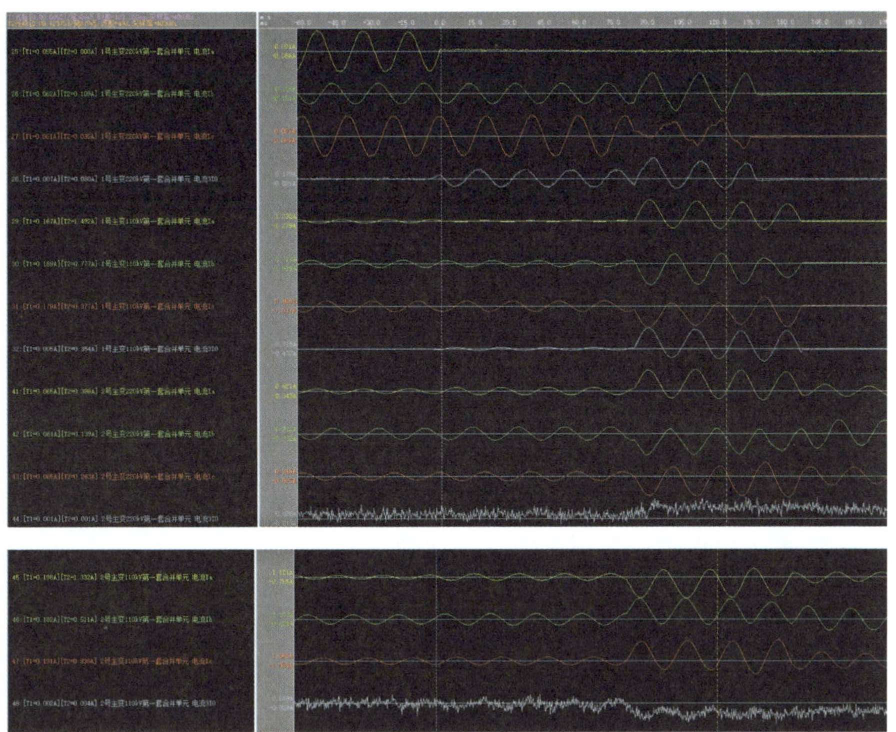

图 2-29 故障录波器电流波形图 2

的动作行为，在继电保护中，主变压器保护的差动计算主要有角转星和星转角两种方式，本案例所涉及的两套保护恰好分别采用了这两种方式，下面将结合录波波形和保护动作信息，针对两者的不同，对二者的动作行为正确性进行计算。

第一套主变压器保护型号为 PCS-978T2-DA-G，版本号 V4.00，其纵差保护启动电流定值为 $0.5I_e$，根据图 2-26 所提供的定值和公式 $I_O=\dfrac{S_N}{\sqrt{3}\times U_N\times\dfrac{I_1}{I_2}}$，可以计算出 1 号主变压器三侧额定电流值

$$\begin{cases} I_H=0.197\text{A} \\ I_M=0.602\text{A} \\ I_L=3.30\text{A} \end{cases}$$

选取录波图中故障时刻稳态情况下的一个固定时标，此时的 1 号主变压器三侧电流相量为

$$\begin{cases} I_{AH}=0 \\ I_{BH}=0.108 \\ I_{CH}=0.031 \end{cases}$$

$$\begin{cases} I_{AM}=1.488 \\ I_{BM}=0.770 \\ I_{CM}=0.388 \end{cases}$$

$$\begin{cases} I_{AL}=0.263 \\ I_{BL}=0.208 \\ I_{CL}=0.165 \end{cases}$$

将上述数据代入PCS-978T2-DA-G主变压器保护的差流计算公式（此保护采用角转星计算方式）得

$$\begin{cases} I_{AH}-I_{0H}=0.028\angle-103=0.142I_{e}\angle-103 \\ I_{BH}-I_{0H}=0.081\angle94=0.1I_{e}\angle94 \\ I_{CH}-I_{0H}=0.053\angle-77=0.14I_{e}\angle-77 \end{cases}$$

$$\begin{cases} I_{AM}-I_{0M}=1.376\angle108=0.14I_{e}\angle108 \\ I_{BM}-I_{0M}=0.886\angle-76=0.1I_{e}\angle-76 \\ I_{CM}-I_{0M}=0.502\angle-64=0.14I_{e}\angle-64 \end{cases}$$

$$\begin{cases} \dfrac{I_{AL}-I_{CL}}{\sqrt{3}}=0.224\angle92=0.1I_{e}\angle92 \\ \dfrac{I_{BL}-I_{AL}}{\sqrt{3}}=0.256\angle-51=0.14I_{e}\angle-51 \\ \dfrac{I_{CL}-I_{BL}}{\sqrt{3}}=0.155\angle-171=0.142I_{e}\angle-171 \end{cases}$$

将计算出的各侧计入差流计算的值代入保护动作方程，则

$$\begin{cases} I_{d}>0.2I_{r}+I_{cdqd} & I_{r}\leqslant0.5I_{e} \\ I_{d}>K_{b1}[I_{r}-0.5I_{e}]+0.1I_{e}+I_{cdqd} & 0.5I_{e}\leqslant I_{r}\leqslant6I_{e} \\ I_{d}>0.75[I_{r}-6I_{e}]+K_{b1}[5.5I_{e}]+0.1I_{e}+I_{cdqd} & 6I_{e}\leqslant I_{r} \\ I_{r}=\dfrac{1}{2}\sum\limits_{i=1}^{m}|I_{i}| \\ I_{d}=\left|\sum\limits_{i=1}^{m}I_{i}\right| \end{cases}$$

可以得到差动电流和制动电流的最终计算结果

$$\begin{cases} I_{dA}=2.23I_e>0.974I_e \\ I_{dB}=1.13I_e>0.838I_e \\ I_{dC}=1.09I_e>0.638I_e \end{cases}$$

$$\begin{cases} I_{rA}=1.248I_e \\ I_{rB}=0.976I_e \\ I_{rC}=0.575I_e \end{cases}$$

为直观展示计算结果，将计算结果在图 2-30 所示的稳态差动保护动作特性图的坐标系中进行标记，也可以得出相同的结论，即 1 号主变压器 A、B、C 三相都落在差动保护动作区内，所以 A、B、C 三相差动均应该动作，其中，最大差动电流为 A 相的 $2.23I_e$，与保护动作报文中所显示的 A、B、C 均三相动作，最大差动电流为 $2.135I_e$ 基本吻合，故第一套主变压器保护动作行为正确。

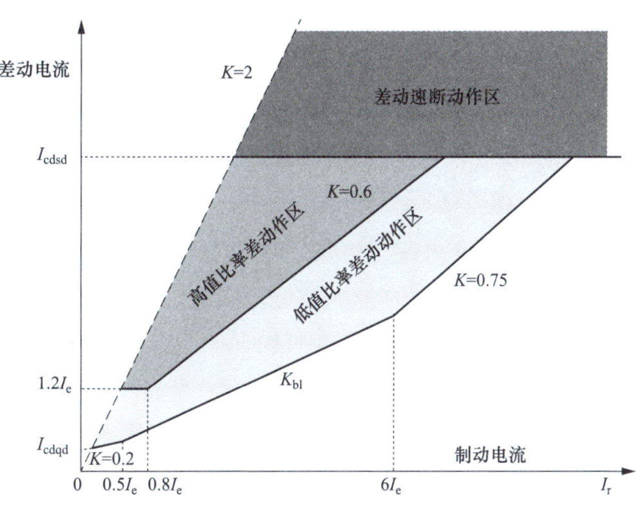

图 2-30　PCS-978T2-DA-G 稳态差动保护动作特性图

1 号主变压器第二套保护型号为 PRS-778T2-DA-G，版本号 V1.10，因其整定参数与第一套保护一致，为方便比对，与第一套保护选取同一时刻的数据，所以在此不再赘述额定电流和代入值。

将上述数据代入 PRS-778T2-DA-G 主变压器保护的差流计算公式（此保护采用星转角计算方式）得

$$\begin{cases}\dfrac{I_{AH}-I_{BH}}{\sqrt{3}}=0.0624\angle-90=0.317I_e\angle-90\\ \dfrac{I_{BH}-I_{CH}}{\sqrt{3}}=0.0774\angle98=0.393I_e\angle98\\ \dfrac{I_{CH}-I_{AH}}{\sqrt{3}}=0.0179\angle-53=0.091I_e\angle-53\end{cases}$$

$$\begin{cases}\dfrac{I_{AM}-I_{BM}}{\sqrt{3}}=1.301\angle107=2.161I_e\angle107\\ \dfrac{I_{BM}-I_{CM}}{\sqrt{3}}=0.232\angle-91=0.385I_e\angle-91\\ \dfrac{I_{CM}-I_{AM}}{\sqrt{3}}=1.082\angle-70=1.797I_e\angle-70\end{cases}$$

$$\begin{cases}I_{AL}=0.263\angle111=0.08I_e\angle111\\ I_{BL}=0.208\angle-29=0.063I_e\angle-29\\ I_{CL}=0.165\angle-120=0.050I_e\angle-120\end{cases}$$

将计算出的各侧计入差流计算的值代入保护动作方程，则

$$\begin{cases}I_d>I_{cdqd} & I_r\leqslant I_e\\ I_d>0.5[I_r-I_e]+I_{cdqd} & I_e\leqslant I_r\leqslant 6I_e\\ I_d>0.75[I_r-6I_e]+0.5[5I_e]+I_{cdqd} & 6I_e\leqslant I_r\\ I_r=\dfrac{1}{2}\sum\limits_{i=1}^{m}|I_i| & \\ I_d=\left|\sum\limits_{i=1}^{m}I_i\right| & \end{cases}$$

可以得到差动电流和制动电流的最终计算结果：

$$\begin{cases}I_{dA}=1.94I_e=0.382A>0.6295I_e\\ I_{dB}=0.027I_e=0.005A<0.5I_e\\ I_{dC}=1.92I_e=0.378A>0.5I_e\end{cases}$$

$$\begin{cases}I_{rA}=1.279I_e\\ I_{rB}=0.4205I_e\\ I_{rC}=0.969I_e\end{cases}$$

将计算结果在图 2-31 所示的稳态差动保护动作特性图的坐标系中进行标记，也能得到相同的结论：1 号主变压器 A、C 两相落在差动保护动作区内，B 相未进入动作区，因此 A、C 两相差动应该动作，B 相差动不应动作。其中，A 相与 C 相的计算差动电流分别为 0.382A 和 0.378A，与装置实际测得差动电流基本吻合，故第二套主变压器保护动作行为正确。

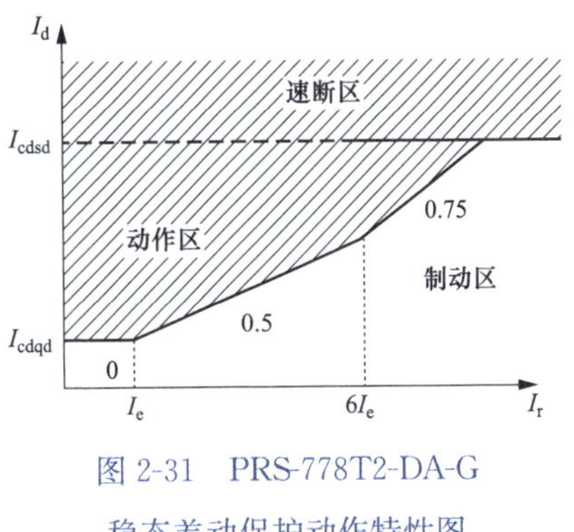

图 2-31　PRS-778T2-DA-G 稳态差动保护动作特性图

六、知识拓展

在复合故障中，本案例发生的单相断线一侧接地的情况较为常见，特别是在输电线路上。假设一条线路两侧分别为 M、N，线路 A 相发生断线且其 M 侧接地（见图 2-32），此时的零序电流分量，与单相接地故障相比，M 侧零序电流的增减视对侧母线正序等值阻抗 Z_{n1} 与零序等值阻抗 Z_{n0} 相对大小而定。在大多数情况下，Z_{n1} 与 Z_{n0} 相近，所以零序电流变化不大，可以将零序模型直接视为单相接地来考虑；而当 Z_{n0} 比 Z_{n1} 大得较多时，或者在 $Z_{m0}<Z_{m1}$（M 侧为小电源侧，变压器零序阻抗小，并且线路很短）的情况下，M 侧的零序电流才会减小。

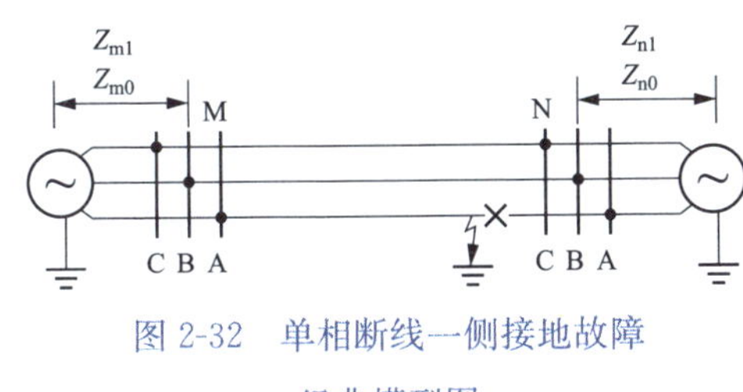

图 2-32　单相断线一侧接地故障经典模型图

在上述结论的基础上，通过前面的分析，可基本明确事故的发展过程及保护动作行为，但根据录波波形的分析只能对故障进行定性，并不能准确计算出每个点的故障电流是否符合预期，也很难成为有力证据，即可以通过录波波形猜测发生了 A 相断线加一侧接地的故障，如果要证明故障确实是这样发生的，则需要进行故障计算。

故障分析最常用的是序网图分析，但是本次故障并不是单一简单故障，而是“单相断线＋单相接地”的复合故障，所以事故发生时，故障电流同时由母线侧和两台主变压器形成的环网供电，严格意义上来说，针对简单故障的序网图分析方法并不适用于此类故障。但是，由于只有 220kV 母线可以作为系统的源，而故障点的位置又比较特殊，位于唯一一台接地运行主变压器的近点，因此母线侧对故障电流的供给能力非常弱，从图 2-28 所示的波形图也能看出，接地故障发生时，1 号主变压器 220kV 侧的电流变化很小，所以可以对整个环网系统进行简化，忽略 220kV 母线直接供给的电流，即可以将故障近似看作是一个 A 相单相接地的简单故障，再通过序网图进行近似分析，得出的结果会有一定的误差，但对于论证故障事实依然会有帮助。

首先，在上述模型简化后的基础上画出整个系统的结构图，如图 2-33 所示。

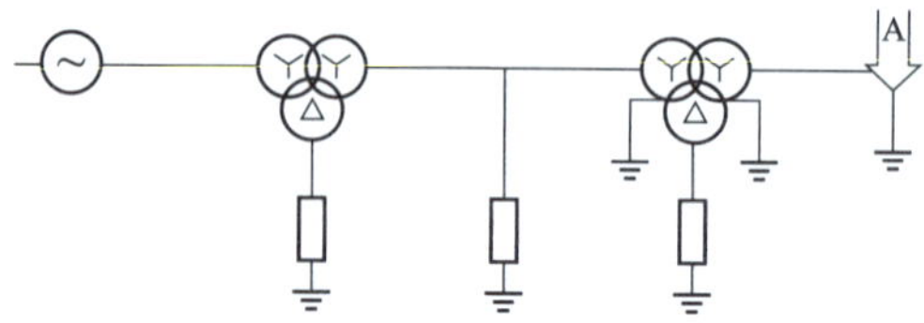

图 2-33　系统结构图

根据系统结构图和序网图绘制的基本原理，进一步画出正序、负序和零序网络图。绘制序网图时，因两台主变压器自身的参数和低压侧负荷的大小相近，可以使用同一套参数，负序阻抗与正序阻抗一般近似相等，可以直接套用。在完成三个序网图的绘制后，根据单相接地故障时的典型特性模型，串联起整个序网形成故障相的系统序网图，如图 2-34 所示。

在图 2-34 中，需要关注①、②、③这三处电流的各序分量，并将它们合成的总电流与实际测得的电流进行比对。

为方便计算，假设序网图（图 2-34）中的主电路图中电流为 I，正序序网的等效阻抗为 $Z_{\Sigma+}$，负序序网的等效阻抗为 $Z_{\Sigma-}$，零序序网的等效阻抗为 $Z_{\Sigma0}$，主变压器的等效阻抗为 T，其他参数由图 2-34 直接定义，此处不再说明。

将①、②、③三点的 A 相各序电流分别列式表达

$$\begin{cases} I_{0③}=I\cdot\dfrac{T_{03}}{T_{02}+Z_{R0}+T_{03}}<I \\ I_{2③}=I\cdot\dfrac{T_{13}+Z_R}{\{[(T_{11}+Z_{S1})//(T_{13}+Z_R)+T_{12}]//Z_{R1}+T_{12}\}//(T_{13}+Z_R)}<I \\ I_{1③}=I\cdot\dfrac{(Z_R+T_{13})+T_{11}+Z_{\Sigma2}+Z_{\Sigma0}}{T_{13}+Z_R}>I \end{cases}$$

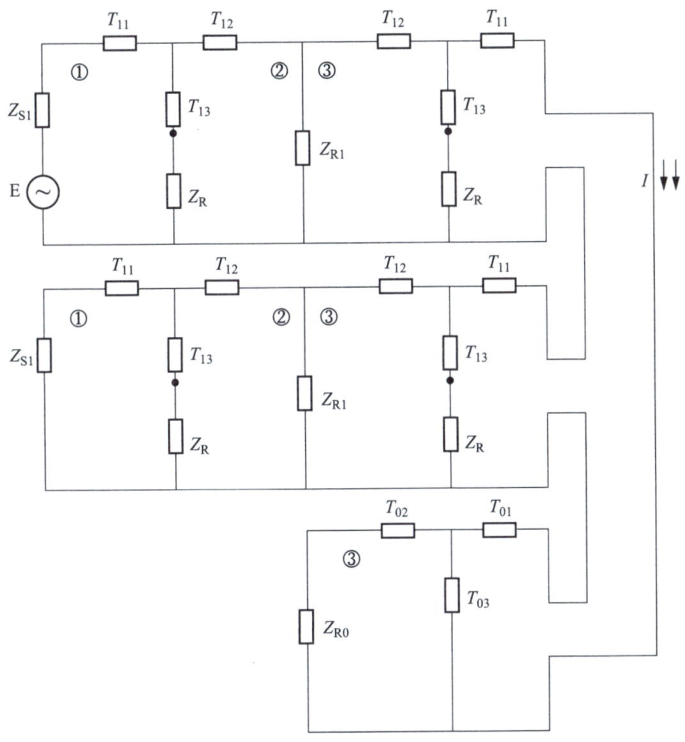

图 2-34　系统序网图

$$\begin{cases} I_{2②}=I_{2③}\cdot\dfrac{Z_{R1}}{(T_{11}+Z_{S1})//(T_{13}+Z_R)+T_{12}+Z_{R1}}<I_{2③}<I \\ I_{1②}=I_{1③}\cdot\dfrac{Z_{R1}+(Z_R+T_{13})//(T_{11}+Z_{\sum 2}+Z_{\sum 0})+T_{12}}{Z_{R1}}>I_{1③}>I \end{cases}$$

$$\begin{cases} I_{2①}=I_{2②}\cdot\dfrac{T_{13}+Z_R}{(T_{13}+Z_R)+Z_{S1}+T_{11}}<I_{2②}<I_{2③}<I \\ I_{1①}=I_{1②}\cdot\dfrac{T_{13}+Z_R+[Z_{R1}+(Z_R+T_{13})//(T_{11}+Z_{\sum 2}+Z_{\sum 0})+T_{12}]//Z_{R1}+T_{12}}{T_{13}+Z_R} \\ \qquad >I_{1②}>I_{1③}>I \end{cases}$$

在上述数学表达式中，因为所有阻抗都是大于 0 的数，可以很容易得到这些不等式的关系，即 $I_{1①}>I_{1②}>I_{1③}>I>I_{2③}>I_{2②}>I_{2①}$，且 $I_{0③}<I$。

此外，从故障前电流的大小判断，由于低压侧负荷很小，与其他阻抗值相比，低压侧等效阻抗 Z_R 是一个很大的值，因此可以进一步确定各序分量电流之间的数量关系，即 $I_{1①}\approx I_{1②}>I_{1③}\approx I\approx I_{2③}>I_{2②}\approx I_{2①}$。

由此，可以初步得出结论，即标幺化之后，2 号主变压器高、中压侧电流的大小和相位基本相同，2 号主变压器高中压侧 A 相电流与 BC 相电流相位近似相反，A 相电流大小约为 BC 相电流的 2 倍；1 号主变压器中压侧的正、负序电流基本相同，零序电流小于正、负序电流，其具体大小取决于变压器零序阻抗与 110kV 系统零序阻抗的大小关系，所以 1 号主变压器中压侧的 A 相电流应与 BC 相电流反向，电流大小应大于 BC 相电流的总和，零序电流应小于 A 相电流的三分之一。

将推论与图 2-35 所示的实际相量进行比对，排除母线侧供给的故障电流误差后，发现分析结果与实际基本吻合。

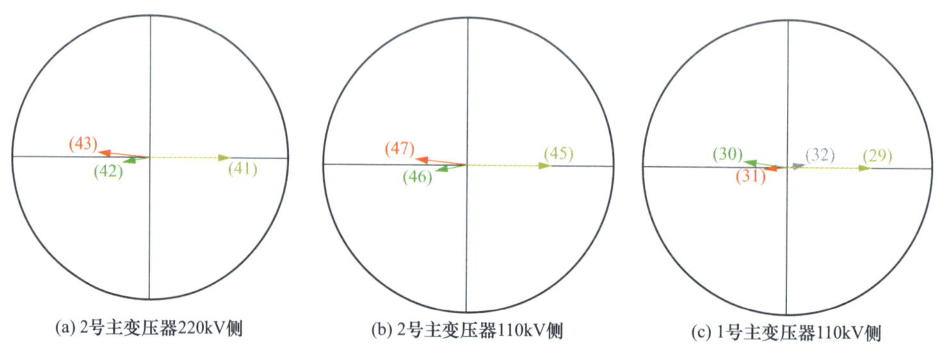

图 2-35　主变压器三侧相量图

针对本案例，如果要进行更全面的分析，可采用全电流分析法，即非全相运行期间发生单相接地故障时，应用叠加原理将复合故障看作是两个单一故障的叠加状态，将三相分开考虑，单独列每相的方程进行计算，此方法一般应用于线路的断线接地故障，由于本案例涉及两台主变压器环流的情况，使用此方法计算非常复杂，因此未详细论述。

案例三　电流互感器绝缘击穿主变压器差动保护动作

一、案例名称

220kV 某变电站电流互感器绝缘击穿导致 1 号主变压器差动保护动作。

二、案例简介

2021 年 7 月 27 日，220kV 某变电站 1 号主变压器第一、二套差动保护动作，35kV 母线保护动作，35kV 某线路保护动作，1 号主变压器三侧开关跳闸，35kV Ⅰ段母线上的开关均跳开。检修人员现场经设备检查、保护信息分析发现，故障为雷击 35kV 线路产生的雷击过电压导致 1 号主变压器 35kV 开关柜内电流互感器 B 相绝缘击穿，在发展为 ABC 三相短路故障时，由于 B 相电流互感器接地，主变压器保护、母线保护、线路保护正确动作，故障切除。

三、事故信息

1. 故障前运行方式

该变电站采用 220kV 双母线接线方式，110kV 和 35kV 为单母线分段结构，故障前 1 号主变压器三侧开关、2 号主变压器三侧开关均运行，220kV 母联开关运行；110kV 单母分段接线方式，110kV 母分开关运行；35kV 单母分段接线，35kV 母分开关热备状态。

2. 保护动作信息

故障发生期间该站 open3000 时序图如图 2-36 所示，35kV 母线保护、1 号主变压器保护、35kV 某线路保护动作报文分别如图 2-37～图 2-39 所示，整理信息可得：

21 时 52 分 05 秒 620 毫秒，35kV 母线保护、1 号主变压器第一套、第二套保护、35kV 某线路保护启动。

21 时 52 分 05 秒 636 毫秒，35kV 母线保护Ⅰ母线动保护动作，1 号主变压器第一套、第二套差动保护动作，35kV 某线路相间距离Ⅰ段保护动作。

21 时 52 分 05 秒 664 毫秒，1 号主变压器三侧开关、35kV 某线开关、1 号接地变压器开关相继分闸。

查询设备台账，得到如下信息：

1 号主变压器：型号为 SSZ10-240000/220，2015 年 3 月生产，生产厂家为山东电力设备有限公司，2016 年 3 月投运，最近一次检修时间是 2018 年 1 月。

1 号主变压器 35kV 开关柜：型号为 ASN1-40.5，2015 年 7 月生产，生产厂家为库柏（宁波）电气有限公司，2016 年 3 月投产。

1	2021年07月27日21时52分03秒631	35kV母线保护差动动作 动作(SOE)(接收时间 2021年07月27日21时52分05秒)
2	2021年07月27日21时52分03秒640	#1主变第一套保护动作 动作(SOE)(接收时间 2021年07月27日21时52分05秒)
3	2021年07月27日21时52分03秒641	#1主变第二套保护动作 动作(SOE)(接收时间 2021年07月27日21时52分05秒)
4	2021年07月27日21时52分03秒647	线保护动作 动作(SOE)(接收时间 2021年07月27日21时52分05秒)
5	2021年07月27日21时52分03秒647	#1主变35kV开关控制回路断线 动作(SOE)(接收时间 2021年07月27日21时52分05秒)
6	2021年07月27日21时52分03秒652	#1主变110kV开关控制回路断线 动作(SOE)(接收时间 2021年07月27日21时52分05秒)
7	2021年07月27日21时52分03秒654	#1主变220kV开关第二组控制回路断线 动作(SOE)(接收时间 2021年07月27日21时52分05秒)
8	2021年07月27日21时52分03秒654	#1主变220kV开关第一组控制回路断线 动作(SOE)(接收时间 2021年07月27日21时52分05秒)
9	2021年07月27日21时52分03秒664	#1接地变开关 分闸(SOE)(接收时间 2021年07月27日21时52分05秒)
10	2021年07月27日21时52分03秒672	#1主变35kV开关 分闸(SOE)(接收时间 2021年07月27日21时52分05秒)
11	2021年07月27日21时52分03秒682	#1主变110kV开关控制回路断线 复归(SOE)(接收时间 2021年07月27日21时52分05秒)
12	2021年07月27日21时52分03秒683	全站事故总 动作(SOE)(接收时间 2021年07月27日21时52分05秒)
13	2021年07月27日21时52分03秒683	#1主变110kV间隔事故信号 动作(SOE)(接收时间 2021年07月27日21时52分05秒)
14	2021年07月27日21时52分03秒688	#1主变110kV开关 分闸(SOE)(接收时间 2021年07月27日21时52分05秒)
15	2021年07月27日21时52分03秒696	#2电容器开关机构弹簧未储能 动作(SOE)(接收时间 2021年07月27日21时52分05秒)
16	2021年07月27日21时52分03秒707	35kV母线保护差动动作 复归(SOE)(接收时间 2021年07月27日21时52分05秒)
17	2021年07月27日21时52分05秒043	3线闸刀电机电源消失 复归(SOE)(接收时间 2021年07月27日21时52分06秒)
18	2021年07月27日21时52分04秒223	I段直流系统故障 动作(SOE)(接收时间 2021年07月27日21时52分06秒)
19	2021年07月27日21时52分04秒223	I段直流系统交流输入故障 动作(SOE)(接收时间 2021年07月27日21时52分06秒)
20	2021年07月27日21时52分04秒300	II段直流系统交流输入故障 动作(SOE)(接收时间 2021年07月27日21时52分06秒)
21	2021年07月27日21时52分04秒301	II段直流系统故障 动作(SOE)(接收时间 2021年07月27日21时52分06秒)
22	2021年07月27日21时52分03秒690	#1主变35kV间隔事故信号 动作(SOE)(接收时间 2021年07月27日21时52分06秒)
23	2021年07月27日21时52分03秒690	#1主变35kV开关控制回路断线 复归(SOE)(接收时间 2021年07月27日21时52分06秒)
24	2021年07月27日21时52分03秒700	#1主变220kV间隔事故信号 动作(SOE)(接收时间 2021年07月27日21时52分06秒)
25	2021年07月27日21时52分03秒701	#1主变220kV开关 分闸(SOE)(接收时间 2021年07月27日21时52分06秒)
26	2021年07月27日21时52分03秒701	#1主变220kV开关第二组控制回路断线 复归(SOE)(接收时间 2021年07月27日21时52分06秒)
27	2021年07月27日21时52分03秒701	#1主变220kV开关第一组控制回路断线 复归(SOE)(接收时间 2021年07月27日21时52分06秒)

图 2-36　该变电站 open3000 时序图

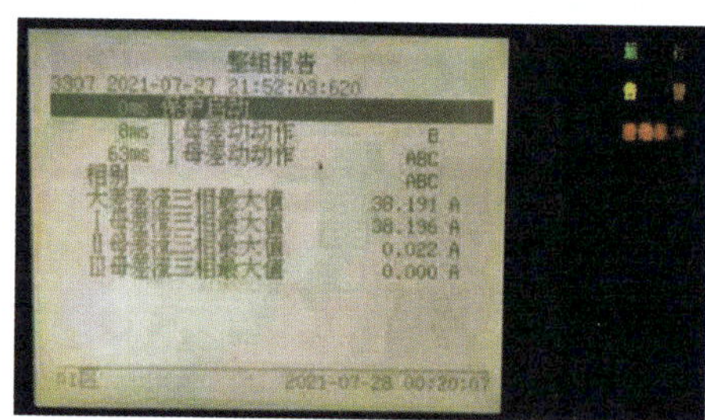

图 2-37　35kV 母线保护动作记录

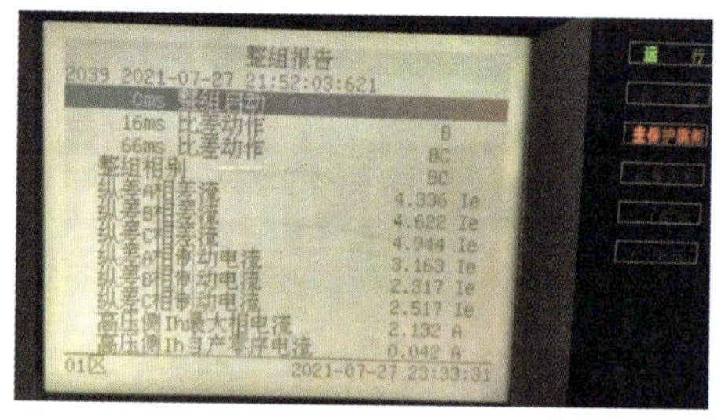

图 2-38　1 号主变压器保护动作记录

图 2-39　35kV 某线路保护动作记录

1 号主变压器两套保护：型号为南瑞科技 NSR-378S-ZJ，版本号 V1.00，2016 年 3 月投运，最近一次检修时间是 2017 年 1 月。

35kV 母线保护：型号为南瑞科技 NSR-371AE-ZJ，版本号 V1.00，2016 年 3 月投运。

35kV 线路保护：型号为长园深瑞

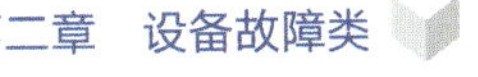

ISA-367BG，版本号 V3.22，2021 年 3 月投运。

四、检查过程

2021 年 7 月 27 日，220kV 某变电站 1 号主变压器第一、二套差动保护动作，35kV 母线保护动作，35kV 某线路保护动作，1 号主变压器三侧开关跳闸，35kV Ⅰ段母线上的开关均跳开。现场检查发现：1 号主变压器 35kV 开关柜内电流互感器 B 相绝缘击穿，A、C 相电流互感器绝缘伞裙受损，如图 2-40 所示；1 号主变压器 35kV 开关柜后仓泄压板凸起、柜门及柜间隔板变形，如图 2-41 所示，1 号主变压器 35kV 进线桥架处无渗水痕迹，1 号主变压器 35kV 进线桥架水平部分未发现绝缘击穿痕迹。35kV Ⅰ段母线检查未见异常、35kV 某线路柜内设备外观检查未见明显异常。

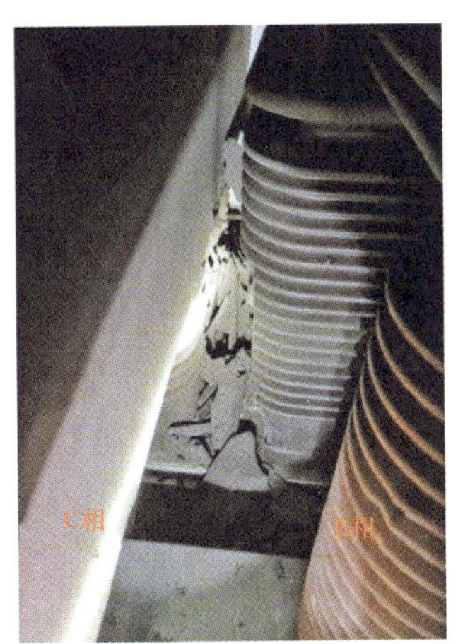

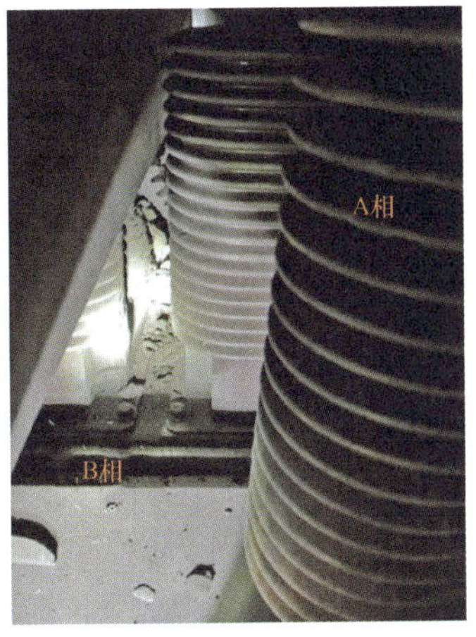

图 2-40　1 号主变压器 35kV 开关柜内电流互感器 B 相绝缘击穿及 A、C 相伞裙受损

图 2-41　变形的仓室隔板及受损的穿柜套管

检修人员分别从 1 号主变压器中部、底部取油样进行分析，结果无异常，试验合格；分别开展 1 号主变压器本体频谱、直阻、短阻、绝缘电阻等试验及 35kVⅠ段母线试验，试验结果无异常，均合格；对 1 号主变压器两套保护、35kV 某线路保护进行补充校验，试验结果均正确。

结合上述设备检查情况，检修人员调取出保护装置报文信息以及故障录波文件，经分析，检修人员初步判断故障可划分为两阶段：

第一阶段：21 时 52 分 03 秒 538 毫秒，雷击 35kV 某线，雷击过电压导致 1 号主变压器 35kV 开关柜 B 相电流互感器绝缘击穿，造成 B 相接地。

第二阶段：21 时 52 分 03 秒 620 毫秒，因雷击发展为 ABC 三相短路故障，35kV 某线路保护、35kV 母线保护、1 号主变压器第一、第二套保护均启动。由于开关柜 B 相电流互感器接地，B 相电流流经隔离柜电流互感器后流入大地，因此 35kV 母线保护与 1 号主变压器两套保护的 B 相差动电流达到动作值保护动作。而 35kV 某线因雷击发展为三相故障，35kV 某线路 AC 相间距离Ⅰ段保护动作。本次故障中，35kV 母线保护、1 号主变压器第一/二套保护、35kV 某线路保护动作行为均正确，在保护范围内可靠切除故障。

综上所述，本次故障是雷击 35kV 某线路产生的雷击过电压，导致 1 号主变压器 35kV 开关柜内电流互感器 B 相绝缘击穿，进而造成 B 相接地。然后雷击发展为 35kV 某线路 ABC 三相短路故障，因 B 相电流互感器接地，引起多个相关保护正常动作。

五、原因分析

检修人员调取故障发生时 1 号主变压器低压侧故障录波文件（见图 2-42、图 2-43）发现，21 时 52 分 03 秒 538 毫秒，35kV Ⅰ段母线 A、C 相电压升高至故障前 1.73 倍，结合现场 1 号主变压器 35kV 开关柜 B 相电流互感器（处于 1 号主变压器保护与 35kV 母线保护的保护范围内，见图 2-44）的绝缘破坏，可判断因雷击线路造成雷击过电压，导致 1 号主变压器 35kV 开关柜 B 相电流互感器绝缘击穿，B 相电流互感器接地。

从图 2-42 和图 2-43 可以发现，21 时 52 分 03 秒 620 毫秒，1 号主变压器低压侧出现 ABC 三相短路故障，若 1 号主变压器 35kV 开关柜 B 相电流互感器未接地，A、B、C 三相故障电流由 1 号主变压器流经 35kV Ⅰ段母线向 35kV

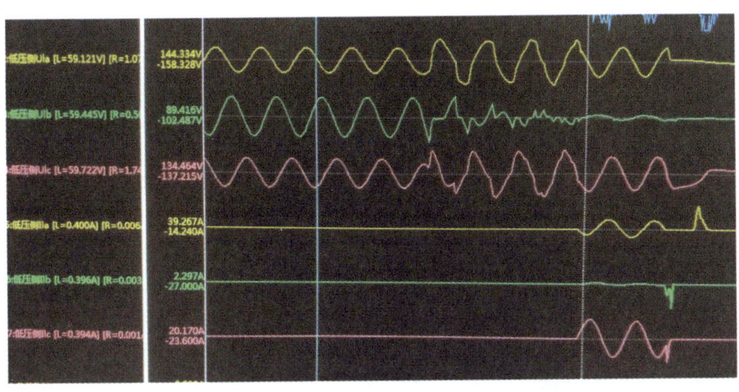

图 2-42　1 号主变压器低压侧波形图（第一阶段）

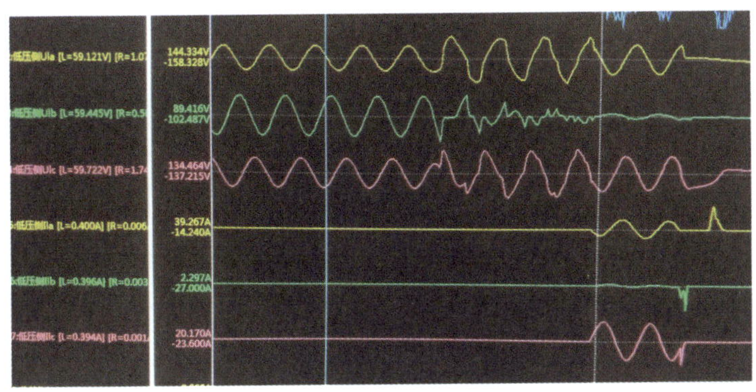

图 2-43　1 号主变压器低压侧波形图（第二阶段）

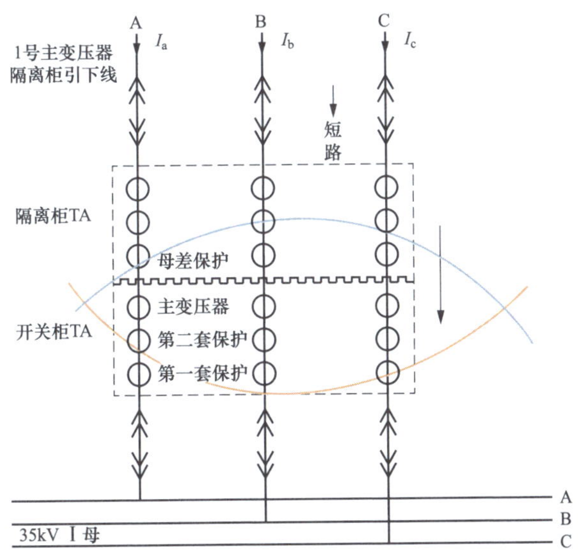

图 2-44　1 号主变压器至 35kV 母线接线示意图

某线路短路点供给，但由于开关柜 B 相电流互感器接地，B 相电流流经隔离柜电流互感器后流入大地，1 号主变压器 35kV 开关柜和 35kV 某线路开关柜 B 相电流互感器均感受不到 1 号主变压器供给故障点的电流，因此 35kV 母线保护与 1 号主变压器两套保护的差动电流达到动作值保护动作，35kV 某线路 AC 相间距离Ⅰ段保护动作。35kV 某线路保护、35kV 母线保护及 1 号主变压器第一、二套保护均启动。1 号主变压器 35kV 开关柜 B 相电流互感器处于 1 号主变压器保护与 35kV 母线保护的保护范围内，35kV 母线保护与 1 号主变压器两套保护同时动作，另外 35kV 某线路有雷击发展为三相故障，35kV 某线路相间距离Ⅰ段保护动作。因此 35kV 母线保护、1 号主变压器第一/二套保护、35kV 某线路保护均动作正确，可靠切除故障。

检修人员整理故障时序图如图 2-45 所示。

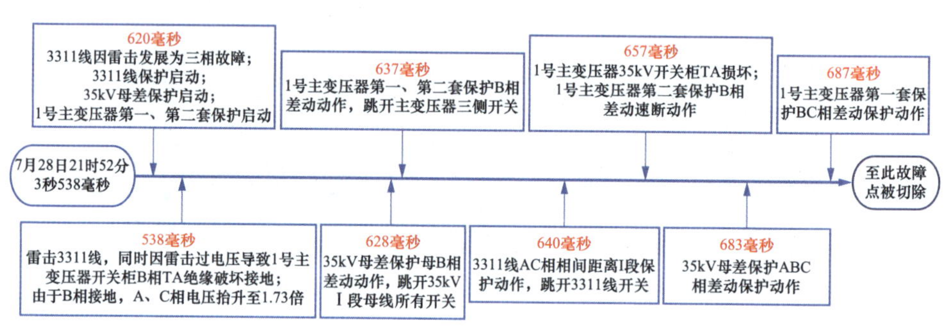

图 2-45　故障时序图

总结此次故障处理情况可得出以下结论，供检修人员开展类似故障排查时参考：

当发生多个间隔保护短时间内相继动作，且所涉及的保护范围存在交叉重叠时，在校验保护装置功能逻辑无误后，可先明确各保护装置的保护范围，然后结合其他信息判断这些保护动作行为是否正确。作为电力系统中一次、二次设备间的重要设备，电流互感器为保护装置提供了保护动作的重要判断元素之一——电流量，因此保护范围常以电流互感器的安装位置来划定。为保证保护装置不误动、不拒动，结合保护特性，需合理分配绕组，保证保护装置可靠动作。

以此次故障为例，1 号主变压器差动保护的保护范围为 1 号主变压器三侧电流互感器之间的一次设备及引线，35kV 母线保护的Ⅰ段差动保护范围为

35kV Ⅰ段母线各支路及 35kV 母分的电流互感器之间的一次设备及铜排，35kV 某线路保护的保护范围为本间隔电流互感器至线路侧。为保证 1 号主变压器保护与 35kV 母线保护之间不存在死区，1 号主变压器保护电流采集自 35kV 开关柜电流互感器，35kV 母线保护电流采集自 35kV 隔离柜电流互感器。

明确保护范围后，可缩小故障点排查范围，帮助区分故障特性。实际中，故障可能会发展，因此与理论上单个故障发生时不会完全一致。以本次故障为例，结合现场保护装置动作报文和故障录波状况，在电流互感器发生 B 相绝缘击穿后，故障进入第二阶段（雷击发展为三相短路故障）。根据故障录波波形显示，AC 两相电压电流幅值相角特性接近理论上三相短路，但 B 相电压电流幅值相角与理论并不完全一致。结合保护动作报文、保护范围、电流回路以及第一阶段 B 相电流互感器绝缘被击穿这一情况，可以进一步确定 B 相电流流经隔离柜电流互感器后流入大地。此时，对于主变压器差动保护和母线保护而言，B 相差动电流达到动作值保护动作，而对于线路保护而言，35kV 某线路 AC 相间距离Ⅰ段保护动作。从保护范围考虑，可以判断出雷击范围位于 35kV 线路侧。从时序角度整理思路可得，本次故障是雷击 35kV 某线路产生的雷击过电压导致 1 号主变压器 35kV 开关柜内电流互感器 B 相绝缘击穿，造成 B 相接地。此后，雷击再次发展为 35kV 某线路 ABC 三相短路故障，因 B 相电流互感器接地，引起多个相关保护正常动作。

此次故障的最关键原因是电流互感器绝缘击穿，在此基础上，后续故障发生后引发一系列保护动作。若 B 相电流互感器未绝缘击穿，未发生接地，第二阶段雷击发展的三相短路仅为线路间隔区内故障，母线保护、主变压器差动保护不会动作，事故影响范围将大幅缩小。因此，检修人员应熟悉掌握绝缘击穿的危害及产生原因。造成绝缘击穿的因素有许多，如外部高电压作用、绝缘体老化导致的绝缘强度降低、不良环境及机械损伤等，本次故障发生时处于雷雨天气，且线路保护动作，因此可大致判断雷击线路产生的过电压造成电流互感器绝缘击穿，但不可排除电流互感器自身绝缘老化后绝缘强度降低这一因素。

检修人员在工作中应加强对绝缘件的检查及试验。目前常用的绝缘检测方法有绝缘电阻测量、电容量和介质损耗因数测量、交流耐压试验等，绝缘电阻可采用 2500V 绝缘电阻表测量并记录，电容量、介质损耗因数测量和交流耐压试验可参考相关规程的要求进行。

六、知识点拓展

1. 电流互感器二次回路基本接线形式

（1）单相式电流接线。主要用于变压器中性点和 6～10kV 电缆线路的零序电流互感器，只反映单相或零序电流。正常运行时，TA 中性线回路电流 I_N 不为 0。

（2）两相式星形接线。主要用于变压器中性点和 6～10kV 小电流接地系统的测量和保护回路接线，可以测量三相电流、有功功率、无功功率、电能等。

主要反映相间故障电流，正常运行时，电流互感器中性线回路电流 I_N 不为 0，$I_N=I_a+I=-I_b$，即其大小等于 B 相电流，但电流方向与 B 相相反。

（3）三相星形接线。主要用于 110～500kV 中性点直接接地系统的测量和保护回路接线。可以测量三相电流、有功功率、无功功率、电能等。既能反映相间故障电流，又能反映接地故障电流。正常运行时，电流互感器中性线回路电流 $I_N=0$。

（4）三角形接线。主要用于 Yd 接线变压器差动保护星形侧电流回路，正常运行时，接入继电器的电流为两相电流互感器二次电流之差，即 $I_{ab}=I_a-I_b$，$I_{bc}=I_b-I_c$，$I_{ca}=I_c-I_a$，流入继电器的电流为相电流的 $\sqrt{3}$ 倍，并且继电器回路无零序电流分量。

（5）和电流接线。主要用于 3/2 断路器接线、角形接线、桥形接线的测量和保护回路。正常运行时，流入 A、B、C 相负载回路的电流为 $I_a=I_{a1}-I_{a2}$，$I_b=I_{b1}-I_{b2}$，$I_c=I_{c1}-I_{c2}$。

电流互感器中性线负载回路的电流 $I_N=0$，即 $I_N=I_a+I_b+I_c=0$。

（6）两相差接线。主要用于中性点直接接地系统继电保护回路。正常运行时，流入继电器的电流为相电流的 $\sqrt{3}$ 倍。

（7）三相零序接线。主要用于继电保护及自动装置回路。它将三相同型号电流互感器的极性端连接起来，同时也将非极性端连接起来，然后再与负载相连接，组成零序电流滤过器。这种接线流过负载的电流 I_k 等于 A、B、C 相电流互感器二次电流的相量和。正常运行（或对称短路）时，流过负载电流为 0；当一次系统发生接地短路时，流过负载电流不为 0，产生零序电流。

2. 电流互感器的极性

极性就是铁芯在同一磁通作用下，一次绕组和二次绕组感应出的电动势，

其中两个同时达到高电位的一端或同时为低电位的一端称为同极性端。

所谓电流互感器（TA）极性是指它的一次绕组和二次绕组间电流方向的关系。按照规定，TA 一次绕组的首端标为 P1，尾端标为 P2；二次绕组的首端标为 S1，尾端标为 S2。在接线中，P1 和 S1、P2 和 S2 称为同极性端。假定一次绕组的电流 I_1 从首端 P1 流入，从尾端 P2 流出时，二次绕组中感应的电流 I_2 从首端 S1 流出，从尾端 S2 流入，此时在铁芯中产生的磁通方向相反，这样的 TA 极性标志称为减极性；反之，称为加极性。除特殊规定外，常用的电流互感器均采用减极性。

3. 电流互感器二次绕组典型配置

电流互感器二次绕组的排列次序和保护使用原则有：具有小瓷套管的一次端子应放在母线侧；母线保护的保护范围应尽量避开电流互感器的底部；后备保护应尽可能用靠近母线的电流互感器一组二次绕组；使用电流互感器二次绕组的各类保护范围要交叉重叠，避免死区。

（1）110kV 内桥接线电流互感器二次绕组配置如图 2-46 所示。

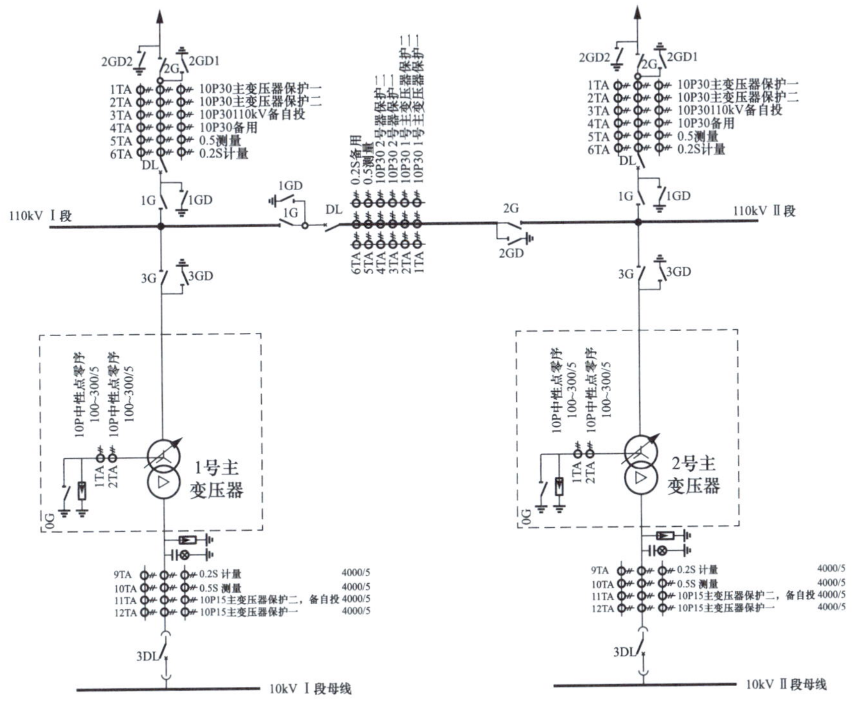

图 2-46　110kV 内桥接线电流互感器二次绕组配置

1）内桥接线优点：高压断路器数量少，四个回路只需三台断路器，简单清晰，造价低；线路发生故障时，仅故障线路的断路器跳闸，其余三条支路可继续工作，并保持相互间的联系。

2）内桥接线缺点：变压器故障时，母联断路器及与故障变压器同侧的线路断路器均自动跳闸，使未故障供电线路受到影响，需经倒闸操作后方可恢复；灵活性和可靠性差，变压器的切除和投入较复杂，需动作两台断路器，并影响一回线路的正常运行。

3）内桥接线适用范围：较小容量的发电厂和变电站，且变压器不经常切换或线路较长故障率较高的情况。

（2）220kV主变压器保护电流互感器二次绕组配置如图2-47所示。220kV主变压器保护装置采用双重化配置，保护装置一般具备差动保护、气体保护、后备保护等功能。大多数保护装置都是通过对接入的电压、电流量进行分析，判断设备是否正常运行，而电流量取自各间隔的电流互感器二次侧，所以保护范围的划分通常是以电流互感器为分界点的。

1）差动保护。主变压器差动保护是按循环电流原理设计的，通过比较变压器两端电流幅值和相位的原理实现保护。差动保护主要由差动继电器构成。差动保护的优点是能迅速、有选择地切除保护范围内的故障，接线正确、调试得当时不易发生误动。

差动保护的保护范围为主变压器各侧电流互感器之间的一次电气部分。220kV主变压器差动保护动作原因有：

a）主变压器及其套管引出线故障。

b）保护二次线故障。

c）电流互感器开路或短路。

d）主变压器内部故障。

2）后备保护。220kV主变压器后备保护一般包括：

a）高压侧复合电压方向过电流保护：方向指向主变压器，作为主变压器、各中低压母线及出线的相间故障的后备保护。

b）中压侧复合电压方向过电流保护：一般方向指向母线，作为中压侧母线及各中压侧出线的相间故障的后备保护。

c）低压侧复合电压方向过电流保护：作为低压侧母线及各低压侧出线的

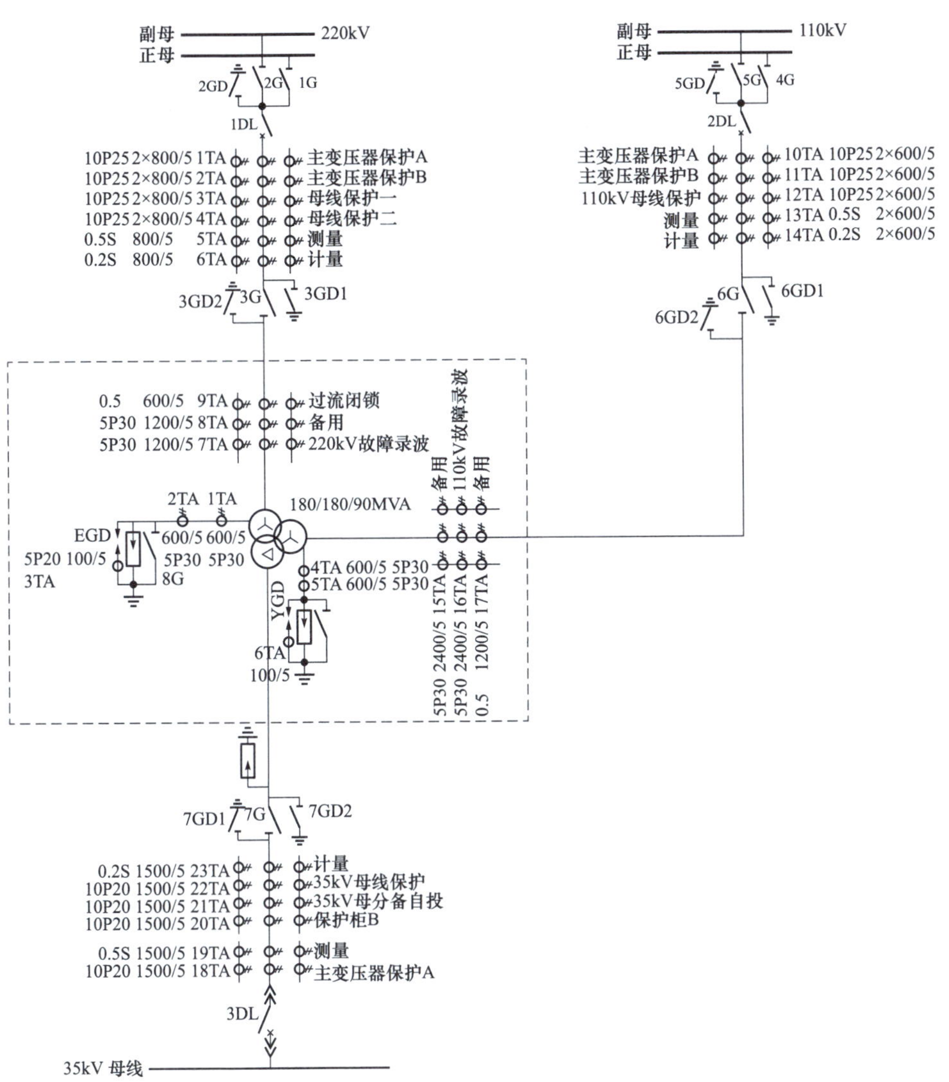

图 2-47　220kV 主变压器保护电流互感器二次绕组配置

相间故障的后备保护。需要注意的是，因为定值较高，时间和线路速断配合，一般只考虑保证低压侧母线故障有灵敏度。

d）高压侧零序方向过电流保护：一般方向多指向变压器。当方向指向高压侧母线时，作为高压侧母线及各高压侧出线的接地故障的后备保护。当方向指向变压器时，作为变压器、中压侧母线及各中压侧出线的接地故障的后备保护，与中压侧零序方向一段或二段保护配合；与中压侧一段配合时，一般不做中压侧线路的接地后备，且一般 T_1 时间跳母联以缩小故障范围，T_2 时间跳主变压器开关。

e）中压侧零序方向过电流保护：方向一般指向中压侧母线，作为中压侧母线及各中压侧出线的接地故障的后备保护，与出线一段配合。

f）高压侧零序过电流保护：作为各类接地故障的总后备，一般定值低，时间长。

g）中压侧零序过电流保护：方向一般指向中压侧母线，作为中压侧母线及各中压侧出线的接地故障的后备保护，与出线二段配合。

h）间隙保护：中性点产生过电压时动作，与主变压器的中性点接地零序保护配合使用。

（3）220kV 线路保护电流互感器二次绕组配置如图 2-48 所示。母线差动保护装置的保护范围是母线各段所有出线开关母线保护电流互感器之间的电气部分，即全部母线和连接在母线上的所有电气设备。线路纵差主保护范围为两侧线路保护电流互感器之间的电气部分。为保证线路保护和母线保护的保护范围交叉重叠避免死区，母线保护应尽量使用靠近线路一侧的电流互感器二次绕组。

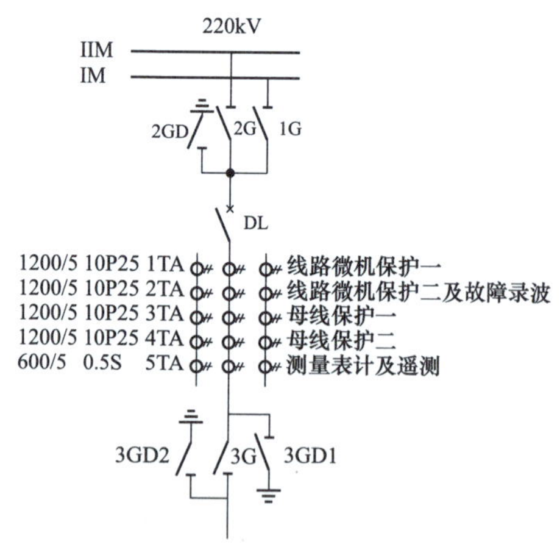

图 2-48　220kV 线路保护电流互感器二次绕组配置

第三章 回 路 异 常 类

案例一 电流互感器二次绕组抽头短接引起保护装置差流偏大

一、案例名称

某 220kV 变电站保护装置差流偏大。

二、案例简介

2021 年 11 月 5 日，检修人员在某 220kV 变电站进行某一光伏间隔接入 220kV 第二套母线保护时，发现 220kV 第二套母线保护和 2 号主变压器第二套保护的 A 相差流偏大，故上报停电双周计划。11 月 23 日，检修人员通过检查 2 号主变压器 220kV 侧第二路保护绕组的电流回路，发现 2 号主变压器 220kV 开关 A 相电流互感器二次接线盒内两个电流端子间存在金属铁屑，导致电流回路短接。取出金属铁屑后，保护装置显示差流恢复正常。

三、事故信息

某 220kV 变电站 2 号主变压器 220kV 侧 A 相电流显示异常，相比于其他两相数值偏低，导致 220kV 第二套母线保护差流和 2 号主变压器第二套保护差流达到警示值（0.03A），如图 3-1 所示。

查询设备台账，得到如下信息：

220kV 第二套母线保护：型号为许继电气 WXH-801A-DA-G，2019 年 11 月投运。

2 号主变压器第二套保护：型号为许继电气 WBH-801T2-DA-G，2019 年

11月投运，上次检修时间为2021年10月，检修内容为间隔设备首检，具体内容为：主变压器及三侧开关例行试验，主变压器保护例行试验，保护试验及回路绝缘试验正常。

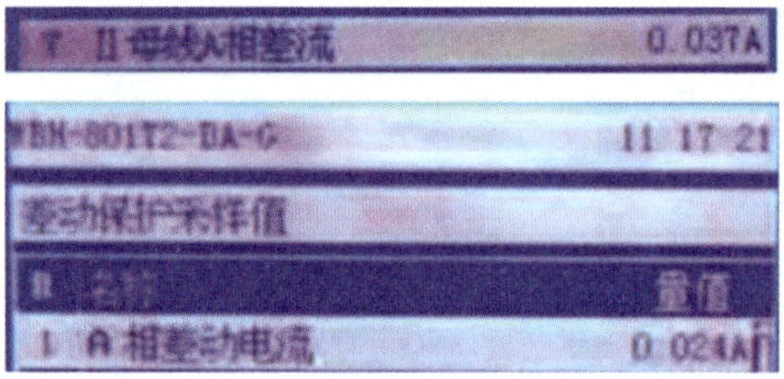

图3-1　220kV第二套母线保护和2号主变压器第二套保护差流（处理前）

2号主变压器220kV侧GIS：型号为河南许继ZF9-252，2019年11月投运。

四、检查过程

11月5日，变电检修中心检修人员在220kV变电站进行某一光伏间隔接入220kV第二套母线保护时，发现220kV第二套母线保护和2号主变压器第二套保护的A相电流值相比于B、C两相明显偏小，导致差流值偏大，接近警示值0.03A，而2号主变压器第一套保护A相的差流正常。经过初步检查，推断2号主变压器220kV侧第二路保护绕组的A相电流大小异常，小于第一路保护绕组的A相电流与第二路保护绕组的其他相别电流值，故上报停电双周计划，计划于11月23日将220kV第二套母线保护和2号主变压器第二套保护改信号，对2号主变压器220kV侧第二路保护电流回路进行检查。

11月23日，检修人员在工作许可后检查2号主变压器220kV侧第二路保护电流回路，发现2号主变压器220kV开关A相电流互感器二次接线盒内两个电流端子存在短接情况，如图3-2所示。

图3-2中的红框内，上方的接线端子为2号主变压器220kV侧第一路保护电流的N线，下方的接线端子为2号主变压器220kV侧第二路保护电流的备用抽头。上方的接线鼻子因工艺问题，存在一小段铁屑，该铁屑接触到下方接线端子，造成第二路保护A相二次电流感应值偏小，且通过地线产生分流，从而导致保护装置的A相差流变大。由于涉及双套保护的电流回路，在单套保护改信号的情况下处理存在安全风险，故申请2号主变压器改热备用进行处理。

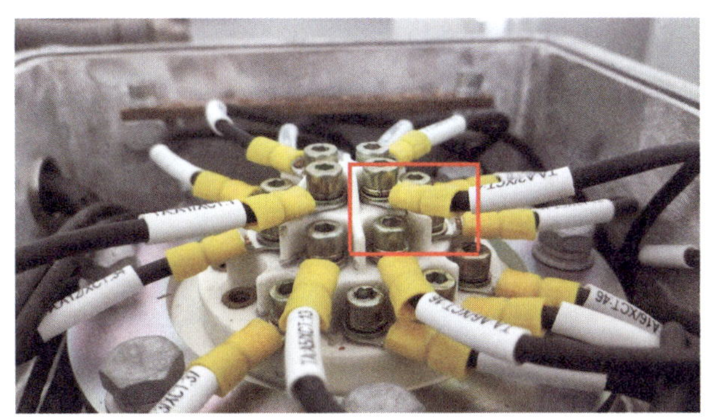

图 3-2　2 号主变压器 220kV 开关 A 相电流互感器二次接线盒（处理前）

11 月 23 日晚，调度下令将 2 号主变压器改为热备用状态，运行人员分开 2 号主变压器三侧开关，检修人员在完成工作许可后于 21 时 23 分剪除电流互感器接线盒内的铁屑，完成缺陷处理，如图 3-3 和图 3-4 所示。

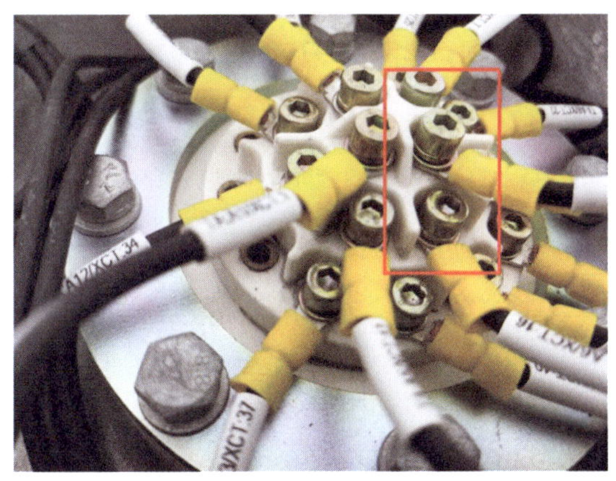

图 3-3　2 号主变压器 220kV 开关 A 相电流互感器二次接线盒（处理后）

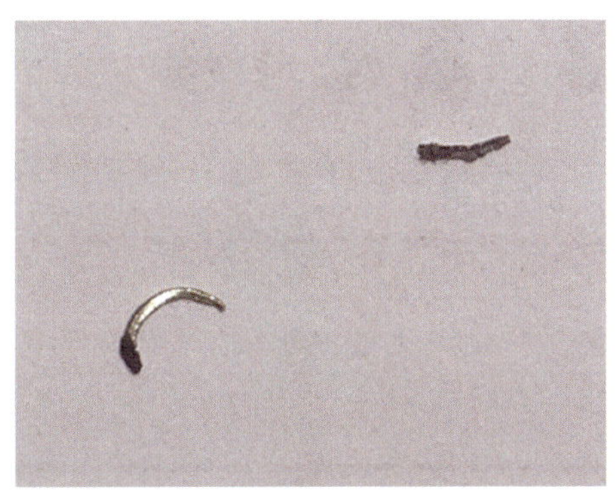

图 3-4　取下来的铁屑

22 时 15 分，2 号主变压器顺利复役，220kV 第二套母线保护和 2 号主变压器第二套保护差流恢复正常，如图 3-5 所示。

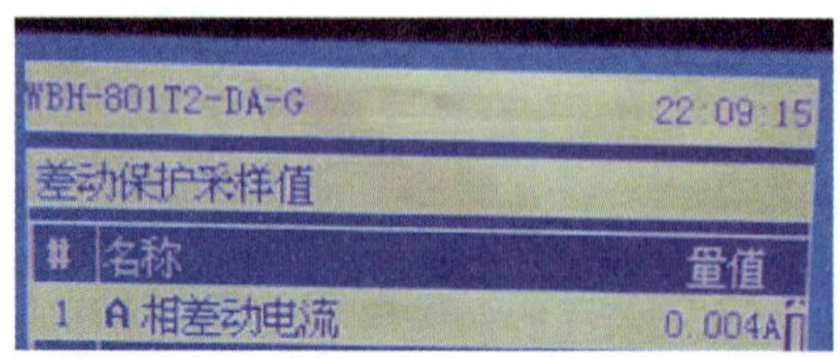

图 3-5　2 号主变压器第二套保护差流（处理后）

五、原因分析

2021 年 11 月 23 日，变电检修中心检修人员在检查 2 号主变压器间隔的电流回路时，通过钳形相位表测量电流得到的数值见表 3-1。

表 3-1　　通过钳形相位表得到的各处电流值　　单位：A

项目	电流互感器本体二次接线盒内的第一路保护绕组	电流互感器本体二次接线盒内的第二路保护绕组	汇控柜内电流互感器侧端子排的第一路保护绕组	汇控柜内电流互感器侧端子排的第二路保护绕组	汇控柜内合并单元侧端子排的第一路保护绕组	汇控柜内合并单元侧端子排的第二路保护绕组
A 相	0.11	0.068	0.11	0.068	0.11	0.068
B 相	—	—	0.13	0.134	0.13	0.134
C 相	—	—	0.12	0.133	0.12	0.133
N 相	0.16	0.023	—	—	0.002	0.013
地线	—	—	—	—	0.052	0.045

在 A 相电流互感器本体的二次接线盒内：2 号主变压器第一套保护电流，A 相电流为 0.11A，N 相电流为 0.16A；2 号主变压器第二套保护电流，A 相电流为 0.068A，N 相电流为 0.023A。在汇控柜内的电流互感器侧端子排处：2 号主变压器第一套保护电流，A 相电流为 0.11A，B 相电流为 0.13A，C 相电流为 0.12A；2 号主变压器第二套保护电流，A 相电流为 0.068A，B 相电流为 0.134A，C 相电流为 0.133A。在汇控柜内的合并单元侧端子排处：2 号主变压器第一套保护电流，A 相电流为 0.11A，B 相电流为 0.13A，C 相电流为 0.12A，N 相电流为 0.002A，地线电流为 0.052A；2 号主变压器第二套保护电流，A 相电流为 0.068A，B 相电流为 0.134A，C 相电流为 0.133A，N 相电流为 0.013A，地线电流为 0.045A。

根据表 3-1，可以画出电流回路的电流分布图，如图 3-6 所示。

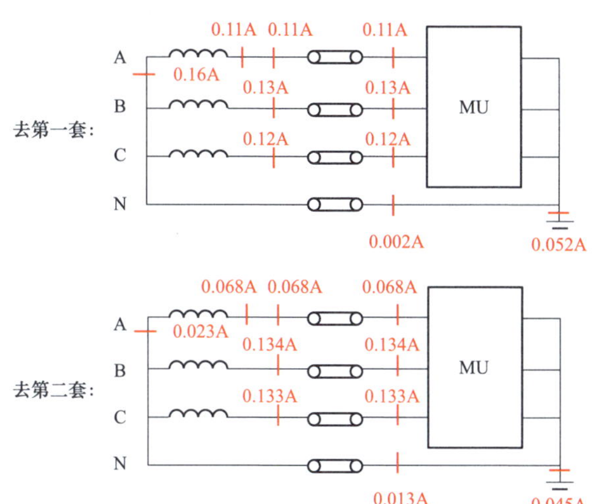

图 3-6　保护绕组的电流回路图

由于在两路保护绕组的地线上都测量到了电流，与实际情况明显不符，现场检修人员合理怀疑电流回路存在短接现象，导致两路保护绕组通过地线形成电流回路通路。进一步排查 2 号主变压器 220kV 开关 A 相电流互感器的二次接线盒，发现 2 号主变压器 220kV 侧第一路保护电流的 N 线与下方的 2 号主变压器 220kV 侧第二路保护电流的备用抽头存在短接现象。拆除电流互感器接线盒内的铁屑，完成缺陷处理后，保护装置显示差流恢复正常。

因此，本次差流异常的原因初步判断为 GIS 厂家配线工艺不良，导致电流互感器接线盒内存在紧固接线螺栓的残留铁屑。在设备长期运行以及开关分合振动后，铁屑搭在第一套保护与第二套保护备用抽头之间的电流端子上，引起第二套保护错误使用大变比抽头，导致二次感应电流偏小，出现差流。

六、知识点拓展

根据本次检修人员在变电站的缺陷处理经验，可以总结得出：若一次设备无明显故障，而保护装置显示二次电流不平衡，出现差流，排查过程中除了测量各相电流数值外，还应特别注意测量地线电流。如果在地线上发现有电流流过，可以大致推断电流回路存在某处短接。

以本次缺陷处理为例，由于保护装置显示是 A 相电流数值异常，结合测量得到的电流数据，绘制 A 相电流回路分布图，如图 3-7 所示。

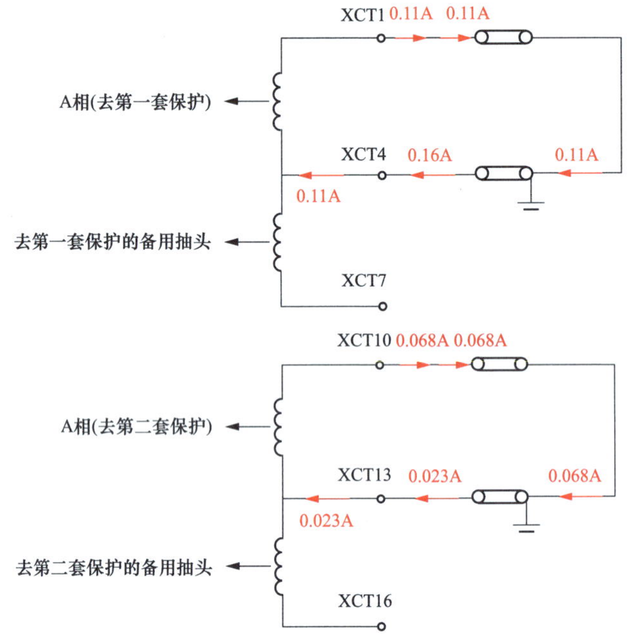

图 3-7　保护绕组的 A 相电流回路图

其中：

XCT1—电流互感器本体二次接线盒内第一路保护 A 相流出电流的套管号；

XCT4—电流互感器本体二次接线盒内第一路保护 A 相流回电流的套管号；

XCT7—电流互感器本体二次接线盒内第一路保护 A 相电流备用抽头的套管号；

XCT10—电流互感器本体二次接线盒内第二路保护 A 相流出电流的套管号；

XCT13—电流互感器本体二次接线盒内第二路保护 A 相流回电流的套管号；

XCT16—电流互感器本体二次接线盒内第二路保护 A 相电流备用抽头的套管号。

观察 A 相电流回路图（见图 3-7），可以较清晰地发现，第二路保护 A 相电流流出为 0.068A，经过地线后分流，一部分为 A 相电流流回（约 0.023A）；另一部分电流（约 0.045A）在地线流过，因此在 2 号主变压器第二套保护电流的地线上可以测量到 0.045A 的电流，然后电流（0.045A）又流入第一套保护绕组，加上第一套保护 A 相流出电流（0.11A+0.045A），正好为检修人员

测量到的 0.16A 流回电流。

地线上有电流通路的原因，检修人员合理推断电流互感器二次接线盒内有端子短接，进一步排查发现为 2 号主变压器 220kV 侧第一路保护电流的 N 线（即 XCT4）与下方的 2 号主变压器 220kV 侧第二路保护电流的备用抽头（即 XCT16）短接，短路后的电流回路图如图 3-8 所示。

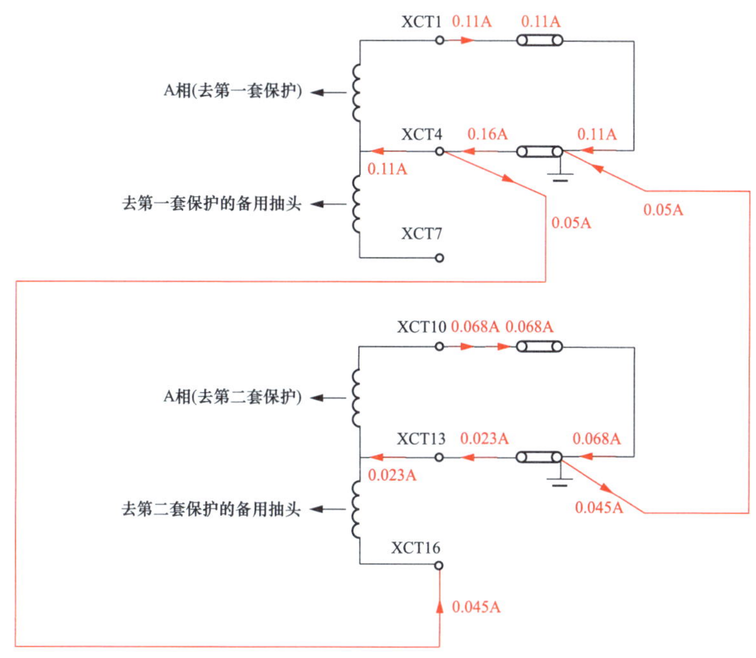

图 3-8　短路电流回路图

正是由于 2 号主变压器 220kV 侧第二路保护电流的备用抽头被短接，相当于 2 号主变压器第二套保护的 220kV 侧 A 相电流互感器使用了大变比抽头，导致二次感应电流发生变化，去第二套保护的 A 相二次电流值偏小（0.068A），恰好为使用正确抽头电流值（0.13A）的一半。

本次缺陷处理的分析，为以后出现同类型故障提供了排查思路。

多变比电流互感器最常见的结构形式是通过二次绕组采用多抽头方式实现的，根据本故障案例，下面讨论备用抽头与工作抽头发生短接时对二次感应电流值的影响。

当电流互感器二次接线使用小变比抽头，即使用 S1、S2 抽头时，电流互感器等效电路图如图 3-9 所示。

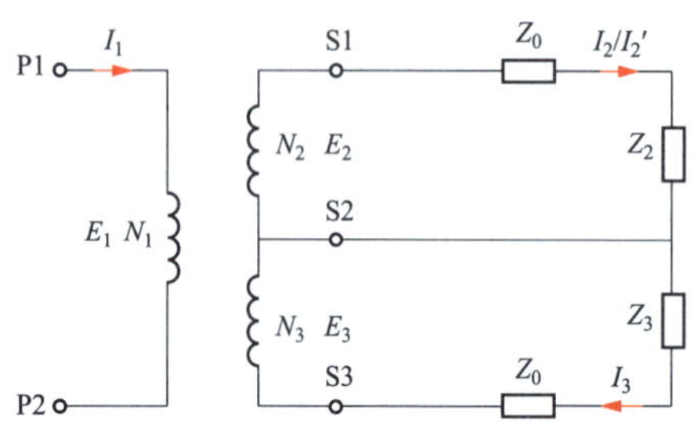

图 3-9　备用抽头 S3 和工作抽头 S2 短接的等效电路

其中：

N_1——电流互感器一次绕组匝数；

N_2——电流互感器二次绕组 S1、S2 抽头间匝数；

N_3——电流互感器二次绕组 S2、S3 抽头间匝数；

E_1——电流互感器一次绕组产生的感应电动势；

E_2——电流互感器二次绕组产生的感应电动势；

E_3——电流互感器二次绕组产生的感应电动势；

I_1——电流互感器一次绕组通过电流值；

I_2——电流互感器二次绕组通过电流值；

I_2'——发生短接时电流互感器二次绕组通过电流值；

I_3——发生短接时短接线通过电流值；

Z_0——电流互感器二次绕组内阻阻抗值；

Z_2——电流互感器二次绕组负载阻抗值；

Z_3——电流互感器二次绕组短接线阻抗值。

若正确接线，未发生短接，有

$$N_1 I_1 = N_2 I_2 \tag{3-1}$$

现错误接线，有发生短接，有

$$N_1 I_1 = N_2 I_2' + N_3 I_3 \tag{3-2}$$

联合式（3-1）、式（3-2），可以得到

$$N_2 I_2 = N_2 I_2' + N_3 I_3 \tag{3-3}$$

即

$$I_2' = I_2 - \frac{N_3}{N_2} I_3 \tag{3-4}$$

根据法拉第电磁感应定律，N_2 和 N_3 产生的感应电势分别为

$$E_2 = I_2'(Z_0 + Z_2) = 4.44 f N_2 \phi_m \tag{3-5}$$

$$E_3 = I_3(Z_0 + Z_3) = 4.44 f N_3 \phi_m \tag{3-6}$$

联立式（3-5）、式（3-6），可以得到

$$\frac{N_2}{N_3} = \frac{I_2'(Z_0 + Z_2)}{I_3(Z_0 + Z_3)} \tag{3-7}$$

即

$$I_3 = \frac{N_3}{N_2} \cdot \frac{Z_0 + Z_2}{Z_0 + Z_3} \cdot I_2' \tag{3-8}$$

代入式（3-4），可以得到

$$\frac{I_2}{I_2'} = 1 + \left(\frac{N_3}{N_2}\right)^2 \cdot \frac{Z_0 + Z_2}{Z_0 + Z_3} \tag{3-9}$$

可以发现，式（3-9）的等式右边恒大于 1，说明 I_2 的值恒大于 I_2'，因此当电流互感器二次接线使用小变比抽头，即使用 S1、S2 抽头时，S2 和 S3 短接，导致二次感应电流值变小。

当电流互感器二次接线使用大变比抽头，即使用 S1、S3 抽头时，电流互感器等效电路图如图 3-10 所示。

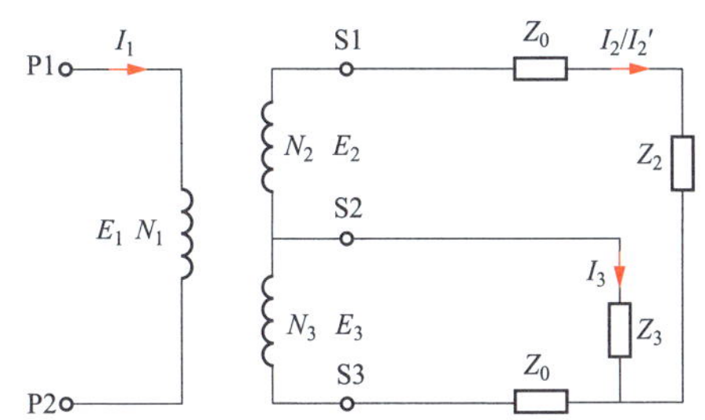

图 3-10 备用抽头 S2 和工作抽头 S3 短接的等效电路

若正确接线，未发生短接，有

$$N_1 I_1 = (N_2 + N_3) I_2 \tag{3-10}$$

现错误接线，有发生短接，有

$$N_1 I_1 = (N_2 + N_3) I_2' + N_3 I_3 \tag{3-11}$$

联合式（3-10）、式（3-11），可以得到

$$(N_2+N_3)I_2=(N_2+N_3)I'_2+N_3I_3 \tag{3-12}$$

即

$$I'_2=I_2-\frac{N_3}{N_2+N_3}I_3 \tag{3-13}$$

根据法拉第电磁感应定律，N_2 和 N_3 产生的感应电势分别为

$$E_2=I'_2(Z_0+Z_2)-I_3Z_3=4.44fN_2\phi_m \tag{3-14}$$

$$E_3=I_3Z_3+(I'_2+I_3)Z_0=4.44fN_3\phi_m \tag{3-15}$$

联合式（3-14）、式（3-15），可以得到

$$\frac{N_2}{N_3}=\frac{I'_2(Z_0+Z_2)-I_3Z_3}{I_3Z_3+(I'_2+I_3)Z_0} \tag{3-16}$$

即

$$I_3=\frac{N_3(Z_0+Z_2)-N_2Z_0}{Z_0N_2+Z_3N_2+Z_3N_3}\cdot I'_2 \tag{3-17}$$

若不考虑线圈内阻，即令 $Z_0=0$，则

$$I_3=\frac{N_3Z_2}{Z_3N_2+Z_3N_3}\cdot I'_2 \tag{3-18}$$

代入式（3-13），可以得到

$$\frac{I_2}{I'_2}=1+\frac{N_3}{N_2+N_3}\cdot\frac{Z_2N_3}{Z_3N_3+Z_3N_2}=1+\frac{Z_2}{Z_3}\cdot\left(\frac{N_3}{N_2+N_3}\right)^2 \tag{3-19}$$

可以发现，式（3-19）的等式右边恒大于 1，说明 I_2 的值恒大于 I'_2，因此当电流互感器二次接线使用大变比抽头，即使用 S1、S3 抽头时，S2 和 S3 短接，在不考虑线圈内阻的情况下，会导致二次感应电流值变小。

若不考虑线圈内阻，即令 $Z_0\neq0$，则将式（3-17）代入式（3-13），可以得到

$$\frac{I_2}{I'_2}=1+\frac{N_3}{N_2+N_3}\cdot\frac{N_3(Z_0+Z_2)-N_2Z_0}{Z_0N_2+Z_3N_2+Z_3N_3} \tag{3-20}$$

可以发现，在考虑线圈内阻情况下，当电流互感器二次接线使用大变比抽头，即使用 S1、S3 抽头时，S2 和 S3 短接，会导致二次感应电流变化，变化情况视电流互感器变比与二次负载情况而定：

当 $N_3(Z_0+Z_2)-N_2Z_0>0$，此时式（3-20）的等式右边恒大于 1，说明 I_2 的值恒大于 I'_2，这种情况下会导致二次感应电流值变小；

当 $N_3(Z_0+Z_2)-N_2Z_0=0$，此时式（3-20）的等式右边恒等于 1，说明

I_2 的值恒等于 I_2'，这种情况下会导致二次感应电流值不变；

当 $N_3(Z_0+Z_2)-N_2Z_0<0$，此时式（3-20）的等式右边恒小于 1，说明 I_2 的值恒小于 I_2'，这种情况下会导致二次感应电流值变大。

案例二　直流接地拉路时 220kV 线路跳闸

一、案例名称

某变电站直流接地拉路时 220kV 线路跳闸。

二、案例简介

2020 年 8 月 5 日 1 时 21 分，220kV 某变电站甲一 2201 线开关 A 相跳闸，重合闸失败，三相不一致继电器动作跳开甲一 2201 线开关。故障发生时，站内有直流接地拉路工作。

三、事件信息

220kV 某变电站 220kV 为双母线接线方式，110kV 为双母线接线方式，35kV 为单母线分段结构，故障前甲一 2201 线开关、甲二 2202 线、甲三 2203 线、1～3 号主变压器三侧开关均运行，甲四 2204 线热备用，220kV 母联开关运行；110kV 母联开关热备用；35kV 母分开关运行。运行方式详见图 3-11。

通过查询设备台账，得到以下信息：

甲一 2201 线开关机构型号为 3AQ1EE，西门子（杭州）高压开关有限公司生产，2013 年 12 月投运，最近一次检修为 2019 年 6 月 17 日，工作内容为甲一 2201 线保护光纤化改造。

甲一 2201 线第一套保护采用 WXH-803A-G 装置，版本号 V3.03，第二套保护采用 PCS-931A-G 装置，版本号 V4.01。两套保护均为 2019 年 6 月投运。

四、检查过程

1. 开关动作信息

跳闸发生前，站内直流 I 段正极接地，运行人员正在拉路寻找直流接地点。故障时序如图 3-12 所示。

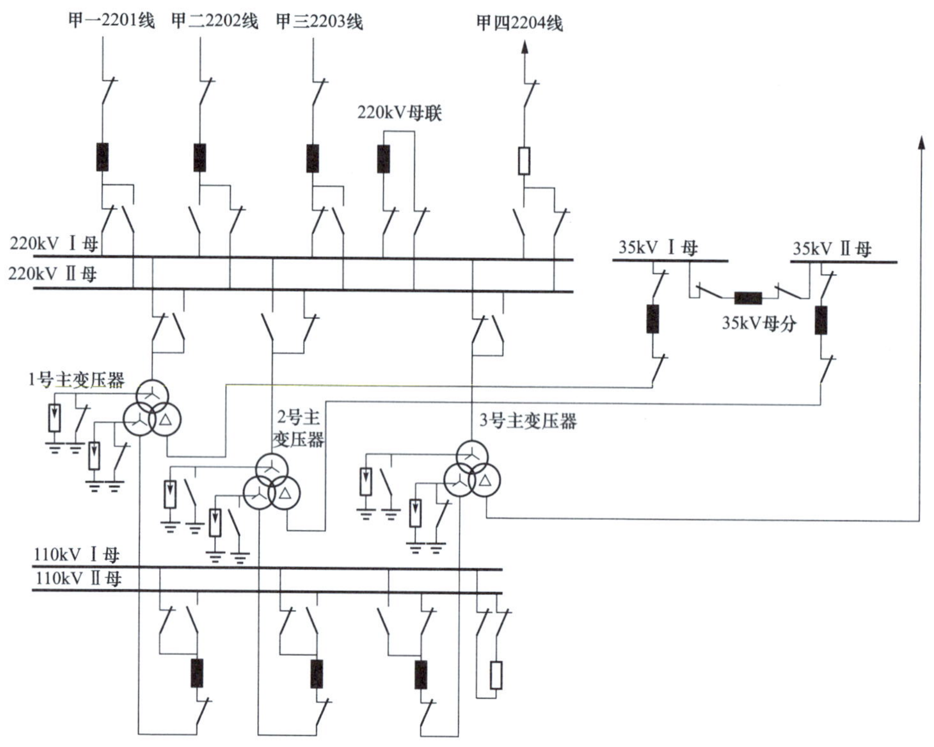

图 3-11 某变电站主接线图

11 时 21 分 35 秒，运行人员拉开甲一 2201 线第一路控制电源时，A 相开关分闸。

11 时 21 分 36 秒，甲一 2201 线重合闸动作，重合闸闭锁动作，重合闸失败（油压偶发急剧下降，重合闸闭锁动作，重合闸失败，开关油压低合闸闭锁动作，断开合闸回路，A 相 TWJ 返回，报第一组开关控制回路断线；油泵启动）。

11 时 21 分 37 秒，甲一 2201 线开关机构三相不一致动作，B、C 相分闸失败（油压偶发急剧下降，不满足分闸条件）。

11 时 21 分 39 秒，运行人员将第一路控制电源恢复。

11 时 21 分 42 秒，甲一 2201 线三相不一致动作，开关 B、C 相分闸（油泵打压后油压恢复，三相不一致正常动作）。

随后，运行人员停止拉路作业，并报紧急缺陷，等待检修人员进场处理。

2. 一、二次设备检查及处理情况

检修人员到现场后工作开展流程如图 3-13 所示。

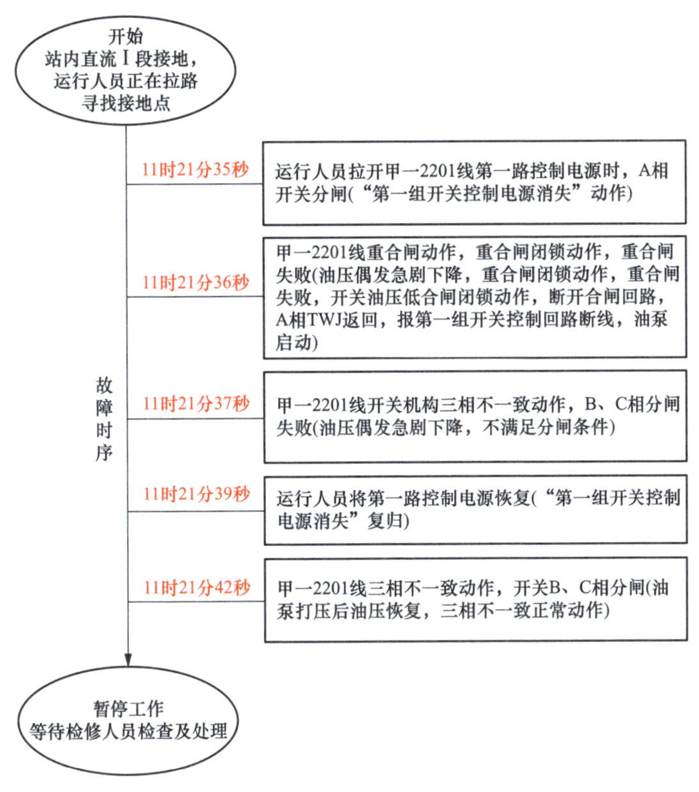

图 3-12　故障时序分析

（1）直流检查情况。8 月 5 日，检修人员检查甲一 2201 线开关机构箱和端子箱未见进水情况。甲一 2201 线开关改冷备用后，检修人员发现该变电站直流系统正极完全接地，利用接地巡检仪排查发现 2 号主变压器 220kV 侧遥信回路存在接地点，拉开 2 号主变压器 220kV 侧测控遥信空气开关，直流正极接地现象消失，经检查为 2 号主变压器 220kV 侧测控遥信回路因台风原因绝缘下降，处理后直流正极接地现象消失。

（2）模拟故障情况。在直流正极接地消失前，检修人员模拟故障再现，拉开第一路控制电源，开关 A 相跳开，出现油泵油压急剧下降，导致闭锁重合闸。模拟复现后，发现开关 A 相分闸线圈烧毁，打开 A 相线圈箱并更换 A 相分闸 1 线圈后，未再复现 A 相偷跳现象。对开关进行传动试验及 A 相单相分闸，未再出现油压急剧下降情况。

（3）油压下降情况。在模拟故障跳闸时，出现了油压短时快速下降情况，分析油路中杂质造成了高压油路保压能力不足，后续多次分合后，杂质冲离高

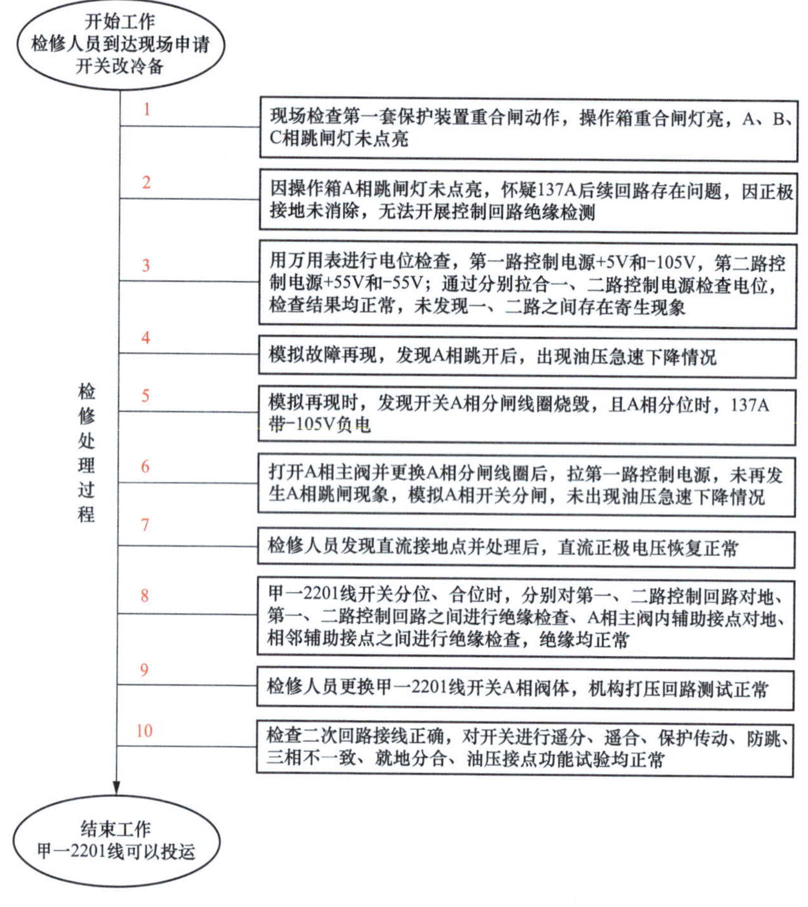

图 3-13　检修人员到现场后工作开展流程图

低压油路分界位置。8 月 6 日，为避免开关分闸过程中再次发生泄压情况，检修人员更换甲一 2201 线开关 A 相阀体，机构打压回路测试正常，开关特性试验正常。

（4）回路及试验情况。检修人员检查二次回路接线正确，绝缘良好，二次人员通过分别拉合一、二路控制电源，未发现寄生情况；对开关进行遥分、遥合和保护传动试验，未发现异常情况，对开关进行就地分合、油压触点动作验证等功能性试验，未发现异常情况。检修人员后续多次试拉甲一 2201 线第二路控制电源，开关 A 相未发生故障分闸。

五、原因分析

经现场排查，拉开甲一 2201 线第一路控制电源时，分闸线圈 1 动作的原

因为：受台风天气影响，风雨过后，整体绝缘下降。1、2 号主变压器 220kV 侧测控遥信回路因台风原因绝缘下降，导致直流Ⅰ段正极完全接地，此时开关内分闸线圈 1 和甲一 2201 线 A 相第一套分闸线圈正电源侧存在高阻接地，在拉开第一路控制电源时，第一套分闸线圈正电源侧的接地点阻值下降，通过另一接地点给分闸线圈 1 供电，分闸线圈 1 两端压差存在扰动，造成线圈动作，A 相开关跳闸。打开 A 相线圈及辅助触点箱体并更换烧损的线圈后，开关机构内的绝缘不良情况消失，第一套分闸回路绝缘恢复正常。断路器 3Q1EE 白图中的控制回路如图 3-14 所示。

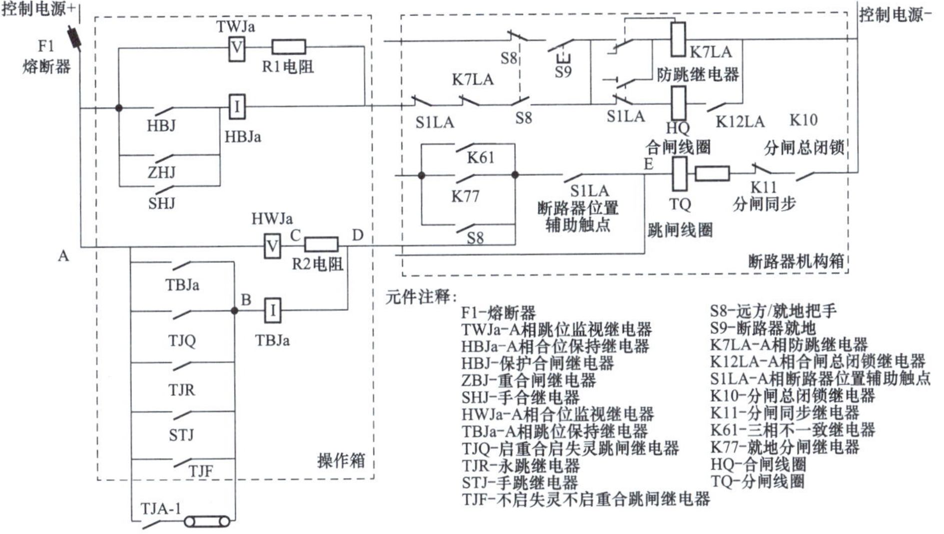

图 3-14　断路器 3Q1EE 白图中的控制回路

甲一 2201 线开关 A 相跳开，因液压油中有微小杂质，出现短时的高压油路不能保持情况，油泵油压急剧下降，导致闭锁重合闸，对 A 相阀体更换后消除了此隐患。

六、知识点拓展

1. 关于直流系统接地

（1）直流系统接地的概念。由于直流电源为带极性的电源，即电源正极和电源负极。交流电源是无极性电源，电力系统交流电源有一个真正的“地”，这个地也是电力系统安全的一个重要概念。为了系统安全，变电站、发电厂所

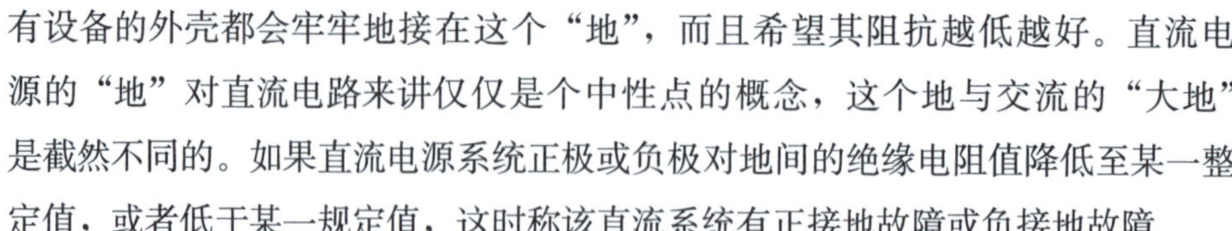

有设备的外壳都会牢牢地接在这个“地”，而且希望其阻抗越低越好。直流电源的“地”对直流电路来讲仅仅是个中性点的概念，这个地与交流的“大地”是截然不同的。如果直流电源系统正极或负极对地间的绝缘电阻值降低至某一整定值，或者低于某一规定值，这时称该直流系统有正接地故障或负接地故障。

（2）直流系统接地的原因。发电厂、变电站直流系统所接设备多、回路复杂，在长期运行过程中会由于环境的改变、气候的变化、电缆和接头的老化、设备本身的问题等，不可避免地发生直流系统接地。特别在发电厂、变电站建设施工中或扩建过程中，由于施工及安装的种种问题，难免会遗留电力系统故障的隐患，直流系统更是一个薄弱环节。投运时间越长的系统，接地故障的概率越大。分析直流系统接地的原因有如下几个方面：

1）二次回路绝缘材料不合格、绝缘性能低，或年久失修、严重老化，或存在某些损伤缺陷，如磨伤、砸伤、压伤、扭伤或过电流引起的烧伤等。

2）二次回路及设备严重污秽和受潮、接地盒进水，使直流对地绝缘严重下降。

3）小动物爬入或小金属零件掉落在元件上造成直流接地故障，如老鼠、蜈蚣等小动物爬入带电回路；某些元件有线头或未使用的螺栓、垫圈等零件，掉落在带电回路上。

（3）直流系统接地的危害。由于直流系统网络连接比较复杂，其接地分类归纳起来有以下几种情况：按接地极性分为正接地和负接地；按接地种类可分为直接接地（亦称金属接地或全接地）和间接接地（亦称非金属接地或半接地）；按接地情况分为单点接地、多点接地、环路接地和绝缘降低（或称片接地）。

直流正接地可能导致断路器误跳闸：由于断路器跳闸线圈均接负极电源，故当发生正接地时可能导致断路器跳闸。如图3-15所示，当A点和B点同时接地，相当于A、B两点通过大地连通，中间继电器KM必然动作造成断路器跳闸；同理，当A点和C点同时接地，或A点和D点同时接地，均可能造成断路的跳闸。

直流负接地可能导致断路器的拒跳闸：如图3-15所示，当B点和E点同时接地，即B、E点通过大地连通后，将中间继电器KM短接，此时如果系统发生事故，保护动作，由于中间继电器KM被短接不动作，断路器不会跳开，产生拒动，使事故越级扩大。

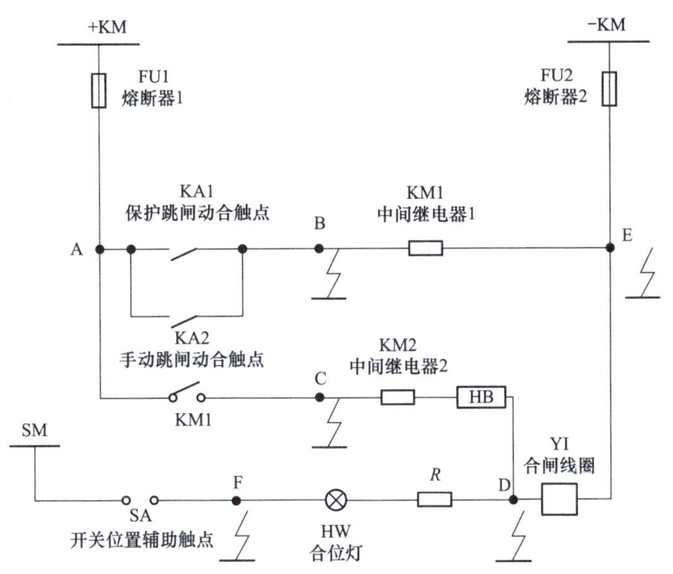

图 3-15 断路器的控制回路

从以上分析看出，直流系统如果仅仅是一点接地，对二次回路不会造成事故，如果有两点接地，就可能发生断路器误动或拒动。从动作的实际情况看，当直流系统监测回路发出预告信号报警时，显示该系统接地，可以断定直流系统的接地故障已经造成断路器发生误跳或拒跳的事故隐患，应立即排除。

2. 查找、排除直流系统接地故障的方法

排除直流接地故障，首先要找到接地的位置，即接地故障定位。直流接地大多数情况不是一个点，可能是多个点或一个片，真正通过一个金属点接地的情况比较少见。更多的是由于空气潮湿、尘土粘贴、电缆破损，或设备某部分的绝缘降低，或外界其他不明因素所造成。大量的接地故障并不稳定，会随着环境变化而变化。因此，在现场查找直流接地是一个较为复杂的问题。

查直流接地的方法如下：

(1) 拉回路法。电力系统查直流接地故障一直沿用的一个简单办法。“拉回路”就是停掉该回路的直流电源，停电时间应小于 3 秒。一般先从信号回路、照明回路，再到操作回路、保护回路等。由于二次系统越来越复杂，大部分厂站由于施工或扩建中遗留的种种问题，信号回路与控制回路和保护回路已经没有严格的区分，而且更多的还形成一些非正常的闭环回路，必然增大了拉回路查找接地故障的难度。

拉回路法查找直流接地故障的一般顺序如下：

1）分清接地故障的极性，分析故障发生的原因。

2）若站内二次回路有工作，或有设备检修试验，应立即停止。拉开其工作电源，查看信号是否消除。

3）用分网法缩小查找范围，将直流系统分成几个不相联系的部分。注意：不能使保护失去电源，操作电源尽量用蓄电池。

4）对于不太重要的直流负荷及不能转移的分路，利用“瞬时停电”的方法，查该分路中所带回路有无接地故障。

5）对于重要的直流负荷，用转移负荷法查该分路所带回路有无接地故障。查找直流系统接地故障后，随时与调度联系，并由二人及以上配合进行，其中一人操作，一人监护并监视表计指示及信号的变化。利用瞬时停电的方法选择直流接地时，应按照下列顺序进行：①断开现场临时工作电源；②断合事故照明回路；③断合通信电源；④断合附属设备；⑤断合充电回路；⑥断合合闸回路；⑦断合信号回路；⑧断合操作回路；⑨断合蓄电池回路。

若进行上述各项检查后仍未查出故障点，则应考虑同极性两点接地。当发现接地在某一回路后，有环路的应先解环，再进一步采用取熔断器及拆端子的办法，直至找到故障点并消除。

拉回路法查找接地故障时的注意事项如下：

1）瞬停直流电源时，应经调度同意，时间不应超过 3 秒，动作应迅速，防止失去保护电源及带有重合闸电源的时间过长。

2）为防止误判断，观察接地现象是否消失时，应从信号、光字牌和绝缘监察表计指示情况综合判断。

3）尽量避免在高峰负荷时进行。

4）防止人为造成短路或另一点接地，导致误跳闸。

5）根据实际图纸操作，防止拆错端子线头或恢复接线时遗留、接错，所拆线头应做好记录和标记。

6）使用仪表检查时，表计内阻应不低于 2000Ω/V。

7）查找故障，必须二人及以上进行，防止人身触电，做好安全监护。

8）防止保护误动作，必要时，在顺断操作电源前，解除可能误动的保护，操作电源正常后再投入保护。

（2）直流接地选线装置监测法。直流接地选线装置是一种在线监测直流系统对地绝缘情况的装置，其优点是能在线监测，可随时报告直流系统接地故障，并显示出接地回路编号；缺点是只能监测直流回路接地的具体接地回路或支路，无法定位具体的接地点。技术上，受监测点安装数量的限制，很难将接地故障缩小到一个小的范围；而且该装置必须进行施工安装，对旧系统的改造很不便；该类装置还普遍存在检测精度不高、抗分布电容干扰差、误报较多的问题。如果有一种在监测点上不受限制，检测精度较高，选线准确的直流接地选线装置，应是一种较好的选择。

（3）便携式直流接地故障定位装置故障定位法。近几年，在电力系统较为广泛应用的装置，其特点是无需断开直流回路电源，可带电查找直流接地故障。可完全避免用“拉回路”方法，极大地提高了查找直流接地故障的安全性。而且该装置可将接地故障定位到具体的点，便于操作。目前生产该类产品的厂家较多，但真正好用的产品很少，绝大部分产品都存在检测精度不高、抗分布电容干扰差、误报较多等问题。

3. 查找直流系统接地故障的深层次分析

根据现场使用情况，绝大部分查找直流系统接地故障的装置都不是很好用，其原因要从直流系统接地说起，由于发电厂、变电站的直流系统是一个庞大的、复杂的直流电源网络，所接设备多，母线、小母线层层分布，回路纵横交错，客观上增大了查找直流接地故障的难度。

（1）关于分布电容的讨论。电容的特性是对直流呈现开路，对交流呈现一定阻抗特性，电容阻抗的计算公式为 $Z_c=1/(2\pi fC)$（式中：Z_c 为电容的阻抗值；f 为交流信号频率；C 为电容量），C 越大，该电容呈现的容抗就越小，f 越高，该电容呈现的容抗也越小。变电站、发电厂直流系统的对地分布电容情况是直流系统越大，回路越复杂，所接设备越多，系统呈现的对地分布电容也越大。按现场运行经验，变电站、发电厂直流系统的对地分布电容还与发电厂、变电站的投运时间有关，变电站投运时间越长，分布电容也更大。按现场运行经验，选择直流接地故障查找装置，一定要严格掌握两个重要指标：一是装置抗分布电容干扰（目前绝大多数生产厂家的设备都未列出该指标），要求其抗分布电容干扰，对地分布电容系统总值应大于或等于 80MF，回路的对地分布电容系统值应大于或等于 8MF；二是检测接地故障的对地阻抗值应大于或等于40kΩ。达不到上述两个指标的直流接地故障查找装置，往往检测不出大部分的直流系统接地故障，更不能用作定期巡检装置。

（2）对直流系统接地故障的定义标准的讨论。直流系统接地故障是指直流系统正或负极对地绝缘阻抗值降低到某个规定值或某个设定值时，直流系统发生了接地故障。目前，电力系统对直流系统接地故障尚无统一的标准，各厂站根据各自的要求按对地电压不平衡情况定义接地故障报警值。直流系统绝缘监测普遍采用平衡电桥方式来判定对地绝缘，即为正或负对地绝缘降低时，平衡电桥失去平衡，绝缘监测指示上正对地或负对地电压会升高或降低。由于平衡电桥回路选用的电阻目前尚无统一标准，各直流屏生产厂家平衡电桥的电阻取值从1～36kΩ不等；发达国家的电力系统将较大规模的发电厂、变电站的直流系统对地绝缘阻抗报警值设定在50kΩ，目前我国一些全套引进进口设备仍沿用国外标准设为50kΩ。事实上，绝大部分电厂、变电站，由于种种原因，其接地故障报警值一般设在5～25kΩ，甚至更低。这就形成了一个直流系统接地故障的怪圈，运行水平高、管理严格的发电厂、变电站比运行水平低、管理松散发电厂、变电站的直流接地故障概率似乎还高，其根本原因在于直流系统绝缘监测平衡电桥电阻取值的极大差异，造成对地绝缘整定值过低，无法真正体现实际的绝缘情况。哪怕断路器因直流系统接地故障有误跳，也查不到事故真正原因。

（3）关于多点接地及闭合环路接地，正负同时接地的讨论。多点接地、环路接地、正负同时接地是查找直流系统接地故障的难点，其危害很大。“拉回路”方法难以拉出接地回路。目前应用的直流接地选线装置或便携式直流接地故障定位装置，大都无力处理以上情况。因为该类接地故障较为复杂，要求检测设备具有相当高的精度和较高的抗分布电容指标，否则会出现误报，使检测无法进行。环路接地检测时，要精确区分接地环路不同位置接地程度的差异，并经分析比较，才能逐步找到真正的接地故障点。同样，多点接地检测时，无论是处于同一回路，还是分处于不同回路，在主回路上能判别，继续往下查找时，因检测设备的精度不够，无法查出接地支路或分支路。如果检测设备的抗分布电容干扰指标不够，还可能出现更多误报。对于正负同时接地的情况，目前大部分直流系统绝缘监测已不能有效报告接地故障，平衡电桥方式判定出的仅仅是正接地故障和负接地故障，及接地时对地绝缘的差值。因此，定期巡检

直流系统的对地绝缘，对于运行安全要求较高的发电厂、变电站十分必要。

综上所述，用仪器查找直流系统接地，最重要的要解决直流系统分布电容的干扰，提高查找检测设备的检测精度，解决对地分布电容干扰大和多点接地、环路接地的误报问题。

案例三　回路绝缘不良引起重合闸装置动作

一、案例名称

220kV 某变电站××线重合闸装置动作。

二、案例简介

2016 年 4 月 10 日 13 时 7 分 3 秒 375 毫秒，某变电站××线重合闸装置（PSL631）启动，延时 1009 毫秒后重合闸装置出口，1313 毫秒后重合闸装置复归，如图 3-16 所示。

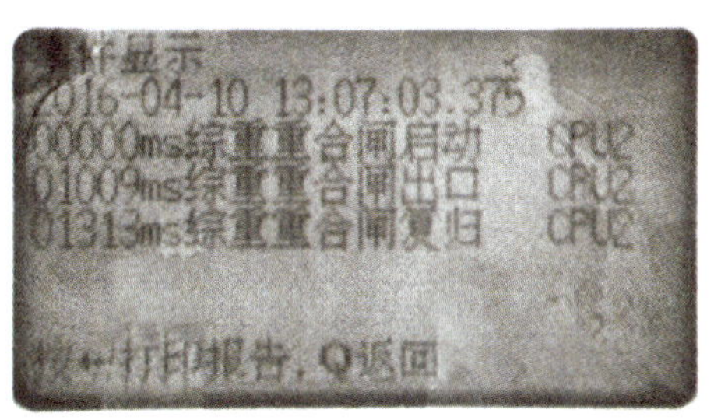

图 3-16　重合闸装置动作情况

三、事故信息

故障前运行方式：某变电站××线运行，第一套线路保护（PSL602A）投入，第二套线路保护（RCS931A）投入，重合闸装置（PSL631C）投入运行，重合闸方式为单重不检三相有压。

故障发生前的设备异常告警情况：2016 年 4 月 10 日 5 时 21 分 50 秒（站内第二套保护，故障录波器，后台对时错误，报告中时间均为据事件记录时间推算后时间），监控后台曾经监视到××线 C 相分闸位置开入，如图 3-17 所示。

		#2电容器开关 分闸
已确认	2016年04月10日05时21分50秒	线C相开关 开关分位合闸(10日08时36分 朱启伟用户确认)
已确认	2016年04月10日05时21分56秒	线C相开关 开关分位分闸(10日08时36分 朱启伟用户确认)

图 3-17　××线 C 相分闸位置开入

2016 年 4 月 10 日 13 时 7 分 3 秒 375 毫秒，××线重合闸装置（PSL631）启动，延时 1009 毫秒后重合闸装置出口，1313 毫秒后重合闸装置复归。

重合闸动作后二次状态：操作箱（CZX-12R）CH 灯亮，第二套保护重合灯灭，重合闸装置重合动作灯亮，重合允许灯灭，运行人员复归操作箱后，CH 灯灭，第二套保护，重合闸装置充电灯亮。

四、检查过程

变电检修中心安排检修人员现场检查，发现现场保护均无动作记录，但采集到重合闸动作前后均有 TWJ 开入，如图 3-18 和图 3-19 所示。

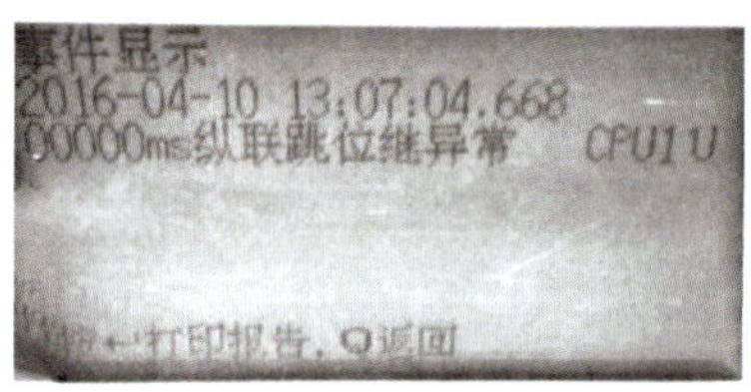

图 3-18　第一套、第二套保护事件记录

图 3-19　重合闸装置事件记录

调取故障录波器内信息如图 3-20 和图 3-21 所示。

2016年04月10日17时10分44秒	201	KB	手动启动
2016年04月10日17时03分54秒	201	KB	手动启动
2016年04月10日13时04分32秒	339	KB	保护重合闸开关启动
2016年04月10日09时12分00秒	357	KB	220kV副母3U0突变启动
2016年04月09日16时31分15秒	201	KB	220kV正母3U0突变启动

图 3-20　故障录波器信息（一）

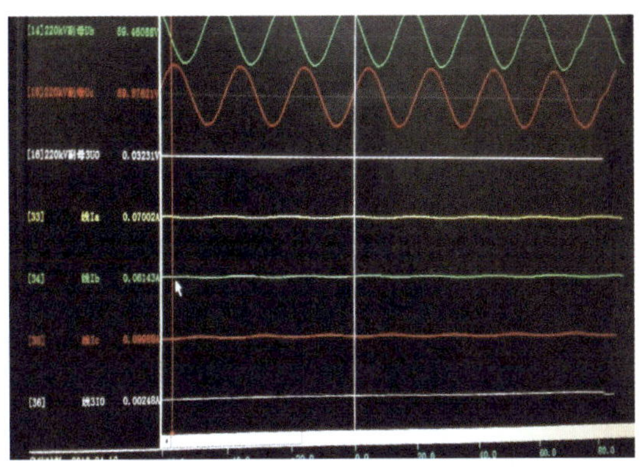

图 3-21　故障录波器信息（二）

五、原因分析

（1）现场××线路第一套、第二套保护均未动作，且保护中及后台均采集到 C 相变位信息，判断为偷跳启动重合闸。

（2）结合录波波形分析，启动录波时刻前 40 毫秒内电流不为 0 且波形未突变，判断开关未曾跳开过。

结合以上分析，判断为 C 相 TWJ 误动，导致启动重合闸偷跳逻辑，开关实际合位但负荷电流偏小，故障时刻录波文件中采集到 0.0998A 左右，重合闸无流条件满足（PSL631 装置无流条件为 $I>0.04I_n$，即 $I>0.2$A），重合闸装置动作出口。

重合闸装置动作后，PSL602A、PSL631C 装置均曾采集到 TWJ 异常告警（见图 3-18 和图 3-19），结合 RCS931A 中采集到的 C 相开入变位信息（见图 3-22），判断为重合闸装置动作后，C 相跳位仍然存在但负荷电流增大满足有流判据，分位有流，装置报 TWJ 异常告警，闭锁重合闸功能，直至跳位消失。

图 3-22　××线 C 相 TWJ 复归

六、故障点排查

通过分析得知，故障为C相TWJ误动引起，排查开关合闸回路，发现××线断路器端子箱中存在端子严重锈蚀情况，且不符合反措要求，101端子和107A相邻，109C和137A端子相邻无隔片。开关为合位，确认端子电位，C相跳位监视回路端子109C电位为+126V，A相跳闸回路端子137A电位为−88V，若109C和137A端子之间绝缘不良或109C对地绝缘不良均有可能造成C相TWJ误动，如图3-23所示。

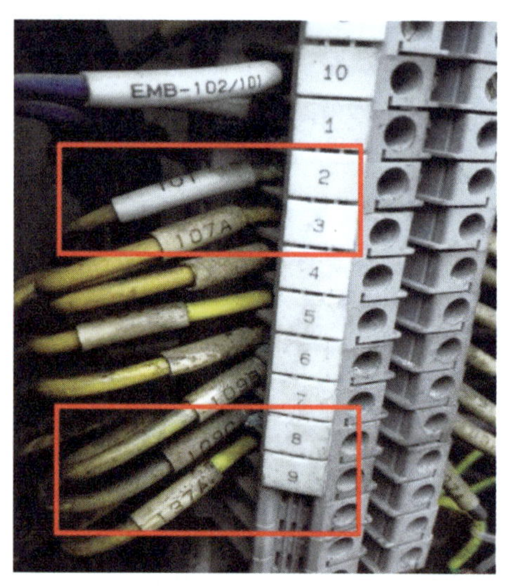

图3-23　××线断路器端子箱端子牌图

申请保护改信号后，进行绝缘试验，109C和137A端子之间绝缘为0.5MΩ，不符合要求，现场进行如下处理：101和107A之间增加隔片，109B、109C、137A端子下移，109A更换新端子。整改后如图3-24所示。

保护改运行后，保护、监控后台无异常信号。

七、知识点拓展

1. 自动重合闸的作用及应用

据统计，架空输电线路上90%的故障是瞬时性故障，如雷击、鸟害等引起

图 3-24 ××线断路器端子箱整改后端子牌图

的故障。短路后，如果线路两端的断路器未跳闸，虽然引起故障的原因已消失，如雷击已过去、电击以后的鸟也已掉下，但由于有电源往短路点提供电流，所以电弧不会自动熄灭，故障不会自动消失。等继电保护动作将输电线路两端的断路器跳开后，由于没有电源提供短路电流，电弧将熄灭。自动重合闸装置将断路器重新合闸以后，如果线路上没有故障了，继电保护没有再继续动作跳闸，系统可马上恢复正常运行状态；如果线路上是永久性故障或去游离时间不够，断路器合闸以后故障依然存在，继电保护将再次将断路器跳开。据统计，重合闸成功率在80%以上。

自动重合闸的作用：

（1）对瞬时性的故障，可迅速恢复正常运行，提高了供电可靠性，减少了停电损失。

（2）对由于继电保护误动、工作人员误碰断路器的操动机构、断路器操纵机构失灵等原因导致的断路器误跳闸可用自动重合闸补救。

（3）提高了系统并列运行的稳定性。在保证稳定运行的前提下，采用重合闸后允许提高输电线路的输送容量。

当然，如果重合到永久性故障的线路上，系统将再一次受到故障的冲击，对系统的稳定运行很不利。但由于输电线路上瞬时性故障的概率很大，所以在中、高压的架空输电线路上，除某些特殊情况外普遍使用自动重合闸装置。

2. 自动重合闸方式及动作过程

输电线路自动重合闸在使用中有单相重合闸、三相重合闸、综合重合闸以及停用重合闸等方式可供选择。重合闸方式可由线路保护装置中屏上的转换开关或定值单中的控制字选择使用单重方式、三重方式、综重方式和重合闸停用方式。电缆线路和架空线路采取不同的重合闸策略，架空线路易受雷击、树枝、漂浮物等影响，此类情况多为瞬时故障，因此一般启用重合闸功能，而电缆线路的故障一般都是绝缘击穿的永久性故障，不但重合成功率不高，还会加剧绝缘损坏程度，所以一般采用停用重合闸方式。

当使用单重方式时，对线路上发生的单相接地短路跳单相，重合单相，如果重合成功继续运行，如果重合于永久性故障再跳三相，不再重合。对线路上发生的相间短路跳三相，不再重合。220kV及以上电压等级线路一般采用单相重合闸方式，单相重合闸的优点是单相重合过程中，健全相使两侧仍有电气联系，合闸时冲击小，提高系统的动态稳定性；缺点是线路上发生单相接地故障，继电保护通过选相元件只将故障相线路两侧开关断开，非故障相仍继续运行，非故障两相电压通过相间电容与另外两相电流通过相间互感向短路点提供短路电流，使故障点弧光通道中仍有一定数值的电流通过。该电流称为潜供电流，其大小与线路的参数有关，线路电压越高，线路越长，负荷电流越大，潜供电流就越大。

当使用三重方式时，对线路上发生的任何故障跳三相，重合三相，如果重合成功继续运行，如果重合于永久性故障再跳三相，不再重合。

当使用综重方式时，对线路上发生的单相接地短路按单相重合闸方式工作，而对线路上发生的相间短路按三相重合闸方式工作。

3. 自动重合闸的启动方式

自动重合闸的启动方式有下述两种：

(1) 位置不对应启动方式。跳闸位置继电器动作（TWJ＝1），证明断路器现处于断开状态。但同时控制开关在合闸后状态，说明断路器原本处于合闸状

态。这两个位置不对应，启动重合闸的方式称作位置不对应启动方式。用不对应方式启动重合闸后既可在线路上发生短路，保护将断路器跳开后启动重合闸，也可在断路器偷跳以后启动重合闸。在“跳闸位置继电器动作（TWJ＝1）”的条件中还可加入检查线路无电流的条件以进一步确认断路器处于断开状态，提高可靠性，防止由于TWJ继电器异常、触点粘连等使重合闸一直处于启动状态。

（2）保护启动方式。绝大多数情况都是先由保护动作发出过跳闸命令后才需要重合闸发合闸命令，因此重合闸可由保护启动。当保护装置发出单相跳闸命令且检查到该相线路无电流，或当保护装置发出三相跳闸命令且三相线路均无电流时启动重合闸。注意：用保护启动重合闸方式在断路器偷跳时无法启动重合闸。

4. 重合闸前加速与后加速

如果线路发生永久性故障，重合闸动作后，系统将再一次受到故障的冲击，这对系统的稳定运行极为不利，通过重合闸的“加速”，可有效减少重合于永久性故障对系统的冲击。重合闸加速分为前加速和后加速。

（1）重合闸前加速。当线路上发生故障时，靠近电源侧的保护先无选择性地瞬时动作于跳闸，然后再靠重合闸纠正这种非选择性动作，重合于故障线路后它的动作时限才是按阶梯时限特性配合的时限，前加速一般用于具有几段串联的辐射线路中，重合闸装置仅安装在靠近电源的一段线路上。由于第一次跳闸虽然快但有可能是非选择性跳闸，造成停电范围扩大，所以这种加速方式只在不重要用户的直配线路上使用。

（2）重合闸后加速。当线路发生故障后，保护有选择性地动作切除故障，重合闸进行一次重合后恢复供电。若重合于永久性故障时，保护装置不带时限无选择性的动作跳开断路器，这种方式称为重合闸后加速。

5. 双侧电源线路三相跳闸后的重合闸检查条件

单侧电源线路上电源侧保护中的重合闸不存在同期问题。双侧电源线路上使用单相重合闸方式或综合重合闸方式时，单相跳闸后两侧系统通过正常运行的两相联系，此时不需要考虑同期问题。而在双侧电源线路上发生三相跳闸后，两侧系统可能无任何联系，重合闸在合闸时就需要考虑同期问题。

这种情况下，重合闸的检查条件如下：线路两侧分别装设检查线路无压和检查同期重合闸，线路发生短路三相跳闸后，三相无压，检查线路无压重合闸侧率先达到合闸条件，经三相重合闸动作时间后发出合闸命令，随后检查线路同期重合闸侧，发现线路、母线有压且达到同期合闸条件时经三相重合闸动作时间发出合闸命令。

检查线路无压侧可将检查同期功能投入，在断路器“偷跳”后重合闸也可发出合闸命令；而检查线路同期侧时，不能投入检查线路无压功能，否则两将可能同时合闸，造成非同期合闸。

6. 重合于永久性故障且重合闸触点粘连，防跳继电器与断路器动作时间竞争分析

以机构防跳回路（见图 3-25）为例进行说明，正常防跳过程如下：

（1）初始开关分位，合闸分闸命令同时发出后（重合于永久性故障且重合闸触点粘连，此时保护发跳闸令），合闸线圈励磁，开关合闸，DL 动断辅助触点断开，DL 动合辅助触点闭合。

（2）合闸命令依旧保持，由于 DL 动合辅助触点闭合，防跳继电器 K 励磁，动断辅助触点 K 断开，动合辅助触点 K 闭合，使防跳继电器 K 能够自保持。

（3）由于有分闸命令，开关跳开，DL 动断辅助触点闭合，若合闸触点依旧闭合，由于动断辅助触点 K 断开，合闸线圈不会励磁，开关不会再次合上。

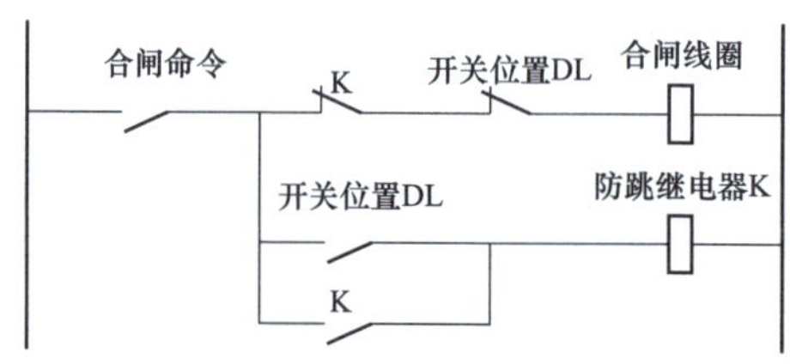

图 3-25　机构防跳回路图

《国家电网公司十八项电网重大反事故措施》15.2.11 规定：防跳继电器动作时间应与断路器动作时间配合。其原因是：如果防跳继电器触点切换的速度比断路器辅助触点的切换速度慢时（设防跳继电器触点切换的时间为 t_1，断路器辅助触点的切换时间为 t_2），动作过程如下：

（1）初始开关分位，合闸分闸命令同时发出后，合闸线圈励磁，开关合

闸，DL 动断辅助触点断开，DL 动合辅助触点闭合；

（2）合闸命令依旧保持，由于 DL 动合辅助触点闭合，防跳继电器 K 励磁，同时分闸命令使断路器跳开，由于 $t_2 < t_1$，因此在动合辅助触点 K 还未闭合前，DL 动合辅助触点已经断开，防跳继电器 K 失磁，动断辅助触点 K 依旧保持闭合，动合辅助触点 K 依旧保持断开。

（3）在合闸命令下断路器再次合闸产生跳跃。

因此，关于防跳的试验方法，首推用分位防跳，即将开关置于分位，用短接线接通分闸回路，然后再接通合闸回路，直至储能完成。试验现象是断路器合闸后瞬时分开，不再重合。之所以推荐分位防跳，一是试验过程能够囊括合位防跳；二是能发现防跳继电器的动作时间与断路器的动作时间不配合问题。

7. 重合闸典型回路设计

（1）PSL603 与 RCS931 的重合闸配合。××线第一套线路保护屏包含断路器保护装置 PSL631C（15n）和第一套保护 PSL603GA（1n），如图 3-26 所示。××线第二套线路保护屏包含操作箱 CZX-12R（4n）和第二套保护 RCS-931A（9n），如图 3-27 所示。

第一套保护的重合闸功能在断路器保护 PSL631C（15n）中，第二套保护将保护跳 A 相、保护跳 B 相、保护跳 C 相的跳闸信号输入给断路器保护 PSL631C（15n），从而实现两套保护的重合闸配合，如图 3-28 所示。

其中：15n7X3 为断路器保护 PSL631C（15n）开入公共端（+24V）；15n6X1 为断路器保护 PSL631C（15n）保护跳 A 开关量输入；15n6X2 为断路器保护 PSL631C（15n）保护跳 B 开关量输入；15n6X3 为断路器保护 PSL631C（15n）保护跳 C 开关量输入；1LP6 为第一套保护 A 相启动重合闸压板；1LP7 为第一套保护 B 相启动重合闸压板；1LP8 为第一套保护 C 相启动重合闸压板；9LP5 为第二套保护 A 相跳闸启动重合闸压板；9LP6 为第二套保护 B 相跳闸启动重合闸压板；9LP7 为第二套保护 C 相跳闸启动重合闸压板。

断路器保护 PSL631C（15n）接收两套保护的重合闸命令后，CHJ 动合触点闭合，操作箱 CZX-12R（4n）的合闸回路导通，重合闸出口，如图 3-29 所示，其中，4D1 为操作箱正电、4D80 为操作箱负电、15LP13 为启动重合闸出口。

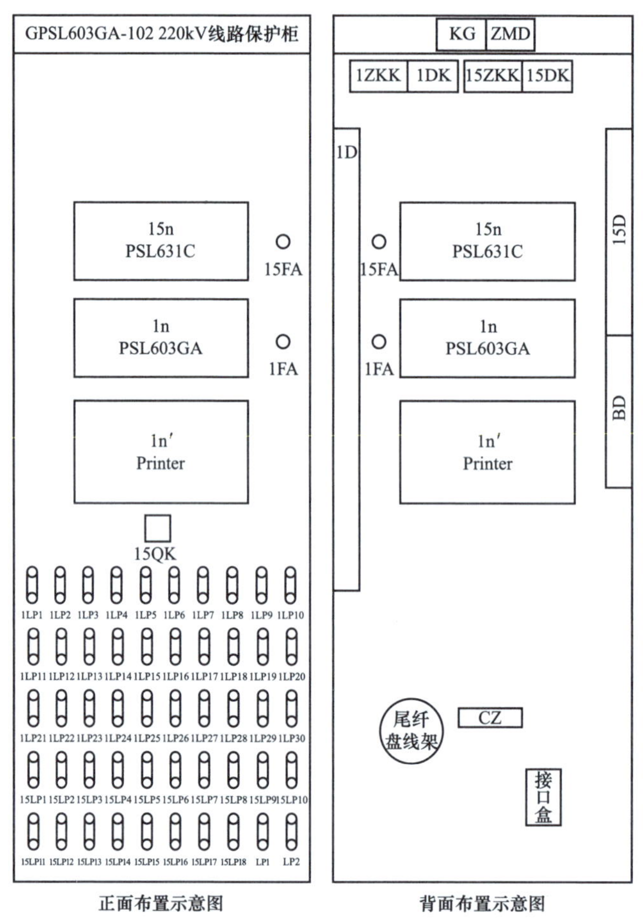

图 3-26　××线第一套线路保护屏

（2）沟通三跳。××线第一套保护的重合闸功能不在第一套保护 PSL603GA（1n）中，故当重合闸投入且未充满电时，第一套保护 PSL603GA（1n）依旧能选相跳闸。此时，沟通三跳就成了连接断路器保护装置 PSL631C（15n）和第一套保护 PSL603GA（1n）的桥梁。当由于重合闸装置的原因不允许保护装置选跳时，由重合闸装置输出沟通三跳触点，与保护的 BDJ 串接，连到操作箱的三跳回路，如图 3-30 所示，其中 4D1 为操作箱正电源、BDJ 为第一套保护动作辅助触点、GTST1 为沟通三跳辅助触点、15LP18 为沟通三跳压板、4n36 为操作箱 CZX-12R（4n）三相跳闸触点。

满足如下条件时，沟通三跳触点闭合：

1）重合方式为三重方式或退出；

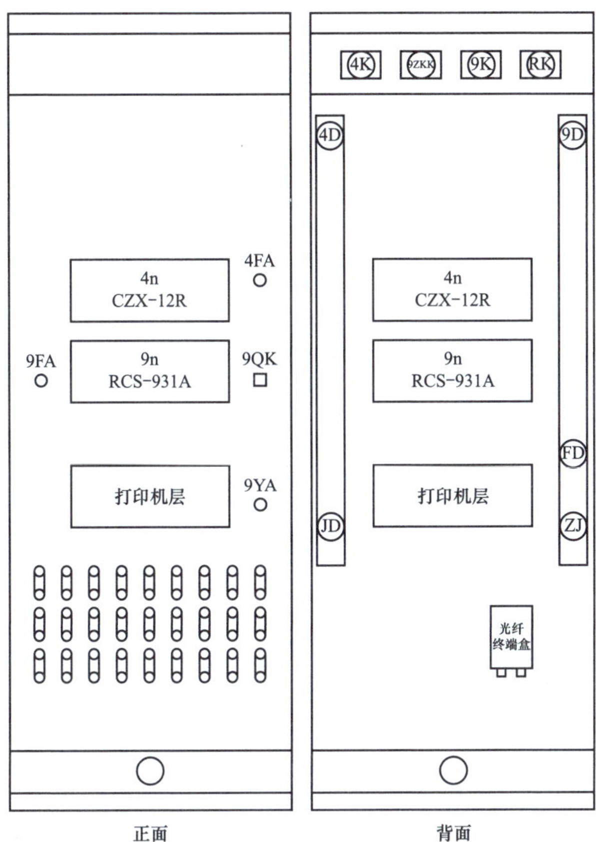

图 3-27　××线第二套线路保护屏

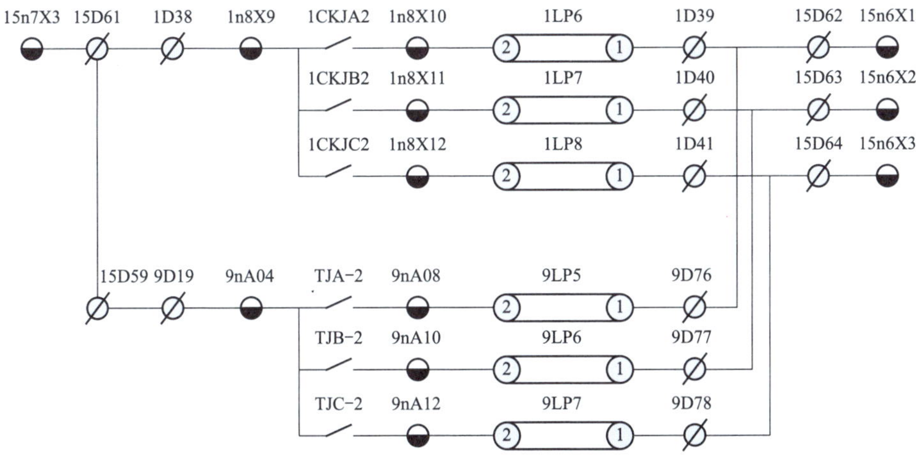

图 3-28　两套保护的重合闸配合

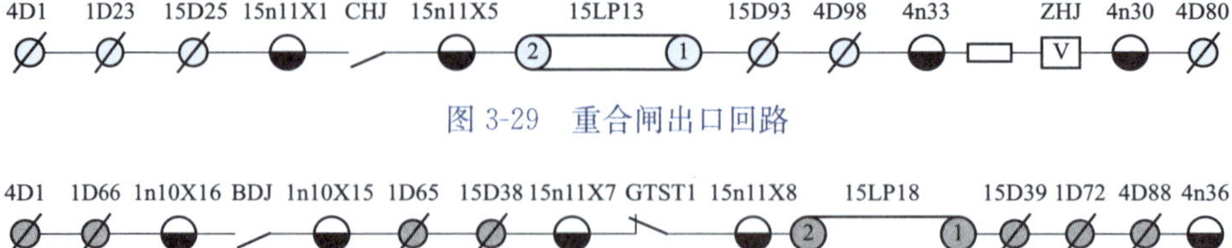

图 3-29　重合闸出口回路

图 3-30　沟通三跳图

2）重合闸 CPU 告警；

3）重合闸充电未满；

4）重合闸装置失电。

（3）线路双重化保护重合闸相互闭锁。根据相关规范的要求，220kV 及以上线路保护需要双重化配置，相应地，若两套保护之间无配合，则可能出现分别启动重合闸导致多次重合的问题，给系统带来不利影响。如果在两套重合闸之间设置一定的闭锁关系，将有效防止保护的二次重合问题。

在传统变电站，保护装置各回路间经电缆连接，可以很方便地实现双套重合闸装置间的相互闭锁功能。当双重化配置的一套保护闭锁重合闸继电器 BCJ 启动时，该继电器的触点可作为另一套保护装置的闭锁重合闸开入量，如图 3-31 所示。

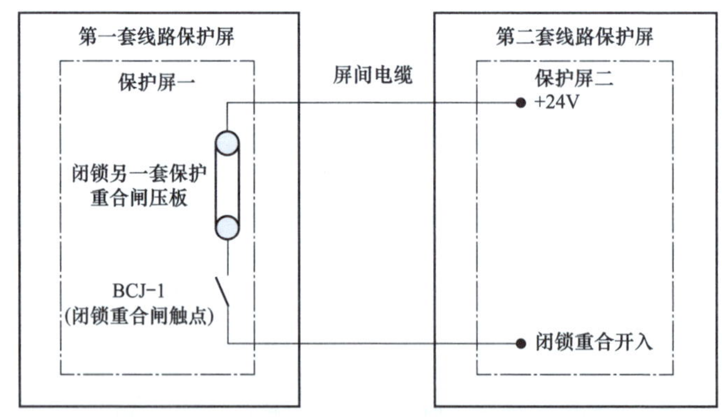

图 3-31　传统站双套保护闭锁重合闸

在智能变电站中，传输介质由电缆变为光缆，通过 GOOSE 报文实现各种信号传输，但智能变电站双重化配置原则使重合闸装置间不能有直接联系。智能终端通过 GOOSE 网络接收本套保护装置发出的“TA/TB/TC”和“闭锁重合闸”信号，同时通过硬连线接收另一套智能终端的“闭锁重合闸”信号，对

这两个信号作“或”逻辑，形成内部“闭锁重合闸”标志，再送给本套及另外一套重合闸，如图 3-32 所示。这样就实现了双套保护重合闸间闭锁功能的相互配合，同时也保证了过程层双网的独立性。

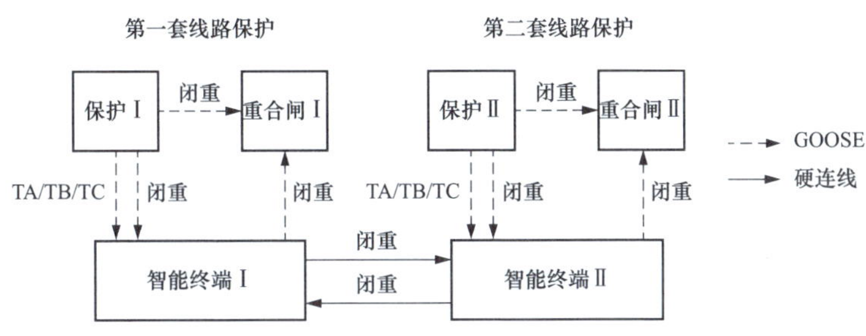

图 3-32　智能站双套保护闭锁重合闸

智能终端侧的“闭锁重合闸硬压板”是双套配置在过程层唯一的电气联系，本质上相当于传统站的常规电缆开入回路。如果取消这个硬压板，保护发送的闭锁重合闸信号将无法传给另一套保护。当母线与线路保护、智能终端的双套配置发生母线故障时，如果 A 套母线保护拒动而 B 套母线保护动作，对应的 A 套线路保护的重合闸会有误动作的可能，使开关重合于故障。

智能终端/操作箱什么时候会发出闭锁重合闸信号呢？顾名思义，闭锁重合闸就是不让重合闸动作，通常情况下，它分为闭锁本套重合闸（见图 3-33）以及闭锁另一套重合闸（见图 3-34），闭锁重合闸开入主要体现为三点：

1）收到测控的 GOOSE 遥分、手跳、GOOSE 遥合、手合开入动作时会产生闭锁重合闸信号；

2）收到保护的 GOOSE TJR、GOOSE TJF 三跳命令，或 TJR、TJF 三跳开入动作；

3）收到保护的 GOOSE 闭锁重合闸命令或闭锁重合闸开入动作。

注意：

1）为防止保护装置先上电而智能终端后上电时断路器位置不对应启动重合闸，宜由智能终端对保护装置提供“闭锁重合闸”触点方式，不采用“断路器合后”触点的开入方式。

2）保护装置先上电，TWJ 跳位未开入，满足充电条件，保护装置的重合闸充电，智能终端后上电时，TWJ 跳位闭合，断路器位置不对应误启动重合闸。为防止误启动重合闸，采用智能终端对保护装置提供的“闭锁重合闸”触点与停用重合闸压板共用一个开入。在智能终端后上电，TWJ 闭合时，“闭锁重合闸”触点也同时开入保护装置，保证保护装置重合闸不误动。

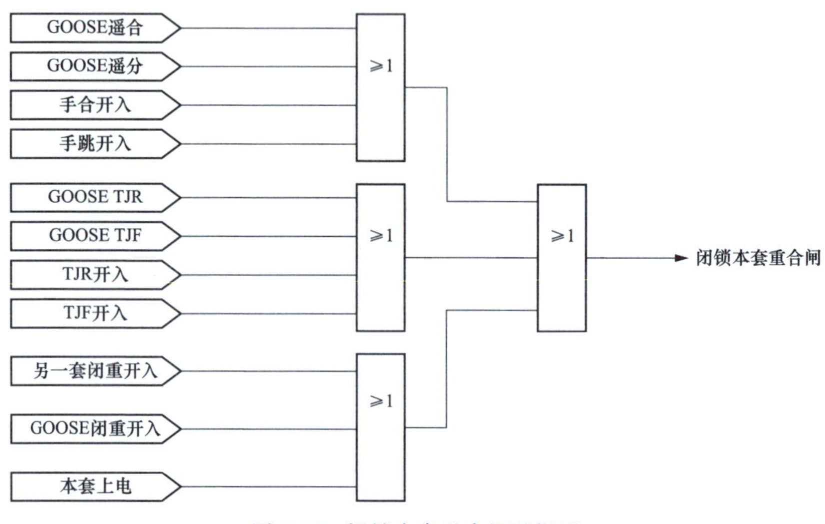

图 3-33　闭锁本套重合闸逻辑图

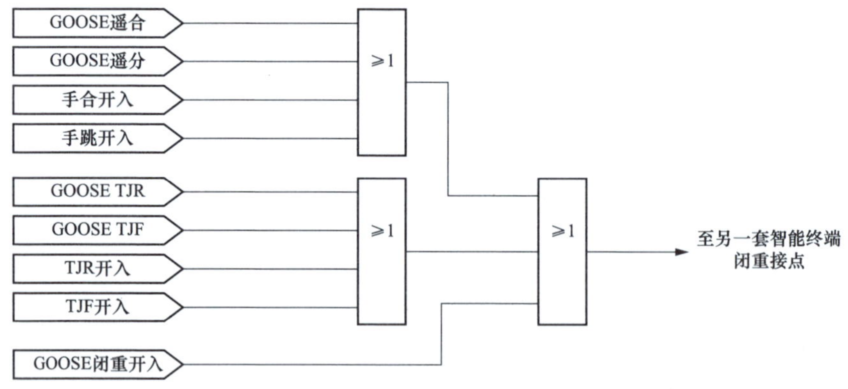

图 3-34　另一套智能终端闭锁重合闸触点逻辑图

案例四　电流回路两点接地造成主变压器保护动作

一、案例名称

主变压器电流回路两点接地造成主变压器差动保护动作。

二、案例简介

某变电站现场进行 2 号主变压器 220kV 开关从冷备用改为检修的倒闸操作，当执行到操作票第 43 步“放上 2 号主变压器 220kV 开关操作控制柜内 2 号主变压器 220kV 开关电流互感器 2 号主变压器第一套保护大电流切换端子 1SD 连接螺栓”时，2 号主变压器第一套差动保护动作。

检修人员检查确认 2 号主变压器智能组件柜内 2 号主变压器 220kV 开关电流互感器 2 号主变压器第一套保护大电流切换端子 1SD 短接螺栓与连接螺栓背板至屏后端子排电流回路接反，造成 2 号主变压器第一套差动保护电流回路两点接地，导致保护动作开关跳闸。

三、事故信息

1. 现场运行情况

异常发生前，该变电站内 220kV 副母Ⅰ段检修，2 号主变压器 220kV 开关冷备用，其他设备间隔均正常运行。

2. 一次设备检查

故障后，现场检查 2 号主变压器及三侧一次设备正常。

3. 二次信息检查

现场检查发现，2 号主变压器第一套保护分侧差动、分相差动保护动作，第二套主变压器保护未动作。现场查询录波文件如图 3-35 所示，发现第一套主变压器保护 2 号主变压器 220kV 侧电流由 0 突变至 1A 左右，其中 $I_a=0.926A$，$I_b=1.172A$，$I_c=1.139A$，三相电流同时产生，相位相同，幅值基本一致。

四、检查过程

考虑到 220kV 开关已拉开，且故障电流三相电流同时产生，相位相同，幅值基本一致，初步怀疑是该电流回路两点接地导致产生异常电流。

根据图纸及实际接线，2 号主变压器第一套保护 220kV 开关电流回路 N 接地点位于保护屏内，现场解开 N 接地线后，用万用表测量电流回路仍旧处于接地状态，整体接地电阻约为 1.6Ω，判断电流回路存在多个接地点。

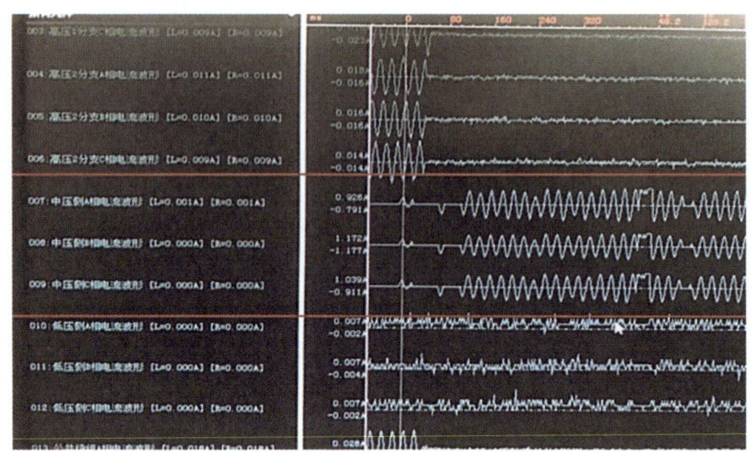
图 3-35　故障录波图（中压侧感应到异常电流）

检查现场智能组件柜内 2 号主变压器 220kV 开关电流互感器 2 号主变压器第一套保护大电流切换端子 1SD 及相关端子排接线，未发现有异常情况。检修人员现场尝试脱开大电流端子短接侧 N 与地线间短接螺栓，再次检查电流回路发现对地电阻变为无穷大，确定 SD 端子短接侧接地为第二个接地点。

正常情况下的接线示意如图 3-36 所示，1SD 端子连接侧与保护侧电缆相连，1SD 端子短接侧与一次设备侧电缆相连。检修人员对现场电流回路的电缆进行逐芯对线，发现 1SD 端子连接侧 A、B、C、N 相电缆与柜内端子排 X7 的 1、2、3、8 为同一根电缆（该电缆去往一次设备侧电缆），1SD 端子短接侧 A、B、C、N 相电缆与柜内端子排 1-13ID 的 1、2、3、4 为同一根电缆（该电缆为

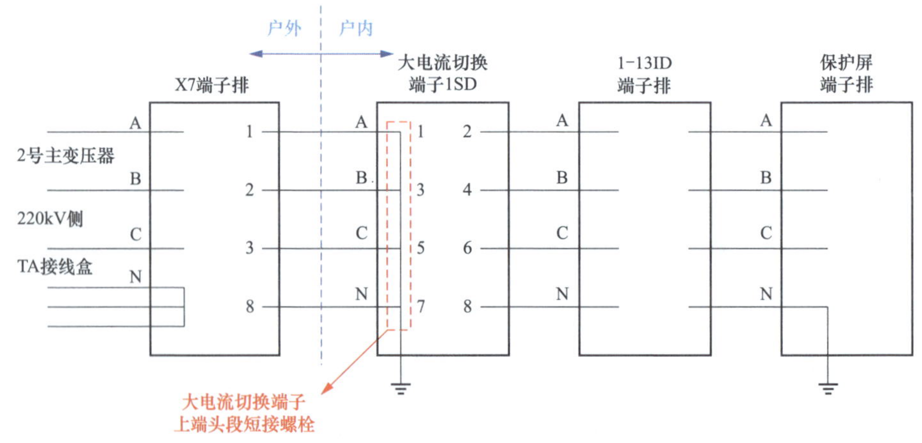

图 3-36　正确接线示意图

去往 2 号主变压器第一套保护侧电缆），现场接线示意如图 3-37 所示。通过逐芯对线的试验结果，检修人员判断 1SD 端子两侧电缆接反，导致 SD 端子一旦短接接地，造成去保护侧电流回路两点接地。

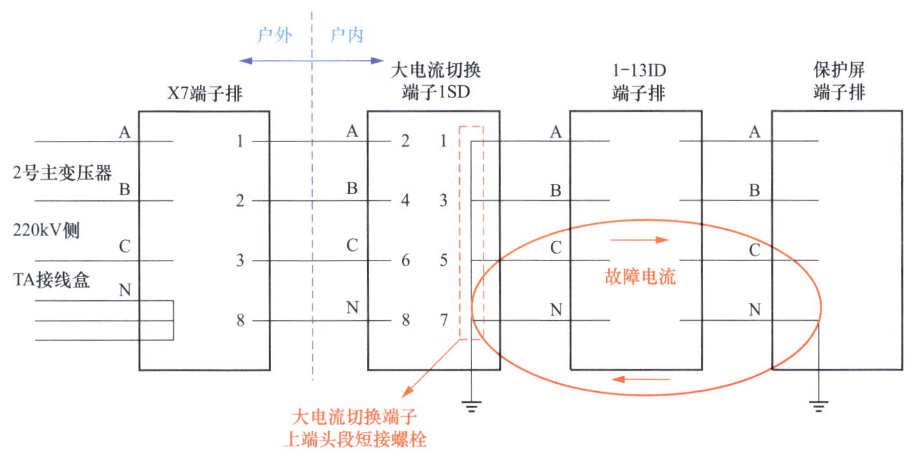

图 3-37 现场接线示意图

五、原因分析

从图 3-37 可知，现场将电流回路的保护侧进行短接，而电流互感器侧却未进行短接。该工作实际是短接电流互感器侧而非保护侧。由于变电站接地网并非各点都完全等电位，即当电流回路存在两点接地时，电流回路原接地点和误接地点之间存在电位差，在两个接地点构成的回路中形成电流。

根据 GB/T 50976—2014《继电保护及二次回路安装及验收规范》，电流回路的电缆芯线，其截面面积不应小于 2.5mm^2，并满足电流互感器对负载的要求。若以 2.5mm^2 的电缆计算，每千米电缆的电阻约为 8Ω。在常规变电站中，端子箱至保护屏柜的电缆长度可认为是 500m 左右，所以电缆电阻约为 4Ω。考虑到二次回路中的端子连片、保护装置中二次回路的电阻，整个二次回路的电阻值为 5～7Ω。

变电站内地网之间的电压差主要与两点之间的距离有关。假设该变电站为边长 400m 的正方形，则可将该变电站接地网按照接地网网格图等值，按等值法进行分析，可以大致得出不同接地点之间的电位差。考虑到一次设备现场至保护室的距离通常为 100～300m，如果是一次设备现场与保护室之间发生两点接地，根据 EMTP 程序计算结果，两点电压差为 1～3V。

所以，电流二次回路两点接地产生的电流为 0.1～0.4A，该电流大于一般保护装置的启动电流（二次额定电流为 1A 时，保护装置启动电流一般为 0.1A），且可能超过保护装置的动作电流，极易造成保护装置的误动作。

六、知识点扩展

1. 电流回路接地点的设置

电流互感器二次回路需要接地，通过接地点可以有效防止一次侧高电压窜入低压回路，保证人员与设备安全。同时，关于电流回路的接地点数量也有严格的规定：电流互感器的二次回路必须且只能有一个接地点，但接地点的设置位置并不统一。除了端子箱中，电流互感器二次回路的接地点有如下规定：

（1）独立的、与其他互感器二次回路没有电气联系的电流互感器二次回路可在开关场（即端子箱或汇控柜中）一点接地，如图 3-38 所示。

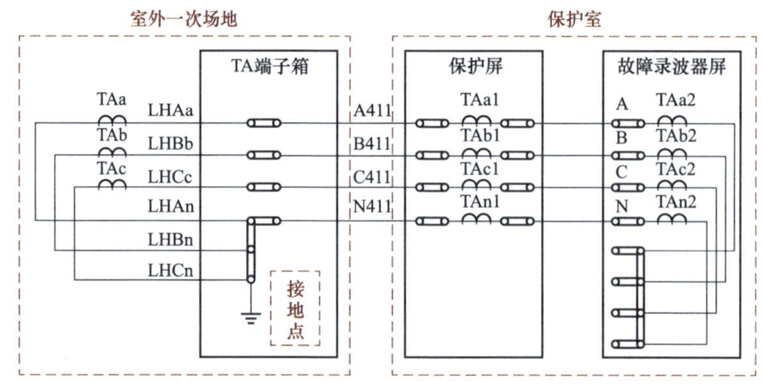

图 3-38　不存在电气联系的单一绕组电流回路接线图

（2）对于存在“和电流”（指两组或两组以上电流经物理加和后产生的电流）的电流互感器二次回路，所有绕组均在和电流处一点接地，如图 3-39 所示。

（3）对于多组电流互感器相互存在联系的二次回路，如母线保护电流、变压器保护电流，其接地点应设在对应保护屏上，如图 3-40 所示。

2. 电流回路两点接地的产生

在变电站的实际工作中，以下情况可能造成电流回路的两点接地：

（1）在不停电的情况下更换故障录波器或其上板件，需要对 4 条电流进线进行短接操作，此时若短接线触碰保护屏柜，可能产生电流回路两点接地。

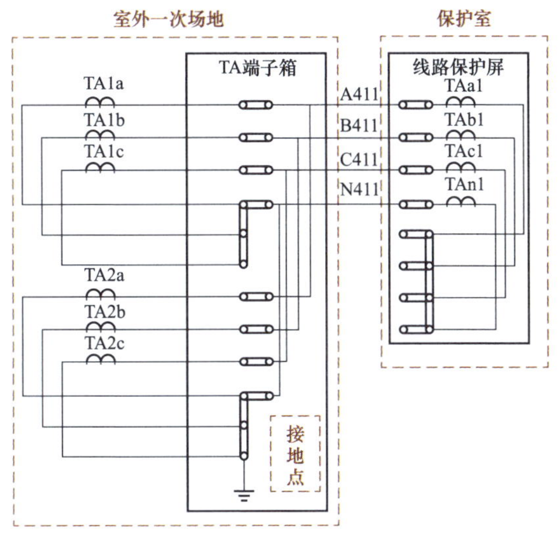

图 3-39　不存在电气联系的多个绕组电流回路接线图

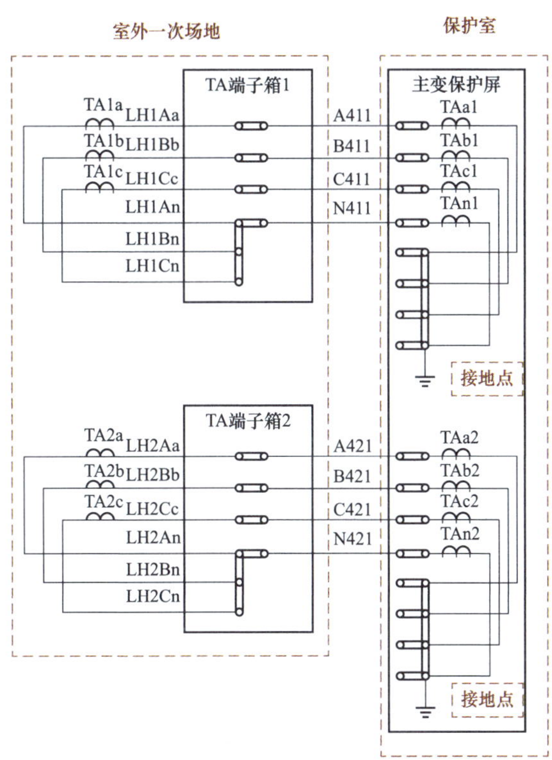

图 3-40　存在电气联系的多个绕组电流回路接线图

（2）在线路保护去往故障录波器屏的回路上进行任何直接操作，都可能造成电流回路两点接地。

（3）停电作业时，在电流互感器二次回路进行接线或拆线，或电缆绝缘不良好，都可能在电流互感器端子箱内造成两点接地。

（4）对于主变压器保护或母线保护，由于接地点在保护屏内，在电流互感器端子箱内的操作不当都可能造成两点接地。

3. 电流回路两点接地的危害

由以上分析可知，造成电流回路的两点接地可能是设备绝缘问题，也可能是人为原因。对于运行设备，无论哪种接地情况，都将造成两个接地点之间的分流，从而导致进入保护装置的电流发生变化。如果两个接地点间距离很近，电位差基本为零，则不会产生感应电流；而当第二接地点距离较远时，两个接地点间势必会产生电位差，由此产生感应电流。

以 A 相电流回路存在两点接地为例进行说明。正常运行时，进入保护装置的 A、B、C 三相电流大小相等，相位呈现正序分量，即和电流为 0，零序电流也为 0。如果此时 A 相接地，假设 A 相电流互感器产生电流为 I_A，设流进大地的电流为 I_g，流入保护装置内的电流为 I_a，则有

$$I_a = I_A - I_g$$

在运行情况下，考虑到 A 相接地点与 N 相接地点之间距离较远，形成电位差，会有一部分感应电流 I_g'产生。设实际流进保护装置的电流为 I_a'，则

$$I_a' = I_a + I_g' = I_A - I_g + I_g'$$

只要 $I_g' - I_g$ 的矢量和不接近为 0，就必然导致流入保护装置的电流发生变化，从而产生差流，引起保护误动作。

当接地点距离较近时，电流回路的两点接地对高压电抗器绕组油温也有一定影响。已知高压电抗器绕组温度等于高压电抗器油温加附加温升，其中附加温升由高压电抗器高压套管电流互感器的二次电流换算得到。对于非可控高压电抗器，流过其高压套管的电流基本是恒定的。针对该情况，若高压电抗器所在线路电流回路存在两点接地，且两点距离很近，通过接地铜排的电阻远小于绕组温度计内的电阻，从而导致流到绕组温度计的电流很小，基本可以忽略，即附加温升接近 0，则油温和绕组温度基本相同，与绕组实际温度可能不符。

4. 电流回路两点接地的预防措施

（1）运维巡视检查。日常运维巡视时，严格执行保护屏柜电流、差流等检

查，现场出现三相电流不平衡、差流达到告警值或零序电流较大时，运行人员应重视。同时，在保证安全的情况下对回路进行检查，必要时应申请设备停役，将间隔状态由运行改为热备用或冷备用状态。通知检修人员进行回路和保护检查，防止因回路或保护装置的原因引起一次设备开关误跳闸。

（2）制定误碰措施。由前可知，短接线误触碰保护屏柜或在电流互感器端子箱内的操作不当，都可能导致电流回路的多点接地。因此，在实际工作过程开展前，安全工器具必须做好绝缘措施。误碰风险主要发生在电流互感器端子盒、开关汇控柜、二次屏柜内等，在开关汇控柜处执行安全措施可防范误碰风险，即在端子连接片靠近电流互感器侧短接后划开运行电流回路靠近电流互感器侧连接片。

（3）进行绝缘测试。电缆绝缘不佳同样会导致电流回路多点接地，因此在变电站间隔预试过程中应对整个电流回路进行绝缘测试。一旦发现绝缘电阻不满足要求，应逐段检查，直至找到误接点。同时，为防止出现电流互感器接线盒内误短接现象，摇绝缘试验应在电流绕组逐个拆除地线后进行。另外，如果无接地点但绝缘很低时，应考虑电缆绝缘问题发展成多点接地的可能。若条件允许，可对绝缘低值电缆芯进行备用芯更换，以防止运行过程中出现两点接地，影响保护正确动作。

（4）负荷电流检查。新设备投运时，对保护装置进行带负荷校验，用负荷电流检查电流回路中性点接线（N 线）是否完好。操作方法如下：在开关汇控柜将任意一相电流与 N 线短接，测量并记录汇控柜至保护装置 N 线上的电流，若该电流大于 1/2 相电流，说明 N 线完好；否则，说明电流回路存在开路或多点接地，需要重新检查电流回路。

案例五　集中控制屏同期合闸导致间隔控制电源熔丝烧断

一、案例名称

集中控制屏同期合闸导致间隔控制电源熔丝烧断。

二、案例简介

220kV 某变电站部分间隔为集中控制屏控制分合闸，当进行 110kV 母联同期合闸时，间隔控制回路熔丝烧断，检修人员赶赴现场，查明原因为 KK 把手操作不当。

三、事故信息

运行人员进行 110kV 母联间隔同期合闸操作，合闸失败，母联间隔控制回路熔丝烧断。更换熔丝后，通过 KK 把手合闸成功。

某变电站部分 110kV 间隔和 35kV 间隔现场无测控，采用集中控制屏分合闸及发信，如 110kV 母联间隔。集中控制屏上 110kV 甲线和 110kV 乙线处于检修状态。

四、检查过程

同期合闸控制回路如图 3-41 所示。

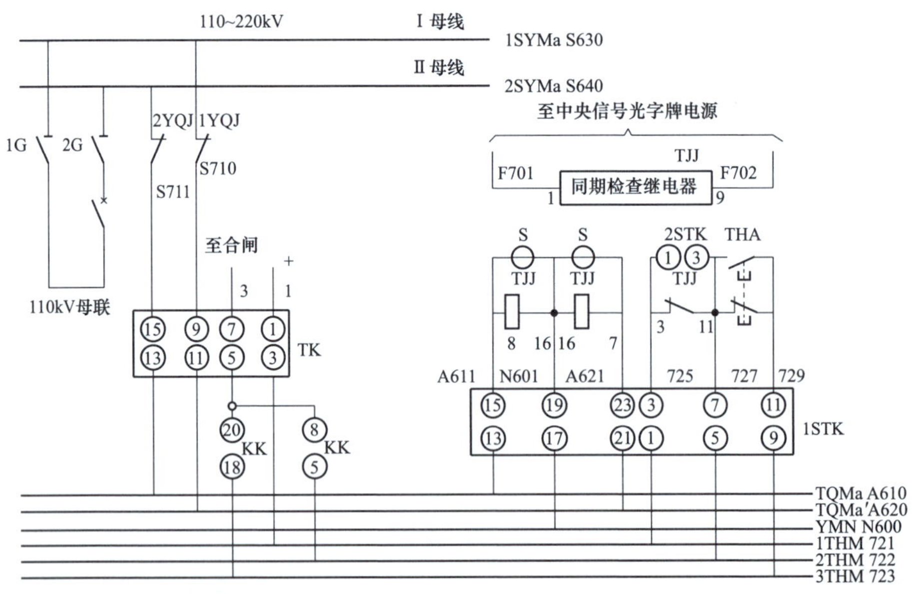

图 3-41 集中控制屏合闸控制回路图-母联间隔

以母联间隔为例，当母联需要同期合闸时，将 TK 把手打到合闸位置，此时 TK 把手触点均导通，Ⅰ、Ⅱ母交流电压均通到同期小母线上，同期检查继电器 TJJ 检验小母线电压满足同期条件时，控制回路中 TJJ 触点闭合。对于控制回路，有 KK 把手合闸和同期合闸按钮合闸两种合闸方式。

(1) KK把手合闸。正电由1经TK把手到721小母线，再经预备同期开关1STK触点和TJJ触点回到722小母线，此时将KK把手旋转至“合”位置，则KK5-8触点导通，正电至合闸回路完成合闸。

(2) 同期合闸按钮合闸。正电由1经TK把手到721小母线，再经预备同期开关1STK触点和TJJ触点，此时按下同期合闸按钮THA将正电导到723小母线，由于KK把手分闸后保持在预分位置时KK20-18触点已导通，故正电经KK20-18触点至合闸回路完成合闸。

现场检查发现，TK把手触点均断开后，723小母线电压为－110V，怀疑有寄生回路，导致当同期合闸按钮合闸时直流正负电短路，造成熔丝烧毁。而KK把手合闸经722小母线，故可成功合闸。

在运行人员陪同下，将各间隔KK－18至723小母线的回路依次解开，检查723是否恢复无电，最终发现110kV甲线KK-18至723小母线的回路断开后，723母线恢复无电，而将KK把手触点断开后KK-18仍为－110V。

初始怀疑是KK把手内部触点老化造成绝缘损坏或卡涩导致，后续通过多间隔对比试验，得出结论：KK-18带负电是由于操作KK把手不规范造成，KK把手未损坏。

五、原因分析

现场KK把手接线情况如图3-42所示，对于同组的四个接线柱，18-20触点供合闸控制回路使用，17-19触点供事故音响信号回路使用，当线路开关处于分位时KK17接线柱带负电。事故音响信号回路如图3-43所示。

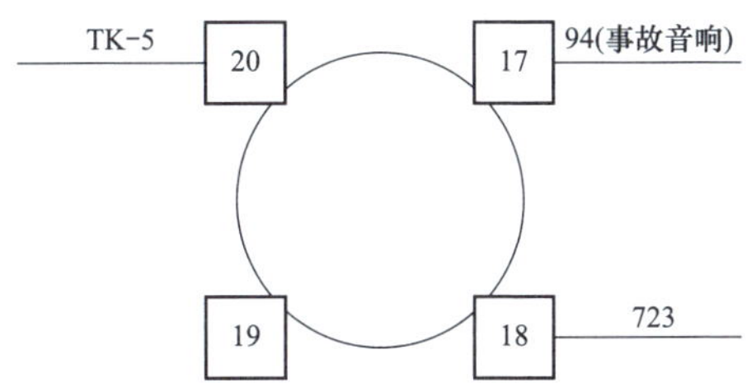

图3-42 KK把手端子柱接线情况

KK把手如图3-44所示，其触点闭合原因如下：

(1) 对于现场的KK把手17-19和18-20两副触点并非完全独立。

(2) 当把手分（合）闸操作后保持在预分（合）位置，无多余操作时，

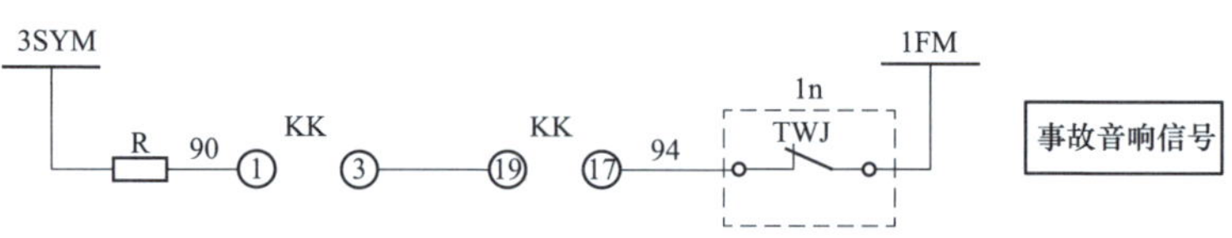

图 3-43 事故音响信号回路图

KK 把手仅 18-20（17-19）触点闭合，回路功能设计正确，无寄生回路。

（3）当把手由预合打至预分或预分打至预合后，不进行分合闸操作，则 17-18、19-20 触点将导通，出现寄生回路。

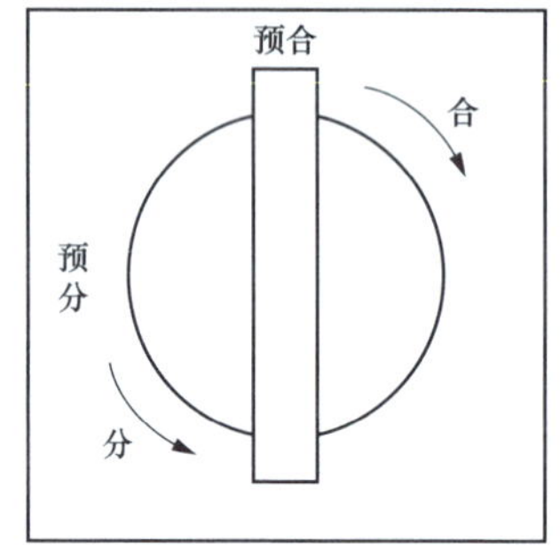

图 3-44 KK 把手示意图

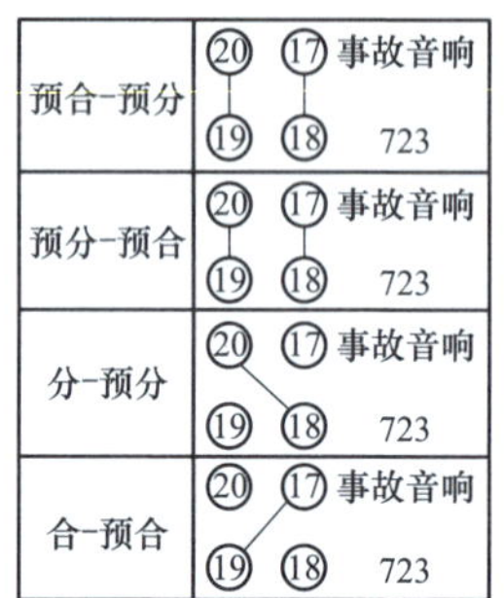

图 3-45 操作对应触点闭合情况

本次事故中，因 110kV 甲线间隔 KK 把手操作不当，将开关分闸后，把手由预分打至预合后打回至预分，如图 3-45 所示，导致 17-18 触点将导通，此时事故音响回路的负电将经由 17-18 触点导至 723 小母线，造成 723 小母线持续带负电。当 110kV 母联间隔进行同期按钮合闸操作时，将导致控制电源正负极短路，事故音响信号回路负极无熔丝，本间隔控制回路正极熔丝烧断。

六、知识点拓展

1. 集中控制屏同期合闸回路介绍

集中控制屏合闸控制回路如图 3-46 所示，最左侧为母联间隔同期合闸回路，Ⅰ、Ⅱ母 A 相电压通过 TK 把手触点分别接至同期小母线 TQMa′和 TQ-Ma；中间两个回路为线路间隔，母线 A 相电压通过压切回路和 TK 把手触点后接至同期小母线 TQMa′，线路电压通过电压互感器二次空气开关—线路隔离开关辅助触点—TK 把手触点至同期小母线 TQMa；最右侧为同期合闸回路，TJJ 为同期检查继电器，通过校验小母线 TQMa′和 TQMa 电压是否同期，

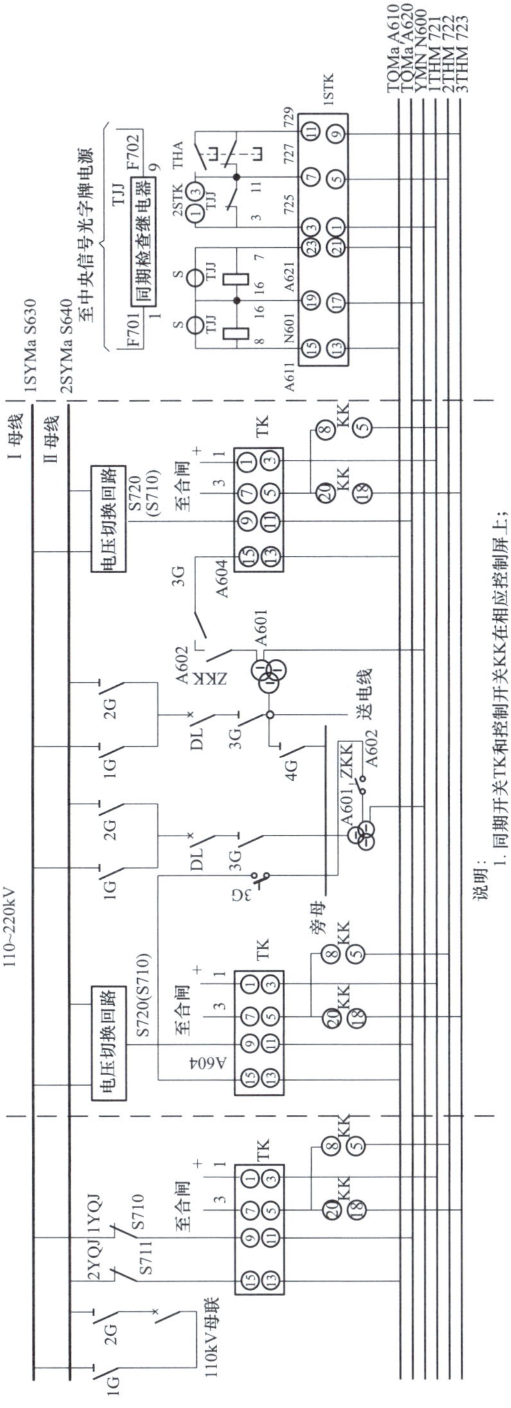

说明：
1. 同期开关TK和控制开关KK在相应控制屏上；
2. S720.721用于220kV系统，S710，711用于110kV系统。

图 3-46　集中控制屏合闸控制回路图

当同期满足条件时，控制回路中 TJJ 动断触点将闭合。

正常运行时，TK 把手均打到分位，当某间隔需要同期合闸时才将对应间隔 TK 把手打到合位，确保同期小母线仅同期合闸的间隔使用。

2. 远方/就地、解锁/联锁把手介绍

远方/就地切换把手如图 3-47 所示。

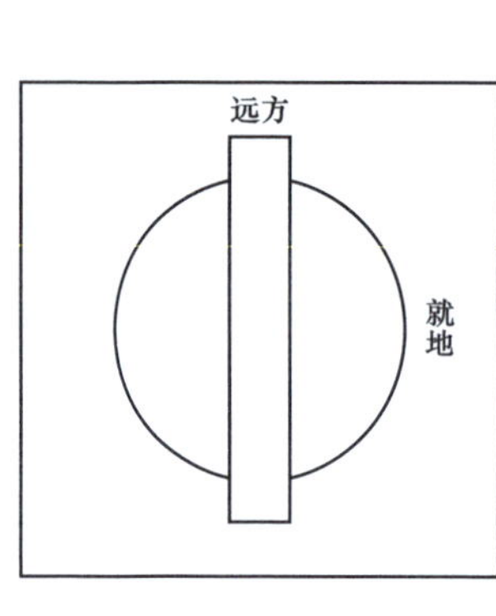

位置	就地	远方
常规站		
测控屏/开关柜	测控可遥控，后台无法遥控	后台可遥控，测控无法遥控
机构箱	现场可分合闸，测控/保护无法分合	测控/保护可分合，现场无法分合闸
智能站		
测控屏/开关柜	测控可遥控，后台无法遥控	后台可遥控，测控无法遥控
智能终端	分合闸把手可实现分合闸，测控分合闸不出口	分合闸把手无法实现分合闸，测控分合闸可出口
汇控柜	现场可分合，智能终端出口无法分合	智能终端出口可分合，现场无法分合

图 3-47　远方/就地切换把手

注：部分厂家测控装置面板上也存在远方/就地切换把手，或者装置内部存在远方/就地切换控制字，用于控制测控装置是否能发送遥控命令，而屏柜上的把手仅影响同屏的分合闸把手，具体情况应具体分析。

解锁/联锁把手如图 3-48 所示。

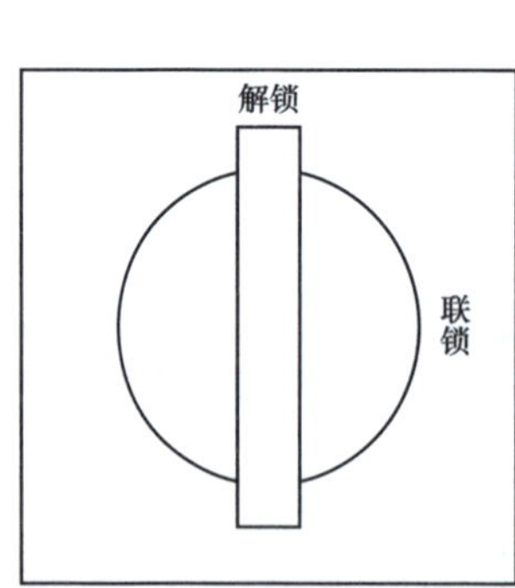

位置	解锁	联锁
常规站		
测控屏/开关柜	解除测控五防联闭锁	不解除测控五防联闭锁
机构箱（少见）	解除现场电气五防闭锁	不解除现场电气五防闭锁
智能站		
测控屏/开关柜	解除测控与智能终端五防联闭锁	不解除测控与智能终端五防联闭锁
智能终端	解除智能终端五防联闭锁	不解除智能终端五防联闭锁
汇控柜	解除遥控回路电气五防闭锁	不解除遥控回路电气五防闭锁

图 3-48　解锁/联锁把手

案例六　闭锁重合闸回路接线错误引起开关拒动

一、案例名称

220kV 某变电站闭锁重合闸回路接线错误引起开关拒动。

二、案例简介

220kV 变电站某 110kV 线路发生永久性 B 相接地故障，线路保护正确动作跳开断路器，重合闸动作合于永久性故障，线路保护后加速动作，但开关拒动，导致主变压器后备保护动作，切除主变压器中压侧开关，扩大故障范围。

三、事故信息

现场保护测控一体化装置为南瑞继保 PCS-941A-DM，智能终端为南瑞继保 PCS-222C。

四、检查过程

现场检查发现，主变压器和 110kV 母线一次设备正常，110kV 线路开关机构内元器件正常，开关机构分合闸试验正常。

现场检查保护装置动作报文正常，收集保护二次信息如下。

（1）110kV 线路保护动作信息：

14 时 01 分 13 秒 945 毫秒，保护启动；

309 毫秒后零序过电流Ⅱ段与接地距离Ⅱ段保护动作出口，开关跳闸；

2380 毫秒后重合闸动作；

2516 毫秒后距离加速动作，开关未分闸。

（2）220kV 1 号主变压器保护动作信息：

14 时 01 分 13 秒 959 毫秒，1 号主变压器第一、二套中后备保护启动；

14 时 01 分 16 秒 438 毫秒，1 号主变压器第一、二套中后备保护再次启动；

1509 毫秒后零序过电流Ⅰ段 1 时限保护动作跳开 1 号主变压器 110kV 母分开关；

1802毫秒后零序过流电Ⅰ段2时限与零序过电流Ⅱ段1时限动作，跳开1号主变压器110kV侧开关，110kVⅠ段母线失电。

现场通过监控后台、智能终端和汇控柜对110kV线路开关进行分合闸试验均正常。对110kV线路保护装置进行逻辑校验，模拟单相永久性接地故障，保护动作后开关跳闸，2秒后重合闸动作合上开关，保护后加速动作出口，智能终端虽然收到跳闸指令，但是开关拒动。

结合控制回路图纸，模拟重合闸成功后加速出口情况，测量跳闸回路中各触点对地电压，发现41KD7（跳闸回路进智能终端前触点）带电，41KD13（跳闸回路出智能终端后触点）不带电，当弹簧储能成功后又恢复正常。进一步检查二次回路，发现“气压不足闭锁”启动回路中串接“弹簧未储能”触点。

五、原因分析

相关控制回路如图3-49所示，可知在“气压不足闭锁”启动回路中串接“弹簧未储能”触点后，在开关正常储能情况下对开关分合没有影响，但是开关一旦进行合闸（或重合闸）操作，则开关合闸弹簧释放能量，“弹簧未储能”触点闭合，弹簧储能时间约为9秒。此时TYJ分闸闭锁继电器动作，断开跳闸回路，导致开关重合闸后加速保护动作后断路器拒动。“弹簧未储能”启动分合闸闭锁不符合设计原则，现场将该回路改接入智能终端专用压力低闭锁重合闸开入触点，整组传动试验正常。

六、知识点拓展

以南瑞继保CZX-12GN操作箱为例，介绍常规站线路保护开关控制回路。

1. 直流电源监视与切换

装置的两组分相跳闸回路具有独立的直流电源，并设有直流电源监视回路，当任一组直流消失时即可通过12JJ和2JJ报警。供压力监视回路和中间继电器使用的直流电源可采用独立的第三组电源，也可采用经11JJ切换的直流电源。直流电源监视回路如图3-50所示。

常规设计时，装置默认不配置直流切换功能。公共部分直流电源固定接第一组直流电源；若采用一二组直流电源切换，需短接插件上的E1-F1、E2-F2、G1-H1、G2-H2跳线，并取消4Q1D3～4Q1D11的接线及4Q1D55～4Q1D56的连片。

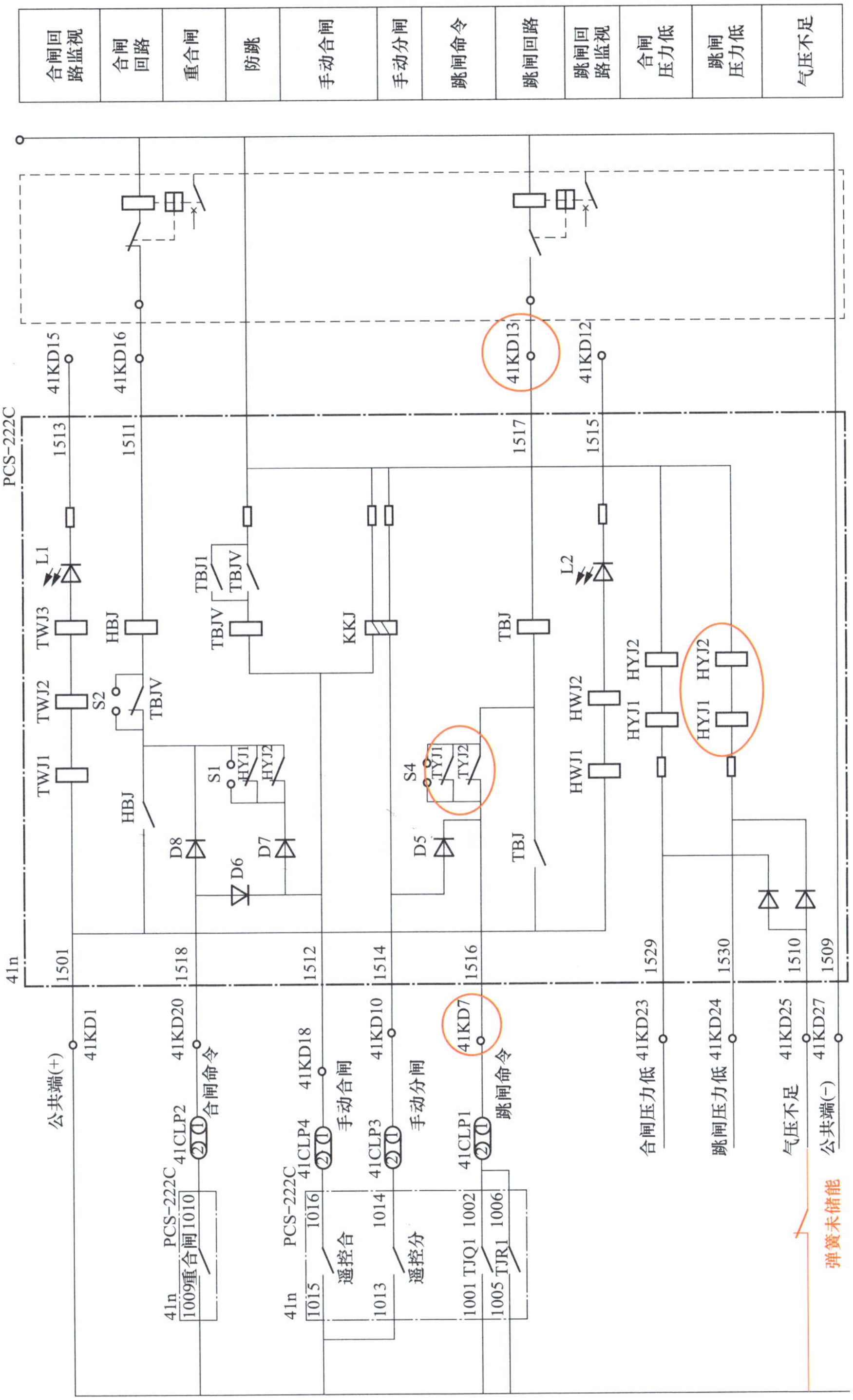

图 3-49　110kV 线路智能终端控制回路图

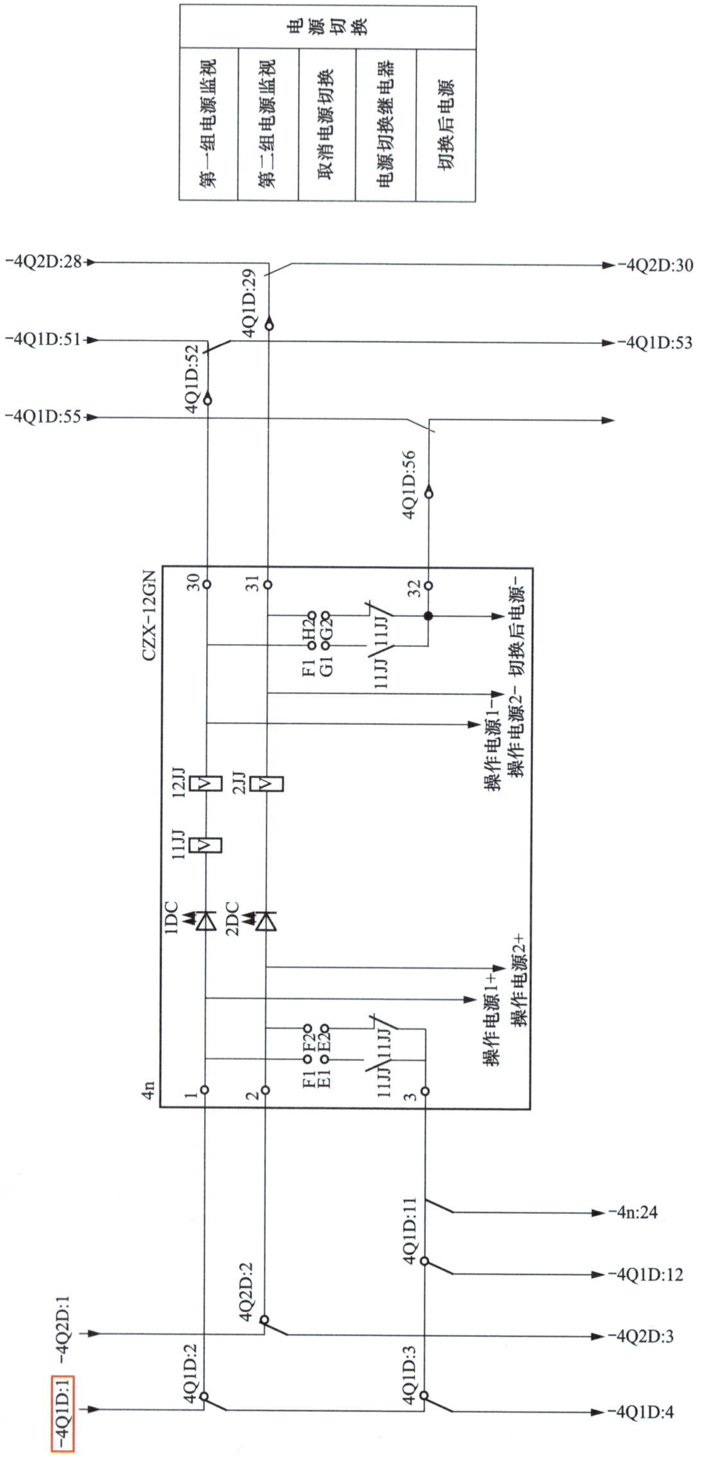

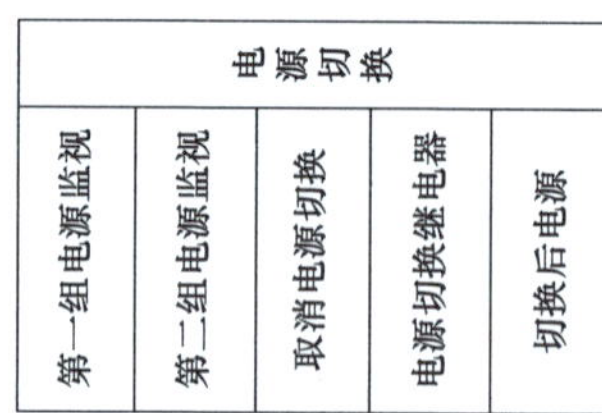

图 3-50　直流电源监视与切换回路图

2. 压力监视回路

操作箱压力监视回路包括压力降低禁止跳闸、压力降低禁止合闸、压力降低禁止重合闸和压力降低禁止操作。压力监视回路如图 3-51 所示。

常规设计中，开关机构与操作箱间的电气联系包括跳闸回路、合位监视、合闸回路、跳位监视以及低气压闭锁重合闸。一般默认不使用操作箱压力降低禁止跳闸、禁止合闸、禁止操作功能。

（1）压力降低禁止重合闸。继电器 21YJJ、22YJJ 按正常励磁工作方式接线，需要断路器提供动合触点，接到操作箱 4Q1D43、4Q1D56 间，并接在 21YJJ、22YJJ 线圈两端。若断路器压力正常，压力监视触点断开，21YJJ、22YJJ 动作；当压力降低至不允许重合闸时，压力监视触点闭合，21YJJ、22YJJ 返回，其动断触点闭合，送至保护装置，实现对保护重合闸的闭锁；同时装置送出 21YJJ、22YJJ 的动断信号触点。

（2）压力降低禁止合闸。继电器 3YJJ 按正常励磁工作方式接线，需要断路器提供动合触点，触点接到 4Q1D44、4Q1D56 间，并接在 3YJJ 线圈两端。若断路器压力正常，压力监视触点断开，3YJJ 动作；当压力降低至不允许手动合闸时，压力监视触点闭合，3YJJ 返回，其串入手动合闸继电器回路的动合触点断开，从而实现对断路器手动合闸的闭锁，同时装置送出 3YJJ 的动断信号触点。

（3）压力降低禁止跳闸。继电器 11YJJ、12YJJ 按正常励磁工作方式接线，需要断路器提供动合触点，触点接到 4Q1D45、4Q1D56 间，并接在 11YJJ、12YJJ 线圈两端。若断路器压力正常，压力监视触点断开，11YJJ、12YJJ 动作；当压力降低至不允许跳闸时，压力监视触点闭合，11YJJ、12YJJ 返回，其串入跳、合闸回路的动合触点断开，从而实现对断路器跳闸合闸的闭锁，同时装置会送出 1YJJ、12YJJ 的动断信号触点。

（4）压力降低禁止操作。继电器 4YJJ 按正常不励磁工作方式接线，需要断路器提供动合触点，触点接到 4Q1D46、4Q1D56 间。若断路器压力正常，压力监视触点断开，4YJJ 不动作；当压力降低至不允许操作时，压力监视触点闭合，4YJJ 动作，其并联在 1YJJ 线圈两端的动合触点闭合，使 1YJJ 返回，从而实现对断路器跳合闸的闭锁，同时装置会送出 4YJJ 的动合、动断信号触点。

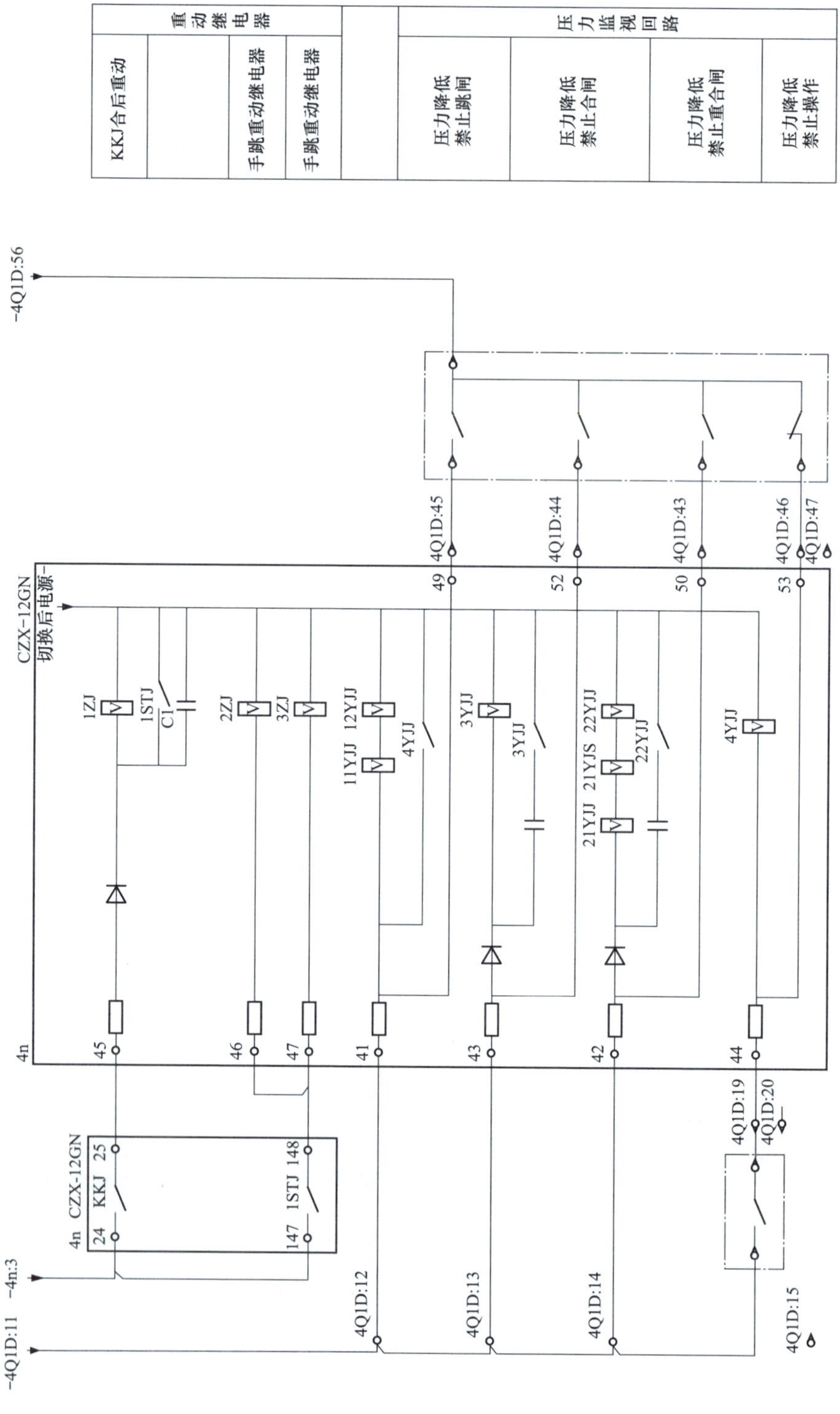

重动继电器					压力监视回路			
KKJ合后重动		手跳重动继电器	手跳重动继电器		压力降低禁止跳闸	压力降低禁止合闸	压力降低禁止重合闸	压力降低禁止操作

图 3-51 压力监视回路图

3. 重合闸及手动合闸回路

（1）重合闸。当重合闸装置的合闸触点闭合时，合闸正电源经触点送至4Q1D23，此时ZHJ、ZXJ继电器动作。ZHJ为重合闸重动继电器，动作后有三对动合触点闭合并被分别送到A、B、C三个分相合闸回路，启动断路器的合闸线圈。

ZXJ为磁保持信号继电器，动作后，一方面启动重合闸指示信号灯，表示重合闸回路动作；另一方面启动有关信号回路。当按下复位按钮时，磁保持继电器复位线圈励磁，合闸信号复归。三相跳合闸回路如图3-52所示。

（2）手动合闸和远方合闸回路。当进行手动合闸或远方合闸时，KK把手或远方送来的合闸触点处于闭合位置，正电源送到4Q1D21，此时1SHJ、21SHJ、22SHJ、23SHJ动作，同时KKJ第一组线圈励磁且自保持。1SHJ动作后，其三对动合触点分别启动A、B、C三个分相合闸回路。21SHJ、22SHJ、23SHJ动作后，其触点分别送给保护及重合闸，作为手合加速、手合放电等用途。KKJ动作后通过中间继电器1ZJ给出KK合后闭合触点。相关回路如图3-52所示。

手动合闸回路可受开关合闸压力控制，若压力降低禁止合闸时，3YJJ和22YJJ触点断开，禁止手动和远方合闸。

4. 三相跳闸回路

三相跳闸回路分为三跳启动重合闸（TJQ）、三跳不启动重合闸（TJR）、手动及远方跳闸、非电量继电器三跳（TJF）四种。三相跳闸回路如图3-52所示。其中，TJQ指三跳动作后启动重合闸、启动失灵保护的跳闸回路，用于需要进行三跳启重合的线路保护中；TJR指三跳动作后不启动重合闸、启动失灵保护的跳闸回路，动作后直接使断路器三相跳闸，用于线路保护永跳、母线保护、失灵保护等；TJF指三跳动作后不启动重合闸、不启动失灵保护的跳闸回路，用于变压器的非电量保护、线路断路器三相不一致保护等。

（1）三跳启动重合闸。三跳启动重合闸触点分别通过该回路的4Q1D29端子（启动第一组跳圈）和4Q2D12端子（启动第二组跳圈）去启动11TJQ、12TJQ、13TJQ以及21TJQ、22TJQ、23TJQ。

（2）三跳不启动重合闸。触点分别通过4Q1D31（启动第一组跳圈）端子和4Q2D14端子（启动第二组跳闸线圈）启动11TJR、12TJR、13TJR及21TJR、

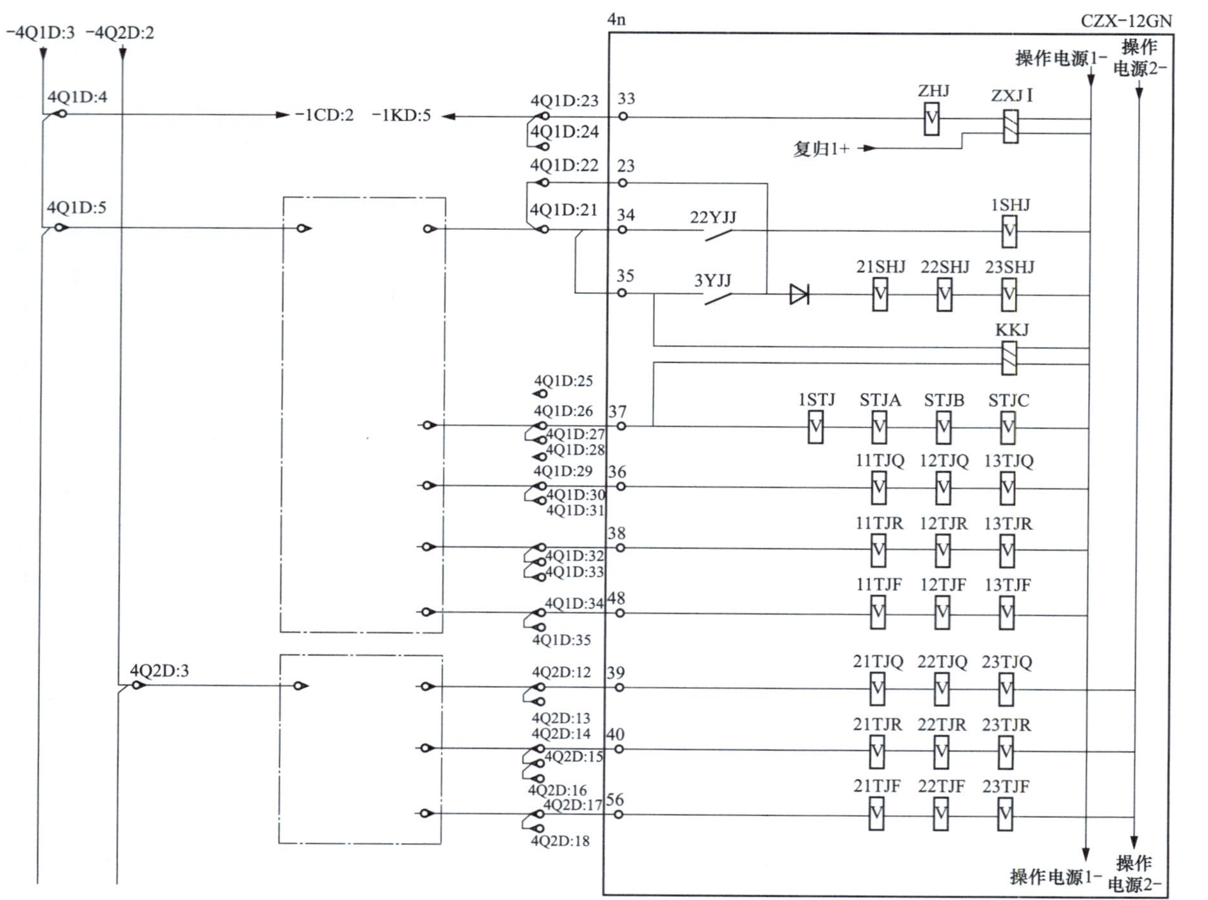

图 3-52 三相跳合闸回路

22TJR、23TJR。该回路动作后，其触点还送给重合闸装置，实现闭锁重合闸。

（3）非电量继电器三跳。装置设有 TJF 三跳继电器（用于变压器非电量保护跳闸等）。三跳时分别通过 4Q1D34（第一组）、4Q2D17（第二组）启动 11TJF、12TJF 及 21TJF、22TJF，它们分别接在两组直流电源上。这两组继电器设定的动作持续时间为 0.3 秒，防止在非电量等跳闸信号不能及时返回的情况下 TJF 回路长期动作。

（4）手动及远方跳闸。手跳或远方跳闸触点通过 4Q1D26 启动 1STJ、STJA、STJB、STJC 以及 KKJ 的第二组线圈，其中 STJA、B、C 分别去启动两组跳闸回路，1STJ 动作后其触点启动中间继电器 2ZJ 实现闭锁重合闸，也可通过 KKJ 触点启动继电器 2ZJ 给出 KK 分后闭合触点闭锁重合闸。

5. 跳合闸信号回路

（1）重合闸信号。当自动重合闸时，磁保持继电器 ZXJ 的动作线圈励磁，继电器动作且自保持，其一对动合触点闭合启动重合闸信号灯，当按下复归按钮 FA 时，磁保持继电器复归线圈励磁，重合闸信号复归。

（2）跳闸信号。当保护跳闸时，跳闸回路中的 TBIJ 动作，其触点启动磁保持继电器 TXJ 的动作线圈。该继电器动作且自保持，它一方面启动信号灯回路，另一方面送出跳闸信号，当按下复归按钮 FA 时，磁保持继电器 TXJ 的复归线圈励磁，跳闸信号返回。当手动跳闸时，继电器 TXJ 回路的 STJ 动断触点断开，手跳时不给出跳闸信号。跳合闸信号回路如图 3-53 所示。

6. 分相合闸回路

分相合闸回路如图 3-54 所示。

（1）跳位监视。当断路器处于跳位时，断路器动断辅助触点闭合。1TWJ～3TWJ 动作，送出相应的触点给保护和信号回路。

（2）合闸回路。当开关处于分闸位置，一旦手合或自动重合时，SHJA、SHJB、SHJC 动作并通过自身触点自保持，直到断路器合上，开关辅助触点断开。

（3）防跳回路。为防止开关手合或重合到故障设备时，由于合闸脉冲较长或长时间未返回而导致开关出现多次跳、合闸，操作箱设置了防跳回路。当手合或重合到故障设备导致开关跳闸时，跳闸回路的跳闸保持继电器 TBIJ 触点闭合，启动 1TBUJ，1TBUJ 动作后，再启动 2TBUJ，2TBUJ 通过其自身触点在合闸脉冲存在的情况下自保持，对应的两组动断触点 1TBUJ、2TBUJ 断开

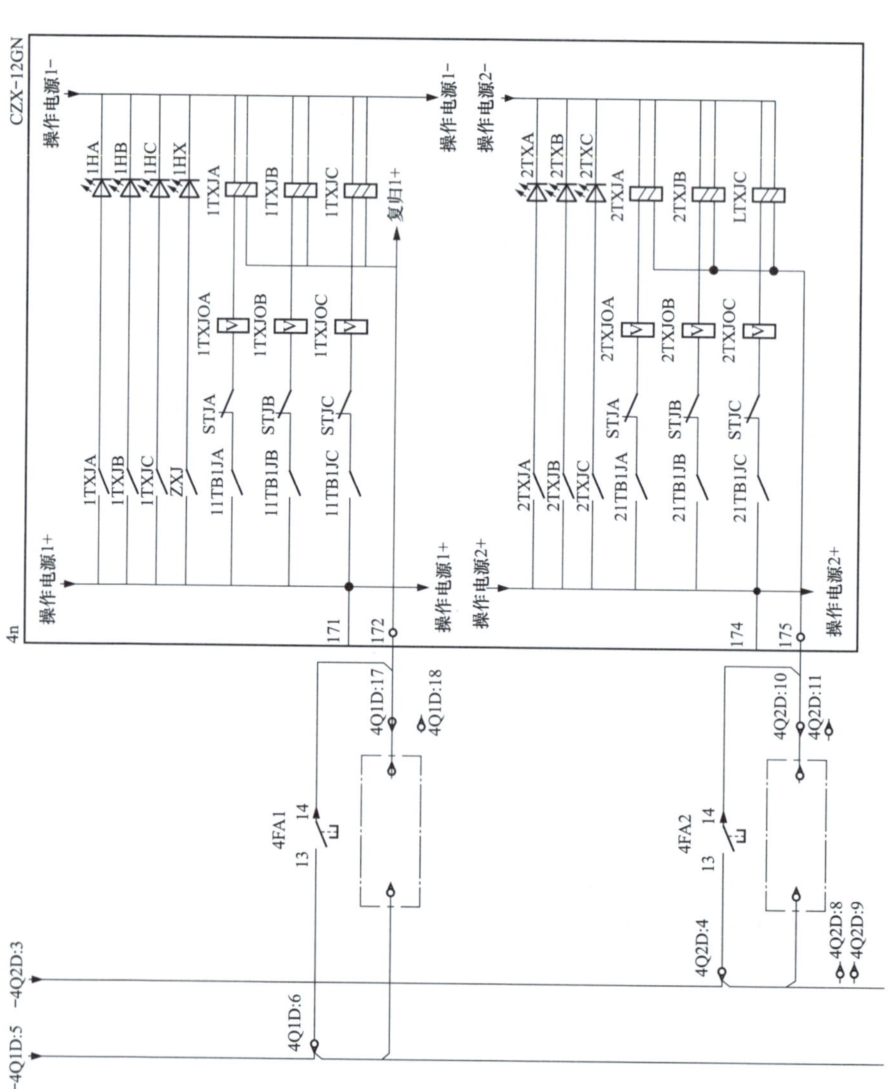

图 3-53 跳合闸信号回路

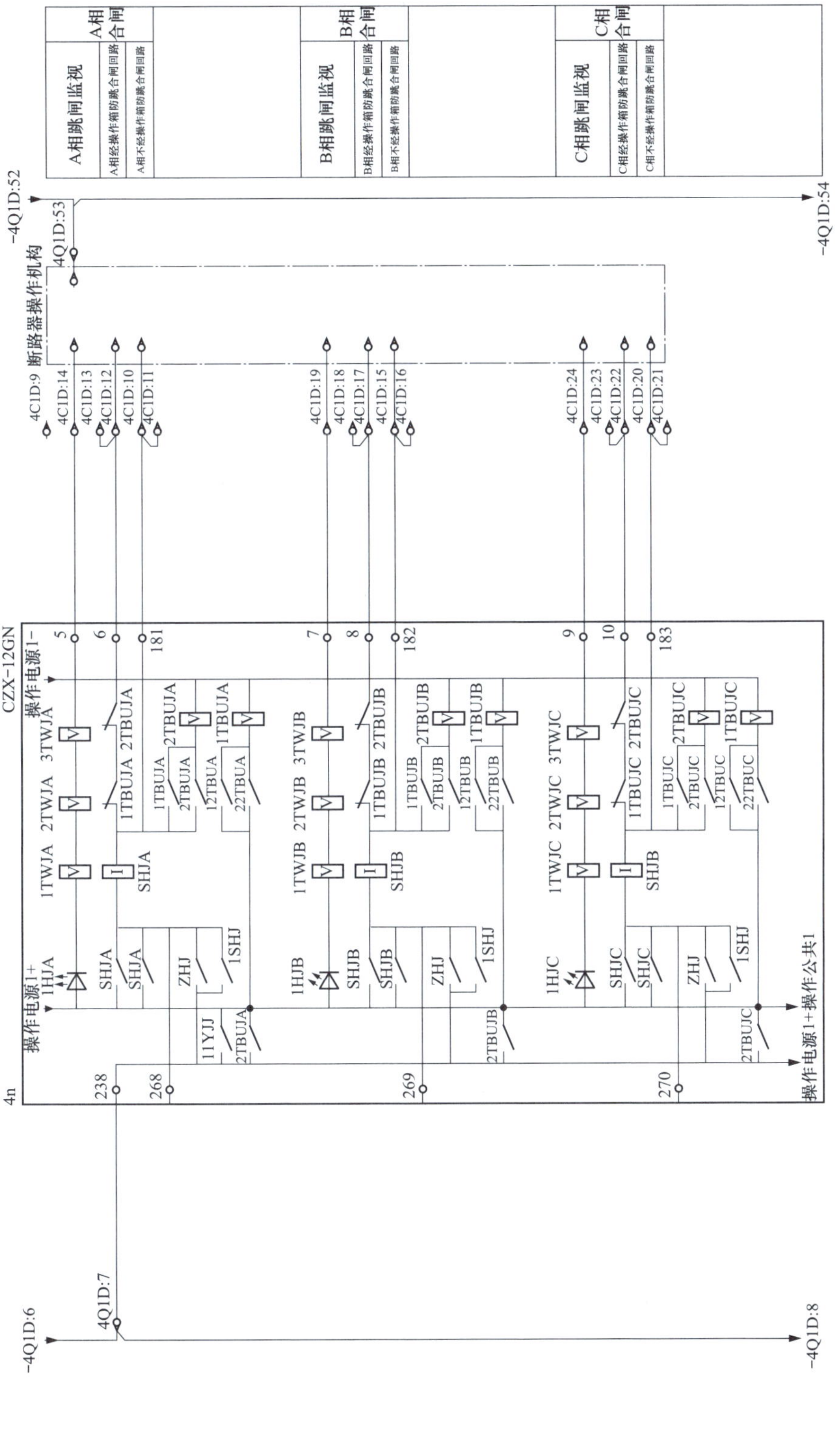

图 3-54 分相合闸回路图

合闸回路，避免开关出现多次跳、合闸。为防止在极端情况下开关压力触点出现抖动，造成防跳回路失效，2TBUJ 触点与 11YJJ 触点并联，以确保压力触点抖动时开关不会多次合闸。

使用断路器机构防跳时，装置的 4C1D10、4C1D15、4C1D20 端子分别接至断路器的合闸回路，注意断路器机构防跳回路与操作箱跳位监视回路、合闸保持回路的配合。

使用断路器机构防跳回路时，如操作箱 TWJ 继电器及其电阻，与机构防跳继电器及其电阻的参数配合不当，可能导致 TWJ 继电器与机构防跳继电器在开关合位时形成保持回路，防跳继电器始终处于励磁状态，合闸回路一直被断开。解决办法：TWJ 继电器回路单独串入断路器动断辅助触点和本体防跳继电器动断触点，断开跳位监视回路与机构防跳回路。

7. 分相跳闸回路

分相跳闸回路如图 3-55 和图 3-56 所示。

(1) 合位监视。当断路器处于合闸位置时，断路器动合辅助触点闭合，1HWJ、2HWJ、3HWJ 动作，输出触点到保护及有关信号回路。

(2) 跳闸回路。断路器处于合闸位置时，断路器动合辅助触点闭合，一旦保护分相跳闸触点动作，跳闸回路接通，跳闸保持继电器 1TBIJ、2TBIJ 动作，并由 1TBIJ、2TBIJ 触点实现自保持，直到断路器跳开，辅助触点断开。

本装置共有原理相同的两组跳闸回路，分别使用两组直流操作电源启动断路器的两组跳闸线圈。

8. 交流电压切换回路

当线路接在Ⅰ母上时，Ⅰ母隔离开关的动合辅助触点闭合，1YQJ1 继电器动作，1YQY2、1YQJ3、1YQJ4、1YQJ5、1YQJ6、1YQJ7 磁保持继电器也动作，且自保持。Ⅱ母隔离开关的动断触点将 2YQJ2、2YQJ3、2YQJ4、2YQJ5、2YQJ6、2YQJ7 复位，此时，1XD 亮，指示保护装置的交流电压由Ⅰ母 TV 接入。

同理，当线路接在Ⅱ母上时，Ⅱ母隔离开关的动合辅助触点闭合，2YQJ1 继电器动作，2YQJ2、2YQJ3、2YQJ4，2YQJ5，2YQJ6、2YQJ7 磁保持继电器动作，且自保持。Ⅰ母隔离开关的动断触点将 1YQY2、1YQJ3、1YQY4、1YQJ5、1YQJ6、1YQJ7 复位，此时 2XD 亮，指示保护装置的交流电压由Ⅱ母 TV 接入。电压切换回路如图 3-57 所示。

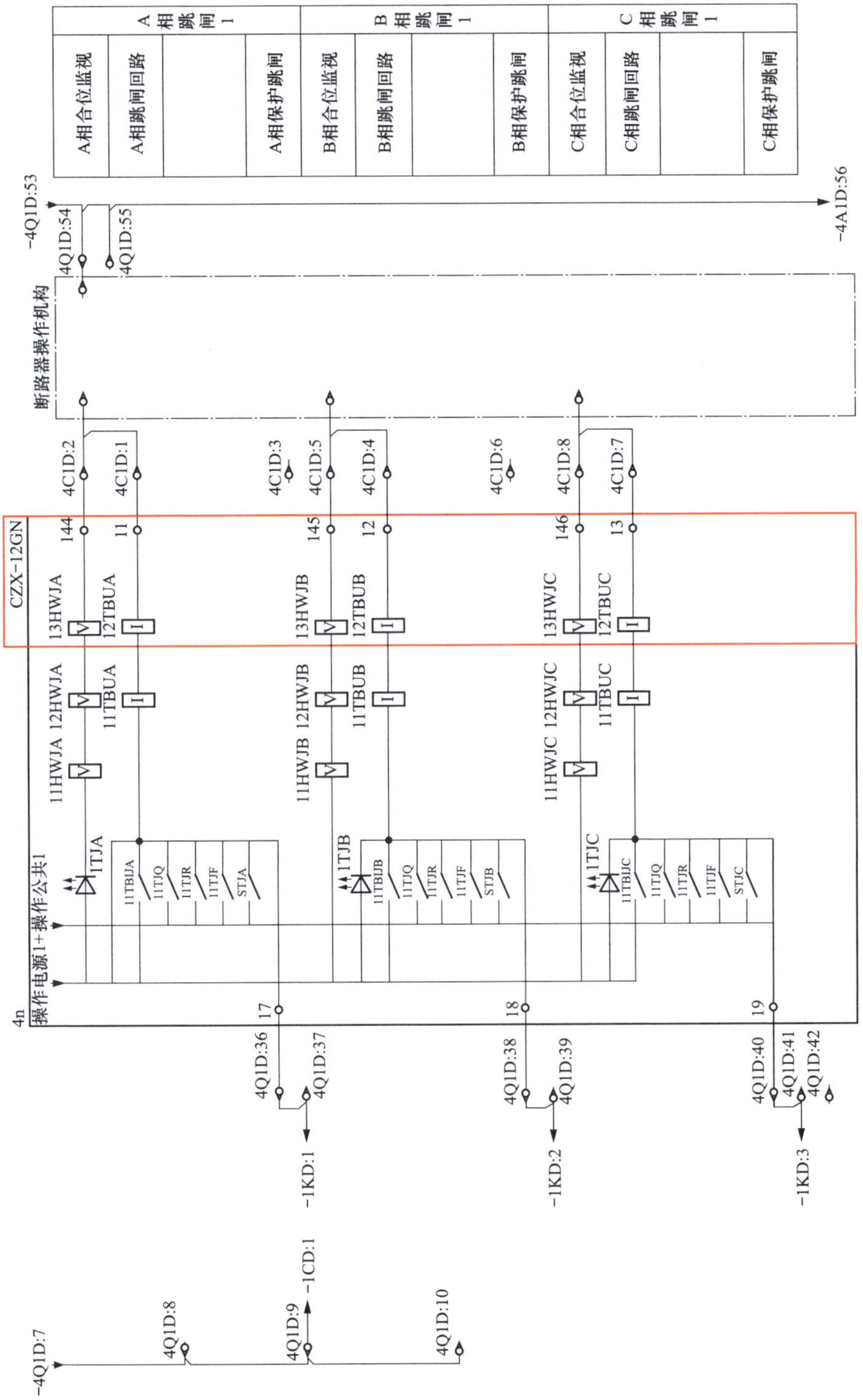

图 3-55　第一组分相跳闸回路

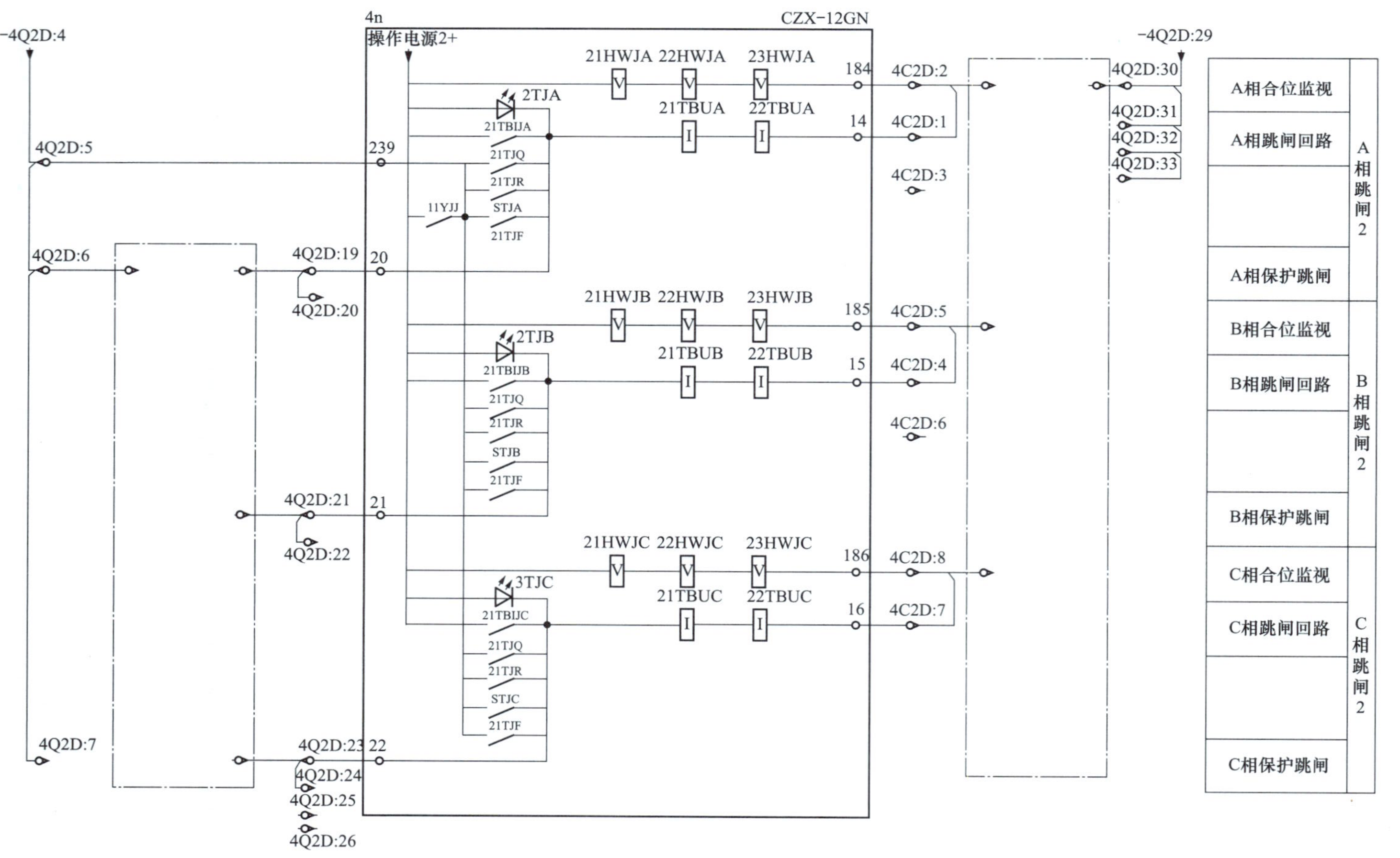

图 3-56 第二组分相跳闸回路

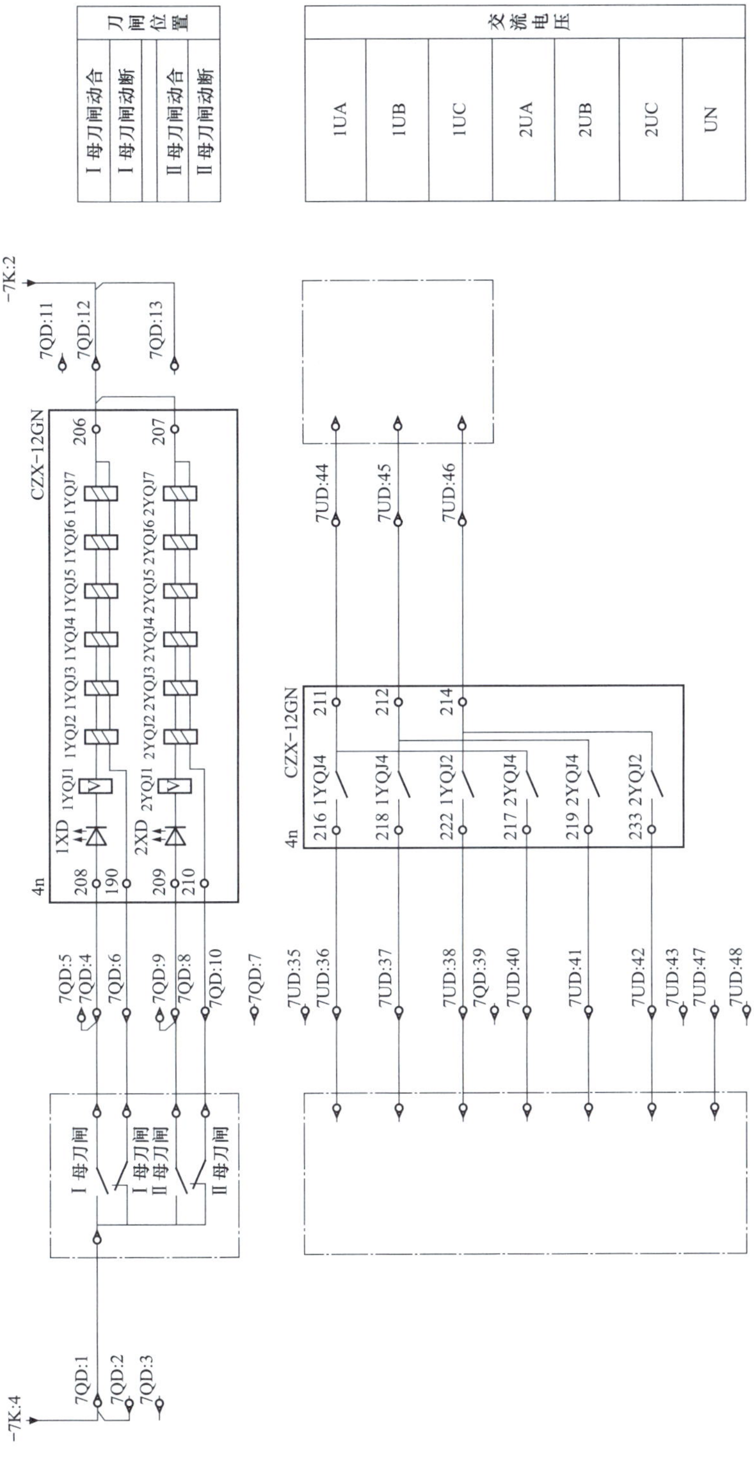

图 3-57　交流电压切换回路

当两组隔离开关均闭合时，则1XD、2XD均亮，指示保护装置的交流电压由Ⅰ、Ⅱ母TV提供。

若操作箱直流电源消失，则自保持继电器触点状态不变，保护装置不失交流电压。

电压切换回路的部分继电器触点分别送至失灵保护、母线保护及有关信号回路。

交流电压切换回路不带自保持情况时，电压切换的输出触点与上述情况相同，此时Ⅰ、Ⅱ母的隔离隔离开关的动合辅助触点分别接至7QD4、7QD8即可。

9. 装置的输出触点

装置还具备有输出给保护和其他设备使用的触点，以及相关的信号触点。具体可查阅相关图纸。

第四章 操作事故类

案例一 人员解锁引起母线非计划停运

一、案例名称

220kV 某变电站人员解锁引起 220kV 副母线非计划停运。

二、案例简介

2019 年 12 月 8 日，220kV 某变电站 220kV 某间隔例行试验工作终结后，运维人员要求厂家配合验证 220kV 某间隔正母隔离开关后台遥控功能，厂家人员误选 220kV 某间隔副母隔离开关进行合闸操作，该间隔副母隔离开关母线侧接地开关处于合闸状态，运行的 220kV 副母线通过该间隔副母隔离开关和母线侧接地开关接地，随即 220kV 母线保护动作，220kV 某变全站失电。

三、事故信息

1. 事件前运行工况

220kV 运行方式：两条 220kV 线路、1 号主变压器 220kV、3 号主变压器 220kV 接于 220kV 副母运行；220kV 正母线、220kV 旁母线、220kV 旁路开关（后续改专用母联）、2 号主变压器 220kV 检修，220kV 某间隔开关及线路检修。

110kV 运行方式：1 号主变压器接于 110kV 正母运行，3 号主变压器接于 110kV 副母运行，110kV 母联运行，其他线路正常运行方式（110kV 旁母检修、110kV 旁路开关检修，待退役）。

35kV 运行方式：1 号主变压器接于 35kV Ⅰ段运行，35kV 母分运行，3 号主变压器带 5、6 号电容器，其他线路正常运行方式。

2. 事件发生情况

（1）08 时 57 分，220kV 某间隔例行试验工作许可开工。

工作内容：①220kV 某线开关专业化维护；220kV 某线路隔离开关维护，电流互感器、线路电压互感器精益化整治；220kV 某线间隔停电范围内设备、构支架防腐；220kV 某线间隔线夹打排水孔，铜铝对接过渡线夹更换；220kV 某线正母隔离开关更换。②220kV 某线宽频域监测装置安装。③220kV 某线间隔继电保护交界面隐患排查；220kV 某线保护测控 C 检。④220kV 某线开关、TA、CVT 设备 C 检。⑤220kV 某线端子箱精益化整治。

（2）09 时 07 分，220kV 母联保护及测控改造（配合 220kV 旁路断路器改 220kV 母联断路器）工作许可开工。

工作内容：①220kV 旁路断路器专业化维护、RC 回路反措，电流互感器精益化整治；220kV 旁路断路器正母、旁母隔离开关，220kV 正母 2 号接地开关更换；220kV 正母线、220kV 旁母线、220kV 旁路断路器间隔停电范围内构支架防腐；220kV 正母线、220kV 旁母线、220kV 旁路断路器间隔停电范围内线夹打排水孔，铜铝对接过渡线夹更换。②220kV 旁路断路器端子箱精益化整治。③220kV 旁路断路器、TA 设备 C 检。④220kV 正母避雷器在线监测装置拆除。⑤220kV 母联保护及测控改造（配合 220kV 旁路开关改 220kV 母联）开关。

（3）12 时 59 分，220kV 某间隔例行试验工作终结，该间隔处于断路器及线路检修状态。

（4）14 时 15 分，220kV 某间隔副母隔离开关合闸，该隔离开关母线侧接地开关处于合闸状态，220kV 母线保护动作，两条 220kV 线路及 1、3 号主变压器 220kV 断路器分闸，220kV 副母失电压（220kV 正母检修），220kV 某变全站失电。

四、检查过程

检查发现，220kV 某间隔例行试验工作终结后，运维人员对 220kV 某间隔正母隔离开关后台遥控功能提出质疑，要求进行遥控验证（当时厂家人员吴某正在参与 220kV 母联测控改造调试工作）。运维人员在厂家指导下对测控装置进行五防解锁，并要求吴某完成220kV母联测控改造调试任务后，配合遥控220kV某间隔正母隔离开关。吴某完成220kV母联间隔调试后，未告知运维人员，直接对后台机220kV某间隔进行五防解锁，然后输入操作人、监护人用户密码拟对220kV某间隔正母隔离开关进行遥控合闸操作，但是误选取了220kV某间隔副母隔离开关进行合闸操作。合闸时220kV某间隔隔离开关母线侧接地开关处于合闸状态，隔离开关电动合闸扭矩较大，冲破了接地开关机械闭锁，运行的220kV副母线通过220kV某间隔副母隔离开关和母线侧接地开关接地，随即220kV母线保护动作。

五、原因分析

（1）厂家人员超越工作票中明确的工作范围，未经许可和监护擅自解除监控后台220kV某间隔防误闭锁功能，在监控后台上误合220kV某间隔副母隔离开关，造成220kV副母故障，母线保护动作。

（2）220kV某间隔副母隔离开关（西门子PR隔离开关）在电动合闸过程中，机械闭锁强度不满足要求，未能实现可靠闭锁。

六、知识点拓展

变电站防误闭锁逻辑的“五防”要求：

（1）防止误分、合断路器。

（2）防止带负荷分、合隔离开关或手车触头。

（3）防止带电挂（合）接地线（接地开关）。

（4）防止带接地线（接地开关）合断路器（隔离开关）。

（5）防止误入带电间隔。

1. 防误闭锁的层次

变电站防误闭锁分为站控层闭锁、间隔层闭锁、电气闭锁、机械闭锁四个层次。

（1）站控层闭锁。站控层闭锁由监控后台闭锁、五防机闭锁、一键顺控闭锁组成，其中监控后台的闭锁功能可选，一般不开放。

五防主机分为独立五防（独立的五防主机）与一体式五防（与监控后台工作在同一台主机上）。五防系统内统一建立五防闭锁逻辑数据库，将现场大量的二次电气闭锁回路变为计算机中的防误闭锁规则库，由五防主机根据监控后台采到的各间隔装置的数据完成闭锁逻辑判断，闭锁或开放监控后台的遥控操作。

一键顺控利用变电站的通信、测控与状态采集装置，根据完善的防误操作闭锁逻辑，自动生成操作票，程序化自动执行操作步骤。五防机与顺控主机内置防误逻辑实现双套防误校核。与五防机闭锁采集的隔离开关位置判据不同的是，一键顺控闭锁中新增辅助判据，采用与合、分双辅助触点非同源的分合闸位置指示信号如微动开关信号、磁感应信号、视频图像信号，实现一键顺控双确认辅助判据。

（2）间隔层闭锁。间隔层闭锁由各间隔的测控装置或保测一体装置实现。调试人员根据已有的五防联锁逻辑对测控装置进行配置下装，当后台的遥控命令发送至测控装置或在测控装置上进行手动操作时，由测控装置对控制对象的相关逻辑进行判断，输出对本装置控制对象的闭锁与否，即打开或闭合 KGB 触点，同时提示用户联锁运算结果或出错信息。部分变电站由监控后台判断五防联锁逻辑，通过网线输出对控制对象的闭锁与否至测控装置，测控装置对应打开或闭合 KGB 触点。

跨间隔的联锁（如母线隔离开关与母线接地开关的闭锁、主变压器隔离开关与主变压器各侧接地开关的闭锁）需判断其余间隔的隔离开关位置状态，通过各间隔测控间的网线传输实现水平联闭锁通信。部分常规站会通过类似小母线的形式，将公用间隔的辅助触点引至“小母线”，需要闭锁的间隔从“小母线”各取所需，串入相应回路实现闭锁逻辑。

测控装置配有“联锁/解锁”切换把手，当把手打至“联锁”位置时，闭锁功能投入，当把手打至“解锁”位置时，闭锁功能退出。

（3）电气闭锁。电气闭锁是根据五防闭锁逻辑，利用断路器、隔离开关等设备的辅助触点接入需闭锁的机构电动操作回路上，在出现违规操作时，由设备中相应的辅助触点将该操作设备的控制回路切断，禁止操作，从而实现断路器设备之间的相互闭锁。

1）AIS 与 GIS 变电站电气闭锁的区别。AIS 站所一次设备的间距大，因此电气闭锁回路一般只串接就近断路器、隔离开关、接地开关的辅助触点，电气闭锁回路不完善，未完全满足防误闭锁逻辑。大部分 AIS 变电站的接地开关

不具备电动操作功能，未接入电气闭锁回路。因 AIS 站所各间隔母线隔离开关与对应母线接地开关距离较远，考虑电缆距离，部分站所的母线隔离开关与母线接地开关之间无电气闭锁。

GIS 站所的所有隔离开关、接地开关均可电动操作，依据防误闭锁逻辑配置完整的一套电气闭锁回路。部分 GIS 站配有“电气联锁/解锁”切换把手，当把手打至“联锁”位置时，电气闭锁回路触点串入控制回路，当把手打至“解锁”位置时，电气闭锁回路被短接，电气闭锁功能退出。

2）特殊的电气闭锁。开关柜带电显示器检测线路带电，装置输出的动断触点打开，闭锁接地开关的操作挡板。主变压器进线、母联等无接地开关时，直接闭锁后柜门。

部分变电站的低压侧母分开关与母分隔离手车间存在电气闭锁：母分隔离手车在工作位置时，手车行程触点闭合输出至母分开关柜合闸回路，才可合上母分开关。

（4）机械闭锁。设备机械闭锁是最基本的防误闭锁方式，主要利用设备机械传动部位的互相制约和联动达到闭锁目的，即当一元件操作后另一件就不能操作。机械闭锁在操作过程中无需使用钥匙等辅助操作，即可实现随操作顺序的正确进行，自动解锁。在发生误操作时，可实现自动闭锁，阻止误操作的进行。

1）接地开关与隔离开关间的机械闭锁。

a）AIS 变电站的机械闭锁。在 AIS 变电站内，安装于同一构架上的隔离开关、接地开关相互间均设置有机械联锁，图 4-1～图 4-3 所示为几种常见的机械闭锁结构。

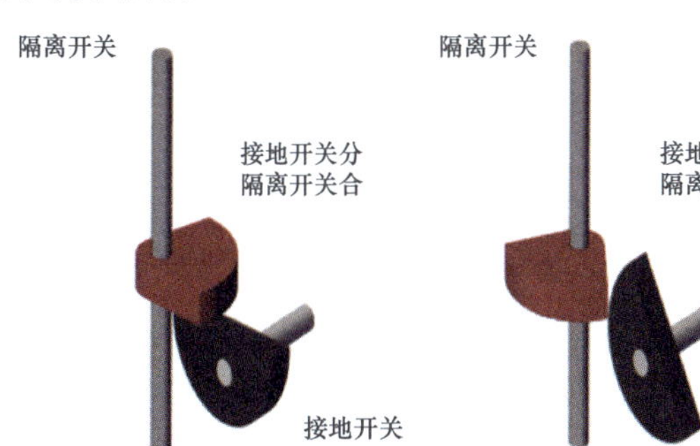

图 4-1　机械闭锁类型一

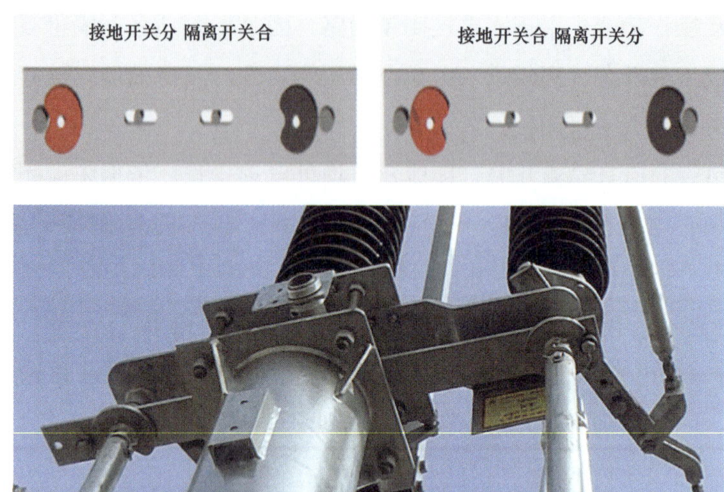

图 4-2　机械闭锁类型二

图 4-3　机械闭锁类型三

b）GIS 变电站的三工位隔离开关机械闭锁。三工位指主刀合、主刀分、接地开关合三个工作位置。如图 4-4 所示，三工位隔离开关整合了隔离开关和接地开关的功能，因为三工位隔离开关用的是一把刀，其工作位置在某一时刻是唯一的，不是在主闸合闸位置，就是在隔离位置或接地位置，这样便可以实现机械闭锁，防止主回路带电合接地开关。

2）开关柜的机械闭锁。开关柜的机械闭锁主要是指断路器、开关手车、接地开关、柜门之间的相互闭锁。

a）断路器合闸时，开关手车不能摇进摇出。

b）接地开关合闸时，开关手车不能推至“工作位置”。

c）开关手车在“工作位置”时，接地开关不能操作，开关手车二次航空

插头不能操作。

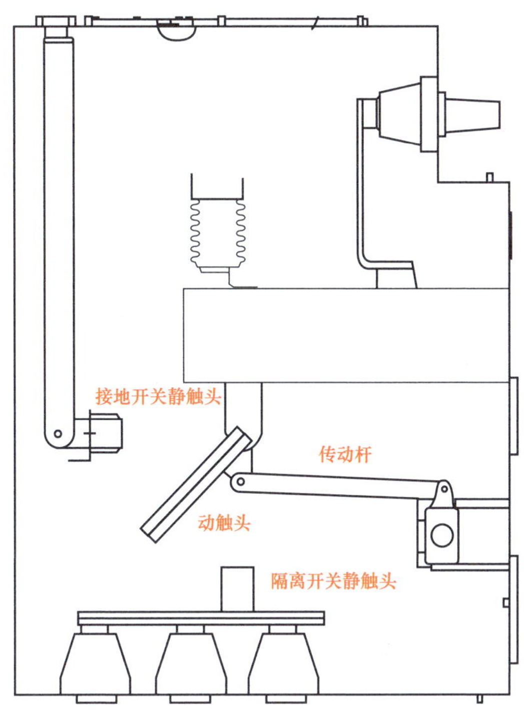

图 4-4　三工位隔离开关的结构示意图

d）后柜门在打开位置，接地开关不能操作。

e）开关手车只有在试验位置或工作位置时，断路器才可以合闸。

f）接地开关分闸时，后柜门不能打开。

2. 防误操作闭锁逻辑

（1）断路器的防误操作闭锁。断路器无强制性的防误操作闭锁逻辑。

防止带接地线（接地开关）合断路器，应通过断路器两侧隔离开关与接地线（接地开关）的闭锁逻辑实现。

（2）隔离开关的防误操作闭锁逻辑。隔离开关防误闭锁逻辑的总体原则为：将断路器视为连通点，隔离开关视为断开点；隔离开关与相邻的所有接地开关与断路器间存在闭锁；接地开关不受断路器闭锁，与相邻隔离开关相互闭锁。

1）母线隔离开关。图 4-5 所示为双母线接线图。

a）断路器断开、断路器两侧接地开关断开、母线接地开关断开；

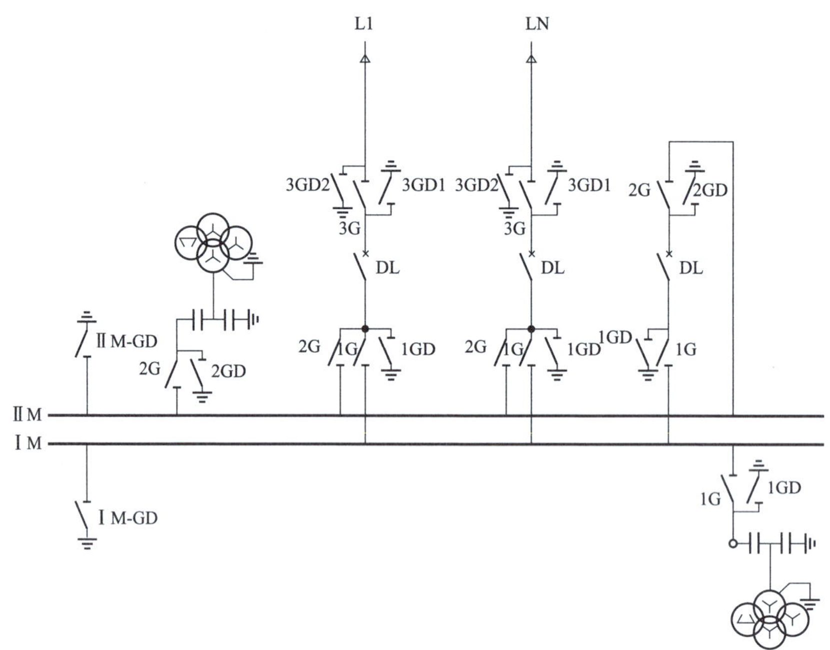

图 4-5　双母线接线图

b）正常通过母联间隔倒母时，母联开关合、母联两侧隔离开关合、本间隔另一母线隔离开关合上；

c）当母联断路器检修或异常情况下，需通过某间隔硬连接倒母操作时，某间隔正、副母隔离开关均合上、本间隔另一母线隔离开关合上；

d）当间隔硬连接需切空母线时，本间隔正、副母线隔离开关均合上、被切母线所有隔离开关均断开（电压互感器隔离开关除外）。

2）线路隔离开关。断路器断开、断路器两侧接地开关断开、线路接地开关断开。

3）变压器隔离开关。断路器断开、断路器两侧接地开关断开、变压器各侧接地开关断开。图 4-6 所示为双母线变压器接线图。

4）母联/分段隔离开关。断路器断开、断路器两侧接地开关断开、所连接母线接地开关断开。

5）电压互感器隔离开关。电压互感器接地开关断开、母线接地开关断开。图 4-7 所示为电压互感器接线图。

6）电容器（电抗器）隔离开关。电容器（电抗器）接地开关断开、断路

器断开位置、电容器（电抗器）网门关闭。

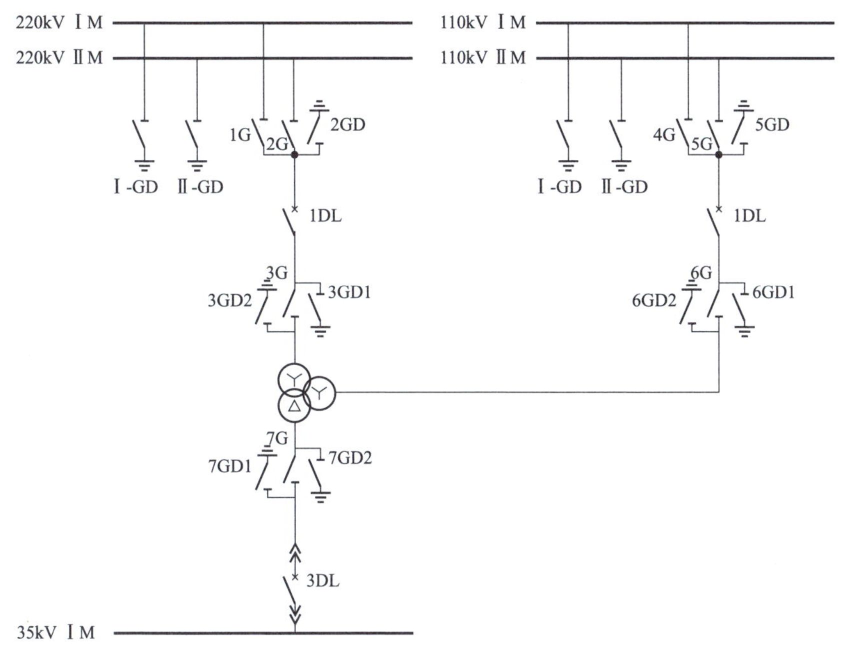

图 4-6　双母线变压器接线图

图 4-8 所示为 35kV 单母分段接线图。

（3）接地开关的防误操作闭锁逻辑。

1）母线接地开关。该母线上所有接地开关均断开。

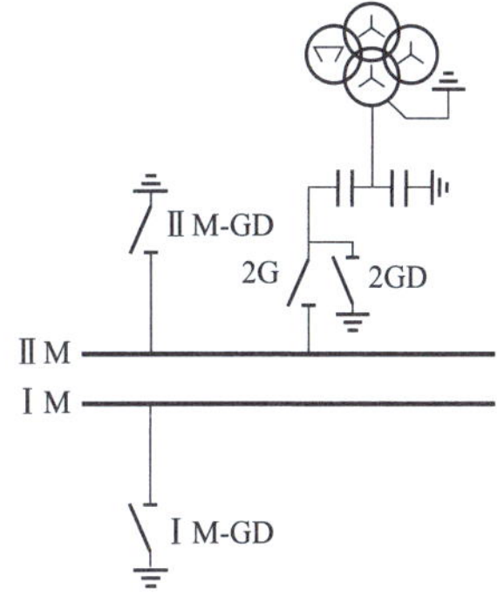

图 4-7　电压互感器接线图

2）断路器两侧接地开关。断路器两侧所有接地开关均断开。

3）线路接地开关。线路接地开关断开、本间隔线路电压互感器二次无压。若无线路电压互感器，则无需此判据。

4）变压器接地开关。各侧变压器接地开关断开（手车开关在试验位置）。

5）电压互感器接地开关。电压互感器接地开关断开。

6）电容器/电抗器/接地变压器接地开关。电容器/电抗器/接地变压器接地开关断开（无电容器/电抗器/接地变压器接地开关时，断路器手车试验位置）、电容器/电抗器/接地变压器网门关闭。

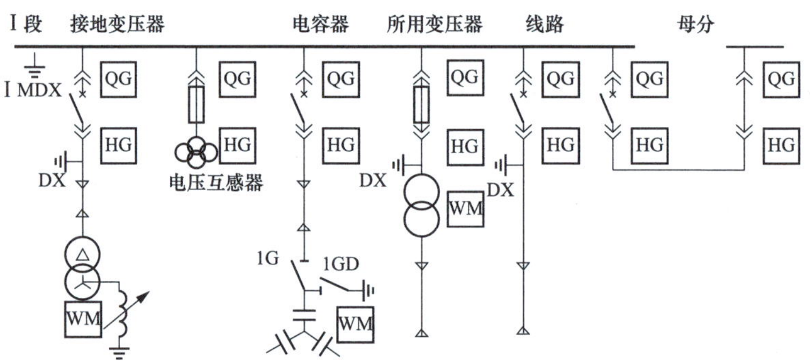

图 4-8　35kV 单母分段接线图

案例二　试验工作引起线路保护误动作

一、案例名称

220kV 某变电站试验工作引起某 220kV 线路保护误动作。

二、案例简介

2020 年 11 月 18 日，电力检修人员在 220kV 某变电站开展停电检修工作，当时运行状态为本侧 220kV 线路开关检修，对侧 220kV 线路开关运行。检修期间，发现本侧线路 C 相电流互感器内部有放电故障，需要更换电流互感器，更换后，检修人员对本侧线路 C 相电流互感器及其至开关端子箱间的二次电缆更换后开展通流试验，本侧线第一套保护通流试验正确后，继续开展本侧线路第二套保护通流工作。随即线路对侧第二套保护动作，跳开对侧 220kV 线路开关。

三、事故信息

事故的保护动作信息如图 4-9～图 4-11 所示。图 4-9 所示为对侧 220kV 线路 open3000 动作信息，可以看出对侧 220 线第二套线路保护动作。图 4-10 所示为本侧保护装置动作信息，显示为 TV 断线过流三跳。图 4-11 所示为对侧保护装置动作信息，显示为电流差动保护动作跳 C 相，时间未同步。

经分析整理，时间流程为：

	告警内容
20	2020年11月18日12时06分11秒677 变电站消防总告警信号 复归(SOE)（接收时间 2020年11月18日12时06分13秒）
21	2020年11月18日18时05分55秒663 #2主变#3低抗323开关 开关分位分闸(SOE)（接收时间 2020年11月18日18时06分01秒）
22	2020年11月18日18时05分55秒663 #2主变#3低抗323开关 开关合位合闸(SOE)（接收时间 2020年11月18日18时06分01秒）
23	2020年11月18日21时43分11秒686 线第二套线路保护动作 动作(SOE)（接收时间 2020年11月18日21时43分14秒）
24	2020年11月18日21时43分11秒780 全站事故总信号 动作(SOE)（接收时间 2020年11月18日21时43分14秒）
25	2020年11月18日21时43分11秒733 线事故信号 动作(SOE)（接收时间 2020年11月18日21时43分15秒）
26	2020年11月18日21时43分12秒704 线开关重合闸动作 动作(SOE)（接收时间 2020年11月18日21时43分17秒）
27	2020年11月18日21时43分12秒716 线事故信号 复归(SOE)（接收时间 2020年11月18日21时43分17秒）
28	2020年11月18日21时43分12秒724 线第二套线路保护重合闸动作 动作(SOE)（接收时间 2020年11月18日21时43分17秒）
29	2020年11月18日21时43分13秒067 开关 开关分位合闸(SOE)（接收时间 2020年11月18日21时43分22秒）
30	2020年11月18日21时43分13秒067 开关 开关合位分闸(SOE)（接收时间 2020年11月18日21时43分22秒）
31	2020年11月18日21时43分13秒074 线事故信号 动作(SOE)（接收时间 2020年11月18日21时43分22秒）
32	2020年11月18日21时43分36秒000 全站事故总信号 复归(SOE)（接收时间 2020年11月18日21时43分37秒）
33	2020年11月18日22时30分59秒980 线第二套线路保护重合闸动作 复归(SOE)（接收时间 2020年11月18日22时31分02秒）
34	2020年11月18日22时30分59秒989 线第二套线路保护动作 复归(SOE)（接收时间 2020年11月18日22时31分02秒）
35	2020年11月18日22时31分09秒707 线开关重合闸动作 复归(SOE)（接收时间 2020年11月18日22时31分11秒）
36	2020年11月19日04时35分08秒130 全站事故总信号 动作(SOE)（接收时间 2020年11月19日04时35分11秒）
37	2020年11月19日04时35分08秒034 第一套主保护动作 动作(SOE)（接收时间 2020年11月19日04时35分14秒）
38	2020年11月19日04时35分08秒052 开关保护动作 动作(SOE)（接收时间 2020年11月19日04时35分14秒）
39	2020年11月19日04时35分08秒076 开关事故信号 动作(SOE)（接收时间 2020年11月19日04时35分15秒）
40	2020年11月19日04时35分08秒035 第二套主保护动作 动作(SOE)（接收时间 2020年11月19日04时35分16秒）

图 4-9　对侧 220kV 线路 open3000 动作信息

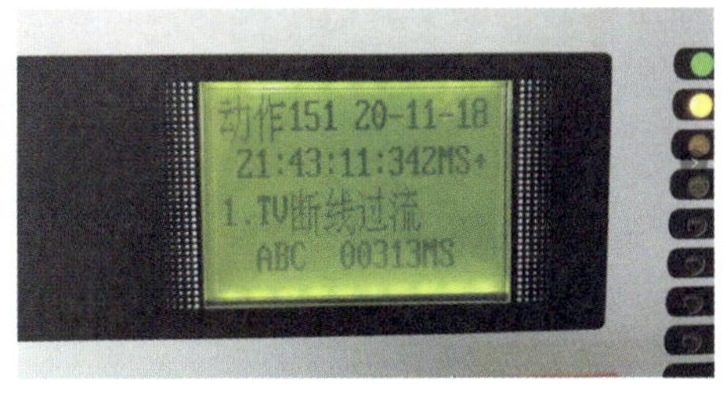

图 4-10　本侧保护装置动作信息

图 4-11　对侧保护装置动作信息

21 时 43 分 11 秒 342 毫秒，本侧线路第二套保护 TV 断线过电流动作；

21 时 43 分 11 秒 686 毫秒，对侧线路第二套差动保护动作；

21 时 43 分 11 秒 780 毫秒，线路对侧事故总信号动作；

21 时 43 分 13 秒 67 毫秒，线路对侧开关分闸。

该线路两侧的第二套保护装置均采用了南瑞继保 PCS-931 系列，该系列及六统一（功能配置统一、回路设计统一、端子排布置统一、接口标准统一、保护定值格式统一、保护报告格式统一）保护装置新增了差动联跳继电器功能。根据差动联跳逻辑，本侧任何保护元件动作，均能发联跳信号到对侧，并结合差动允许信号联跳对应相。根据现场实际动作情况分析，判断对侧第二套保护 RCS-931A 跳闸符合差动联跳逻辑，造成本次对侧 220kV 线开关跳闸。

四、原因分析

关于 RCS-931/PCS-931 系列纵联电流差动保护差动联跳逻辑的说明。

1. 阶段 1

对于每一端纵联电流差动保护，跳闸出口必须同时满足下述 3 个条件（与关系）：

（1）本侧启动元件启动。

（2）本侧差动继电器动作。

（3）收到对侧“差动动作”的允许信号。

其中，同时满足条件（1）、（2）时，本侧向对侧发送“差动动作”的允许信号，表明对侧启动元件、差动继电器也已动作。

本侧：启动元件启动，差动继电器动作，向对侧发送“差动动作”允许信号，但对侧没有给本侧发送“差动动作”允许信号。

对侧：启动元件不启动，差动继电器动作，故对侧不会向本侧发送“差动动作”允许信号，但会收到本侧发送的“差动动作”允许信号。

结果：本侧缺条件（3），对侧缺条件（1），故两侧纵联电流差动保护均不出口跳闸。

2. 阶段 2

差动联跳功能逻辑如图 4-12 所示，为防止长距离输电线路出口经高阻接地时，近故障侧保护能立即启动，而远故障侧可能因为故障量不明显不能启动，差动保护不能快速动作。针对这种情况，RCS-931/PCS-931 设有差动联跳继电器，本侧任何保护动作元件动作（如距离保护、零序保护等）后立即发对应相联跳信号给对侧，对侧收到联跳信号后，启动保护装置，并结合差动允许信号联跳对应相。

本侧 TV 断线相过电流/零序过电流动作，向对侧发送三跳命令（联跳信号）。

3. 阶段 3

对侧收到本侧联跳信号后，启动保护装置，3 个条件满足，纵联电流差动保护出口跳闸，同时向本侧发送“差动保护”允许信号。

4. 阶段 4

本侧收到对侧的“差动保护”允许信号，3 个条件满足，纵联电流差动保

护出口跳闸。

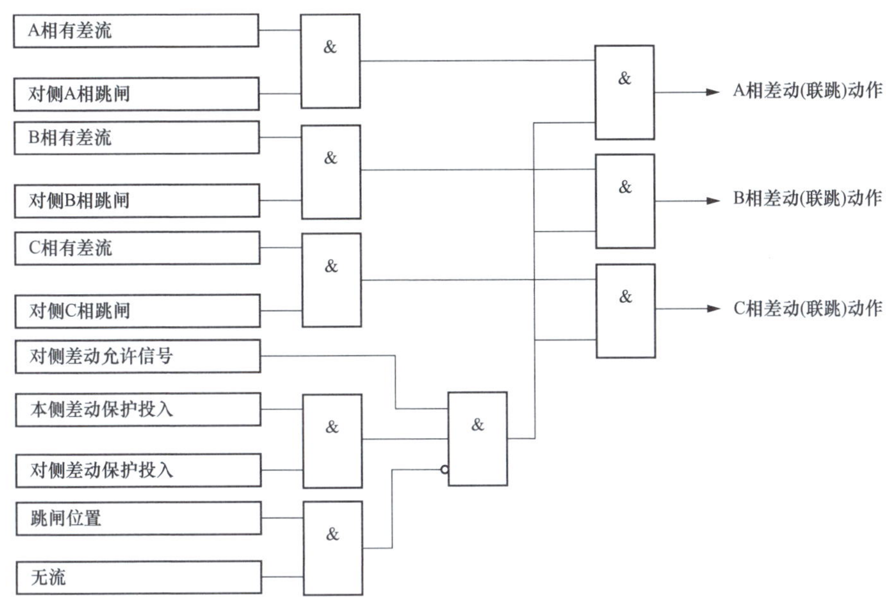

图 4-12　差动联跳功能逻辑图

本侧保护动作报文如图 4-13 所示。

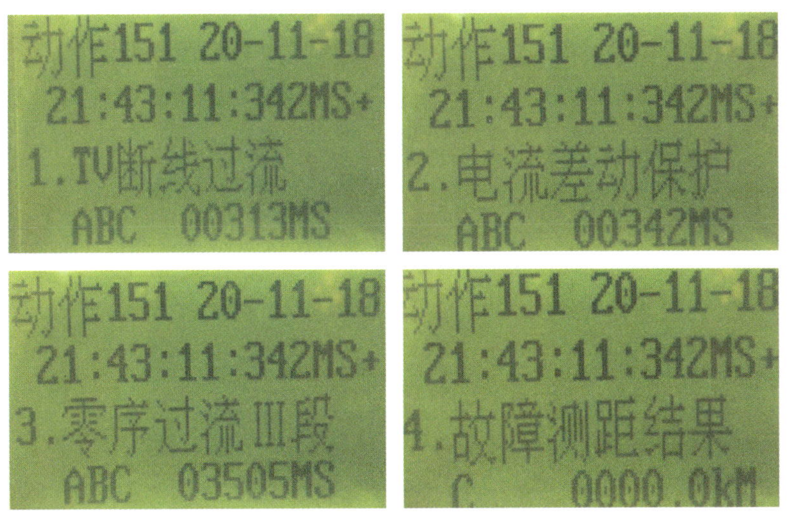

图 4-13　本侧保护动作报文

对侧保护动作报文如图 4-14 所示。

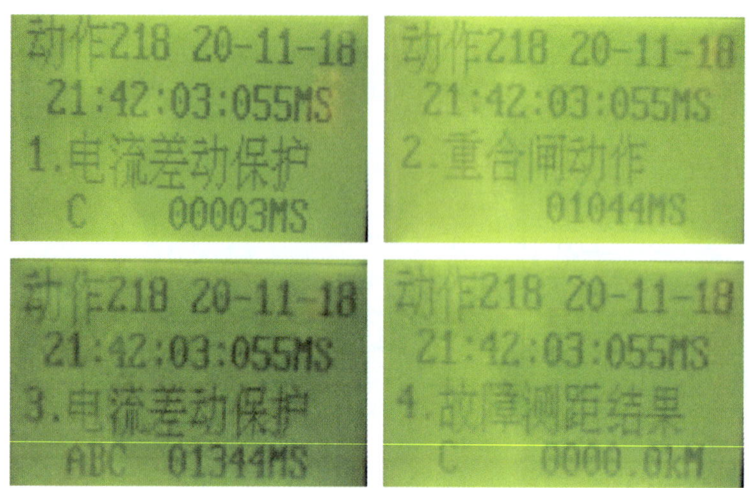

图 4-14　对侧保护动作报文

五、知识点拓展

（一）其他相关问题说明

（1）为什么纵联电流差动必须要接收到对侧“差动动作”的允许信号才能出口跳闸？

这是为了防止正常运行时当输电线路一端 TA 断线时差动保护误动。当本线路内部短路时，两端的启动元件都是动作的，但一端 TA 断线时，TA 未断线侧的启动元件是不启动的，只有 TA 断线一端的启动元件可能启动。因此，采用只有两端启动元件都启动，两侧差动继电器都动作的情况下，纵联电流差动保护才能发跳闸命令的措施，就可以避免正常运行下 TA 断线的误动。

（2）启动元件有哪些？

RCS-931 和 PCS-931 中的启动元件包括电流变化量启动、零序过流元件启动、位置不对应启动、低电压或远跳启动。注意区别远跳启动和联跳启动。

1）装置总启动元件。启动元件的主体以反映相间工频变化量的过流继电器实现，同时又配以反映全电流的零序过流继电器互相补充。反映工频变化量的启动元件采用浮动门坎，正常运行及系统振荡时，变化量的不平衡输出均自动构成自适应式的门坎，浮动门坎始终略高于不平衡输出。在正常运行时由于不平衡分量很小，装置有很高的灵敏度，当系统振荡时，自动抬高浮动门坎而

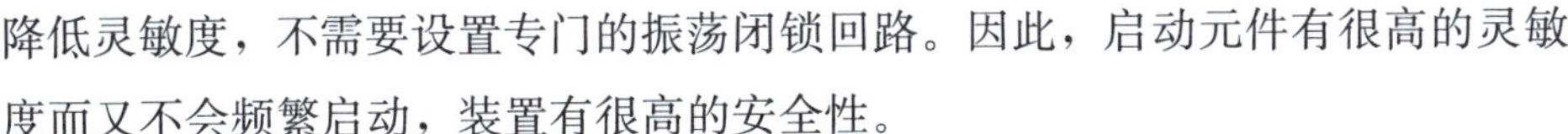

降低灵敏度，不需要设置专门的振荡闭锁回路。因此，启动元件有很高的灵敏度而又不会频繁启动，装置有很高的安全性。

2）电流变化量启动

$$\Delta I_{\Phi\Phi MAX} > 1.25\Delta I_{T} + \Delta I_{ZD}$$

式中：$\Delta I_{\Phi\Phi MAX}$ 为相间电流的半波积分的最大值；ΔI_{T} 为浮动门坎，随着变化量的变化而自动调整，取 1.25 倍可保证门坎始终略高于不平衡输出；ΔI_{ZD} 为可整定的固定门坎。

该元件动作并展宽 7 秒后，开放出口继电器正电源。

3）零序过流元件启动。当外接和自产零序电流均大于整定值时，零序启动元件动作并展宽 7 秒后，开放出口继电器正电源。

4）位置不对应启动。这部分启动由用户选择投入，条件满足总启动元件动作并展宽 15 秒后，开放出口继电器正电源。

5）纵联差动或远跳启动当弱电侧经低电压闭锁的纵联差动元件动作，且收到对侧差动保护允许跳闸信号时，开放出口继电器正电源 7 秒。

当本侧收到对侧的远跳信号且定值中“不经本侧启动控制”置为“经本本侧启动控制”时，开放出口继电器正电源 500 毫秒。

6）保护启动元件。保护启动元件与总启动元件一致。

（3）Q/GDW 1161—2014《线路保护及辅助装置标准化设计规范》5.2.2.a 明确规定：差动电流不能作为装置的启动元件。

纵联电流差动保护技术原则之一：纵联电流差动保护两侧启动元件和本侧差动元件同时动作才允许差动保护出口。线路两侧的纵联电流差动保护装置均应设置本侧独立的电流启动元件，必要时可用交流电压量和跳闸位置触电等作为辅助启动元件，但应考虑 TV 断线时对辅助启动元件的影响，差动电流不能作为装置的启动元件。

（4）设置低电压启动元件的作用及其启动条件。

当输电线路有一端背后为小电源或无电源时该端称为弱电端。以该端背后既无电源又无中性点接地的变压器单侧电源线路上在空载（轻载）情况下发生内部短路为例，叙述纵联电流差动保护拒动的原因和应采取的措施。发生短路后，弱电端由于三相电流都为 0 且无电流的突变，故启动元件不启动。于是无法向对端发“差动动作”的允许信号，因此造成电源侧的纵差保护因收不到允许信号而无法跳闸。为解决此问题，在纵联电流差动保护中除了两相电流差突变量启动元件、零序电流启动元件和不对应启动元件外，增加了一个低压差流启动元件。该启动元件的启动条件为：①差流元件动作，这里的差流元件即发“长期有差流”告警信号的差流元件；②差流元件的动作相或动作相间的电压小于0.6倍的额定电压；③收到对端的“差动动作”的允许信号。同时满足上述三个条件，该启动元件启动。

增加低压差流启动元件后再发生上述短路时，对于弱电端，尽管三相电流均为0，但电源侧有短路电流，所以弱电端的差流元件可以动作，满足第一个条件。因为差流元件的动作相或动作相间是故障相或是两个故障相间，而弱电端三相电流都为0，弱电端保护安装处到短路点之间线路上的压降为零，所以弱电端测量到的故障相或者故障相间的电压就是短路点的相应电压，这个电压是较低的，所以第二个条件满足。这第二个条件实际上说明线路上发生了短路。电源侧由于启动元件和差动继电器是动作的，所以可向弱电端发“差动动作”的允许信号，故而弱电端第三个条件也能满足，于是弱电端的“低压差流启动元件”启动。

（5）远跳启动的作用（注意区别远跳启动和联跳启动）。

保护动作启动“远跳”信号的作用：

1）母线保护动作、失灵保护动作启动“远跳”。这是为了解决在断路器与电流互感器之同发生故障时电流差动保护存在的问题。该故障对电流差动保护来说是外部短路，差动保护是不动作的。该故障本端母线保护可动作跳本端断路器，但本端断路器跳闸后，对端电流差动保护仍然不能动作。为了让对端保护能快速切除故障，可将本端母线保护动作的触点接在电流差动保护装置的“远跳”端子上，保护装置发现该端子的输入触点闭合后立即向对端发“远跳”信号。本端接收到该信号后再经（或不经）启动元件动作作为就地判据发三相跳闸命令并闭锁重合闸（注意：在3/2接线方式中母线保护动作是不允许发“远跳”信号的，因为在母线上故障，母线保护动作跳开边断路器后中断路器还可以继续带线路运行），此时，断路器与电流互感器之间若发生故障由母线保护启动失灵保护，失灵保护动作后启动“远跳”跳对端断路器。

2）保护动作发分相“远跳”信号。本装置任何保护在发跳闸命令的同时向对端发分相跳闸信号，对端接收到该信号后再经高灵敏度的分相差流元件动

作确认后分相跳闸，这样有利于对端发跳闸命令。

（二）220kV 线路保护光差保护通道联调相关要点

1. 通道类型

（1）复用光纤通道。纵联保护与其他通信设备复用光纤通道。保护装置发出的信号需经音频或光纤接口传送给复用设备，然后传至光纤通道。优点是接线简单，提高了光纤的利用率；缺点是中间环节增加，且转接设备在通信室，通道故障需要查多个中间环节。

（2）专用光纤通道。专用光纤通道与纵联保护配合，组成专用光纤纵联保护，如图 4-15 所示。其优点是避免了与其他装置的联系，信号传输环节少，可靠性高；缺点是与复用光纤相比光芯利用率低，保护人员需要自行维护通道设备。

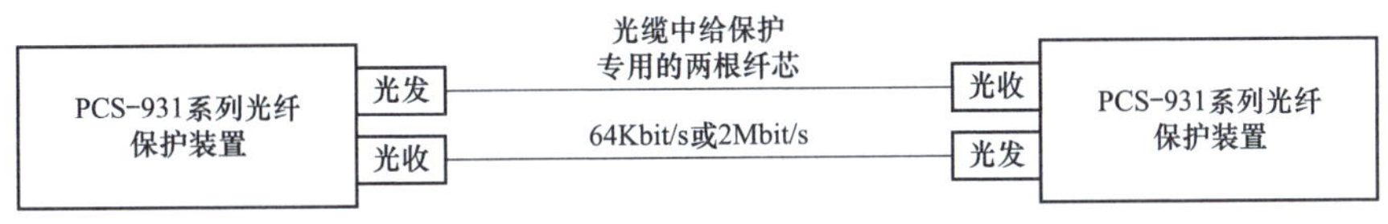

图 4-15　专用光纤方式下的保护连接方式

（3）复用与专用载波通道。载波通道由高压输电线及其加工和连接设备（阻波器、结合电容器及高频收发信机）等组成，如图 4-16 和图 4-17 所示。其缺点是线路发生故障时，通道可能遭到破坏（高频信号衰弱增大）。

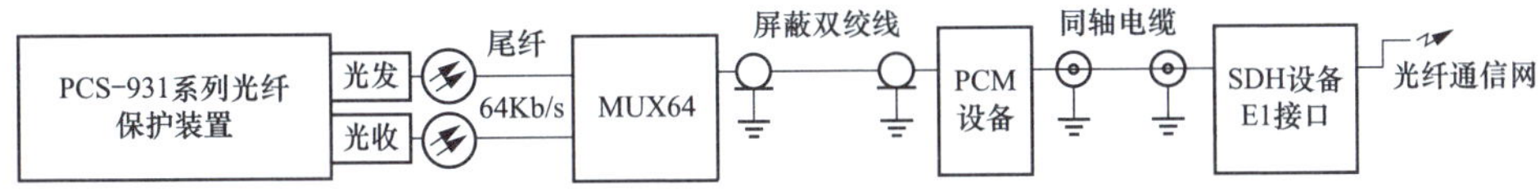

图 4-16　64kbit/s 复用的连接方式

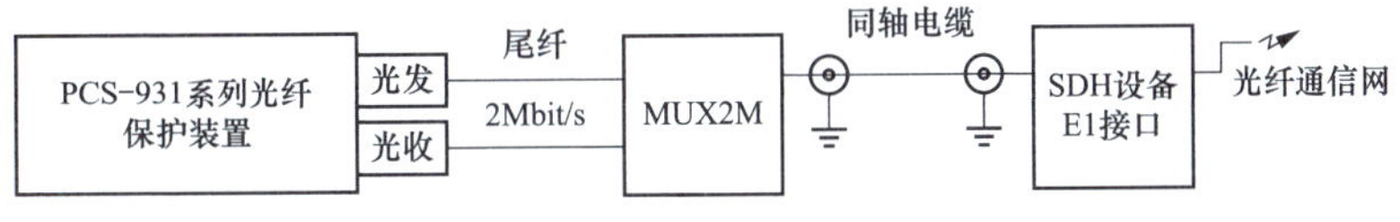

图 4-17　2Mbit/s 复用的连接方式

2. 技术要点

光纤通道联调前，使用光功率计测量光纤通道衰耗，确保光纤通道畅通；确认相关控制字、通道识别码和光纤接口应设置正确。

光纤通道联调前，核对两侧保护版本号是否一致。

光纤通道中传输信号为电流一次值，因此保护装置中 TA 变比应设置正确。

光纤通道联调前，确保本侧装置的开关出口传动试验正确。

3. 安全注意事项

申请一次系统状态为相应间隔的开关及其线路改检修。

退出保护装置上启母线失灵压硬压板，并用胶布封好。

开关传动之前告知现场人员，防止人员受惊吓。

防止电压回路反送电，做好两层隔离。

如保护电流回路后串接故障录波器等回路，需短接电流回路，防止加量时通入其余回路。

4. 工作流程

（1）工作许可，确认一次系统状态为所申请的开关及线路改检修状态。

（2）记录空气开关、压板和定值区等原始状态，如有需要，用短接线隔离电流回路的外部线防止电流通入其他装置，并详细填写二次工作安全措施票。布置二次安措过程中，一人实施，一人记录，不允许单独作业。

（3）测量光纤通道发信功率和收信功率。

（4）与对侧人员联系，确认两侧状态满足联调条件后，搭设试验装置，将两侧的跳闸出口硬压板退出，进行逻辑功能试验。

1）模拟量传输试验：

a）本侧保护装置三相加不同的电流值及三相额定电流值；

b）对侧根据两边的 TA 变比计算出理论二次值，与对侧保护装置中的相电流与差动电流对比。

2）远方跳闸功能：

a）两侧开关合位，将对侧保护装置“远跳经就地控制”控制字置 1；

b）短接本侧保护装置的远跳开入信号；

c）对侧保护装置加大于启动定值但小于差动动作定值的电流值；

d）对侧保护在启动后远方跳闸动作出口。

3）纵联电流差动保护及相关定值校验：

a）本侧保护装置加大于差动定值的电流值；

b）对侧保护装置加大于启动定值的电流值；

c）两侧纵联差动保护动作。

4）模拟线路空充时发生故障：

a）本侧开关分位；

b）对侧开关合位，对侧加大于差动定值的电流值；

c）对侧差动保护动作，本侧不动作。

5）模拟弱馈元件功能：

a）两侧开关合位本侧（弱馈）加正常额定电压，对侧模拟大于差动定值的故障电流及降低故障相电压，保护不动作，随后本侧相电压降低至小于37.5V，此时两侧差动保护动作。

b）弱馈启动元件，在纵联电流差动保护中，用于弱馈侧和高阻故障的辅助启动元件，同时满足两个条件时动作：

① 对侧保护装置启动；

② 以下条件满足任一个：任一侧相电压或相间电压小于65%额定电压；任一侧零序电压或零序电压突变量大于1V。

6）纵差联跳功能：

a）两侧开关合位，对侧保护加正常额定电压，本侧保护加量使后备保护动作，本侧向对侧保护发联跳信号，对侧保护收到该信号后差动保护动作。

b）差动联跳继电器，为防止长距离输电线路出口经高阻接地时，近故障侧保护能立即启动，但由于助增的影响，远故障侧因为可能故障量不明显而不能启动，差动保护不能快速动作。针对这种情况，PCS-931设有差动联跳继电器，本侧任何保护动作元件动作（如距离保护、零序保护等）后，立即发对应相联调信号给对侧，对侧收到联跳信号后，启动保护装置，并结合差动允许信号联跳对应相。

（5）由于两侧保护逻辑相同，对侧保护重复上述步骤（4），确保通道联调正确。

（6）将两侧跳闸出口硬压板投入，使两侧保护纵联差动动作，验证两侧保护实际带开关出口传动。

（7）根据所填二次工作安全措施票恢复安全措施。

（8）工作终结、移交。

案例三 主变压器电流极性接反引起主变压器保护拒动

一、案例名称

110kV 某变电站主变压器电流极性接反引起主变压器保护拒动。

二、案例简介

110kV 变电站电容器本体着火时，电容器保护装置的限时电流速断、定时限过流保护均动作，但保护未成功出口。由于主变压器低后备保护也未动作，导致故障越级跳闸，造成对侧 220kV 变电站线路保护出口。

三、事故信息

1. 一次设备状况检查

故障后，现场检查电容器本体严重烧灼，线路及主变压器一次设备正常。

2. 二次信息检查

电容器保护装置（型号 ISA-359G）保护启动但未出口：故障后，对电容器开关进行传动试验时发现该保护启动同样未出口，经检查发现该保护装置中厂家参数设置里的跳闸矩阵未投入，导致该保护启动后未出口。

主变压器低后备保护未启动：主变压器第一、二套保护装置型号均为 PRS-778T1-DA-G，现场定值单如图 4-18 和图 4-19 所示，主变压器保护定值正确，主变压器 10kV 复压闭锁Ⅰ段 2 时限保护投入，1.8 秒跳开 2 号主变压器 10kV Ⅱ甲、乙开关及闭锁 10kV Ⅰ、Ⅱ段母分备自投，且复压过电流带方向且方向指向母线。

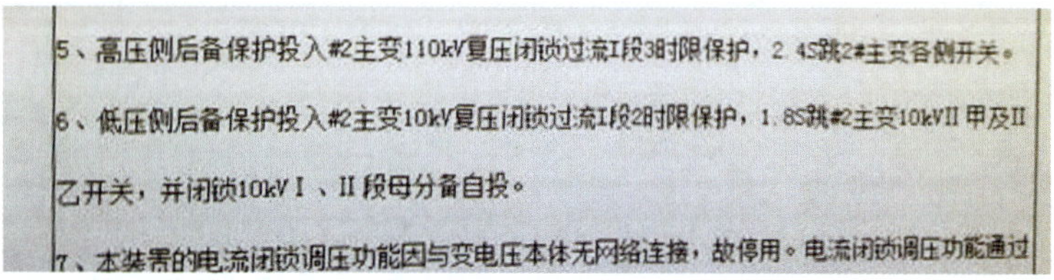

5、高压侧后备保护投入#2主变110kV复压闭锁过流I段3时限保护，2.4S跳2#主变各侧开关。

6、低压侧后备保护投入#2主变10kV复压闭锁过流I段2时限保护，1.8S跳#2主变10kVII 甲及II乙开关，并闭锁10kV I 、II 段母分备自投。

7、本装置的电流闭锁调压功能因与变电压本体无网络连接，故停用。电流闭锁调压功能通过

图 4-18 定值单说明

低压1分支后备保护控制字					
复压闭锁过流保护	1	复压过流Ⅰ段带方向	0，1		1
	2	复压过流Ⅰ段指向母线	0，1	"1"代表指向母线 "0"代表指向变压器	1
	3	复压过流Ⅰ段经复压闭锁	0，1		1
	4	复压过流Ⅱ段带方向	0，1		0
	5	复压过流Ⅱ段指向母线	0，1		0
	6	复压过流Ⅱ段经复压闭锁	0，1		0
	7	复压过流Ⅲ段经复压闭锁	0，1		0
	8	经其它侧复压闭锁	0，1	"1"代表经各侧复压闭锁 "0"代表经本侧复压闭锁	1
	9	复压过流Ⅰ段1时限	0，1		0
	10	复压过流Ⅰ段2时限	0，1		1
	11	复压过流Ⅰ段3时限	0，1		0

图 4-19　定值单控制字

现场检查发现，高压侧电流与低压侧电流的极性存在问题，导致故障时并未出现在动作区域，方向元件未开放，保护未启动。主变压器两侧电流电压信息如图 4-20 所示。

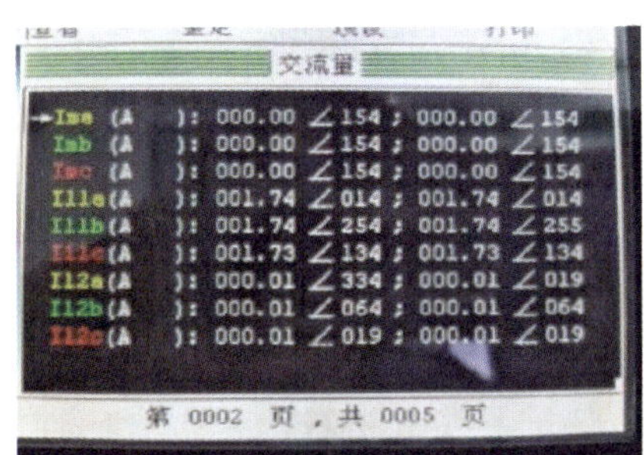

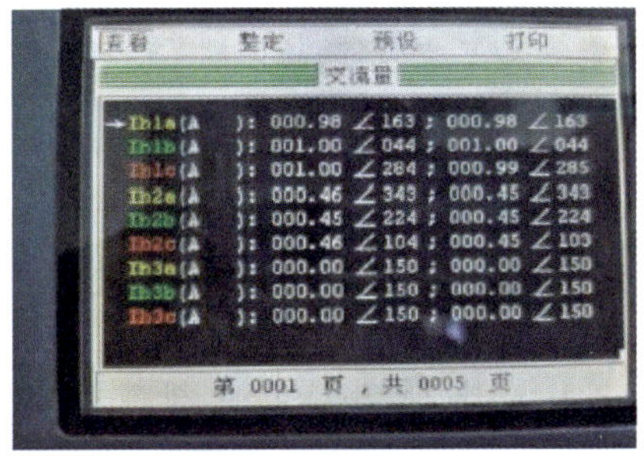

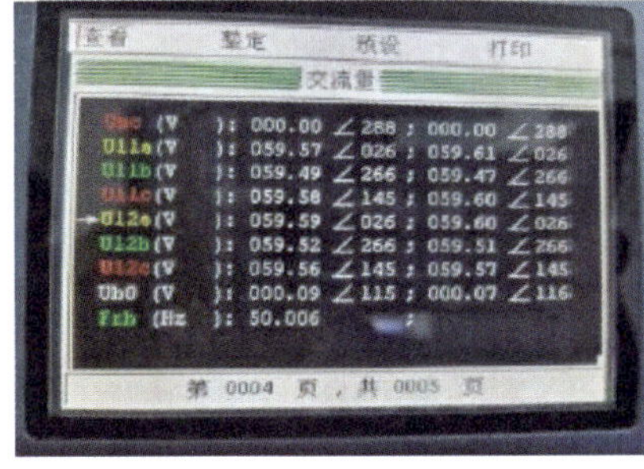

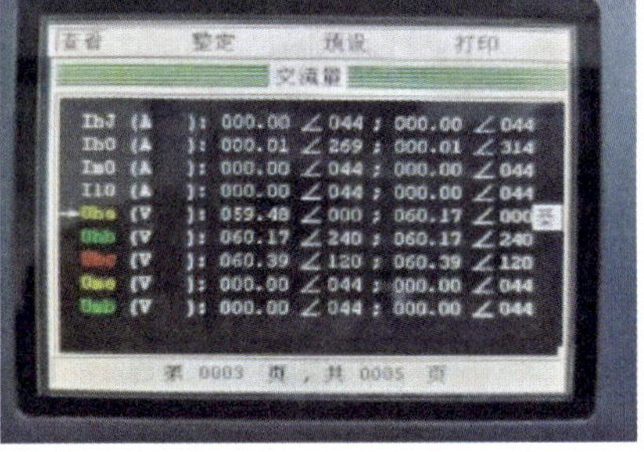

图 4-20　主变压器的低压侧电流、高压侧电流、低压侧电压、高电侧电压

四、原因分析

1. 电容器保护跳闸矩阵设置错误导致变压器低后备动作

由于电容器保护跳闸矩阵设置错误，导致在电容器故障时，保护虽然启动但未出口，使得故障进一步扩大，导致上级保护变压器低后备保护动作。

2. 主变压器高低侧电流互感器极性接反导致越级跳闸

由于电容器保护未出口，应该由远后备保护即变压器低压侧后备保护跳开变压器低压侧开关切除故障，但是由于低压侧极性接反导致主变压器低后备保护未能正确动作，最终导致故障进一步扩大，使得对侧 220kV 变电站线路保护动作跳闸。

（1）电流互感器极性定义。变电站的电流互感器一般采用减极性的安装形式，即一次电流从极性端流入，二次电流从极性端流出。如图 4-21 所示，p1 和 s1 分别为变压器一次和二次的极性端。当以母线流向变压器为正方向时，一次电流从 p1 流进，从 p2 流出；二次侧电流从 s1 流出，从 s2 流进。

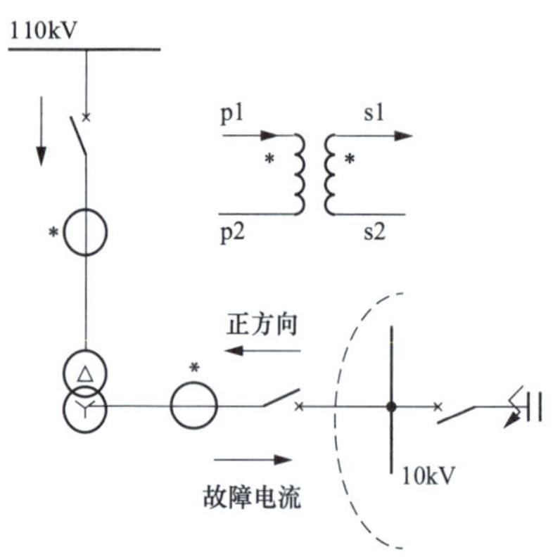

图 4-21　电流互感器电流极性示意图

（2）电流互感器二次接线。电流互感器保护绕组的二次接线形式如图 4-22 所示。三相绕组的极性端 s_{A1}、s_{B1}、s_{C1} 接入保护装置，非极性端短接在一起接入保护装置。对于主变压器，其三侧的二次电流需要在同一点接地，因此接地点在继保室保护屏柜内。根据图和图，保护装置的电流和母线侧流向线路（变压器）侧的相位相同。对于带方向性的保护，二次电流的极性接入是否正确，将直接影响到保护能否正确动作。下面以本案例中的低压侧复压闭锁方向过流保护为例详细说明。

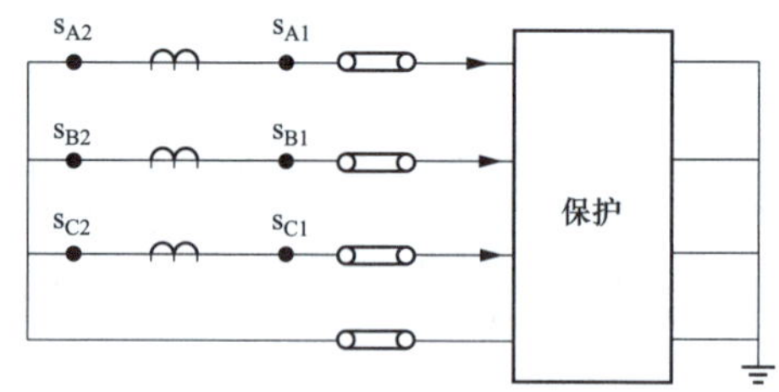

图 4-22　保护绕组的电流回路图

（3）变压器低后备保护拒动。变压器低后备保护复压闭锁过电流保护作为下一级母线、引出线的远后备保护，其保护范围应该是图的虚线右侧。当引出线（电容器）发生故障时，电流流向故障点，以母线指向变压器为正方向，则可以得到故障相的电流电压相量图，如图 4-23 所示，流向故障点的电流为 I_a^*（变压器侧流向母线侧的电流），母线电压为 U_a，保护装置电流即二次侧的电流

为 I_a（母线侧流向变压器侧的电流），其中 I_a^* 与 I_a 方向相反，由于故障时故障阻抗为感性阻抗，此时流向故障点的电流滞后电压一个阻抗角，该角度各个厂家设定有所不同。以保护装置 PRS-778T1-DA-G 为例，灵敏角为 45°，并采用 90°接线方式。保护动作区为 I_a 滞后 U_{bc} [45°，135°]，则保护动作，即复压过电流带方向且方向指向母线的情况。

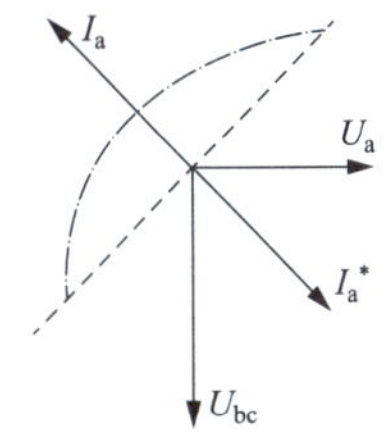

图 4-23　方向指向母线时的电压电流相量图

此时，如果母线侧或出线侧出线故障而出线侧保护未能正确动作，主变压器低后备保护的故障电流会处于动作区内，则主变压器低后备保护能及时动作切除故障点。然而，由于该变电站的电流互感器接线错误，使得故障发生时，低后备保护的二次侧电流为 I_a^*，此时故障电流不在动作区内，则低压侧复压方向过电流无法动作，最终导致对侧 220kV 变电站 110kV 线路跳闸。

而且，由于该变电站高压侧电流互感器也接反，导致正常情况下，主变压器差流同样为 0，差动保护不会启动。

五、防范措施

(1) 针对电流极性接反的隐患，现场检验时可通过观察保护装置当中的保护交流量，对比各侧每一相电流电压的相角差（高压侧小角度、低压侧大角度），分析极性是否正确；也可通过带负荷测试仪对进入保护装置的电压电流进行带负荷测试，检查电流电压相位分布情况是否正确。

(2) 各单位需加强现场检修人员的技能培训，要求现场人员对保护装置进行校验时不留死角，且班组技术人员需加强对带负荷试验报告的审核。

六、知识点拓展

1. 电流互感器极性接反对变压器保护动作特性影响

(1) 高压侧低压侧三相电流极性均接反。本案例中，高压侧电流互感器与低压侧电流互感器极性均接反，该情况下主变压器的差动保护能够正常运行，但是后备保护无法正确动作，在正确动作区可能拒动。考虑反方向故障时流过变压器低压侧电流互感器的电流，根据图，此时的电压电流相量图如图 4-24 所示。

可以发现，当反方向故障时，电流处于动作区内，因此可以进一步得出结

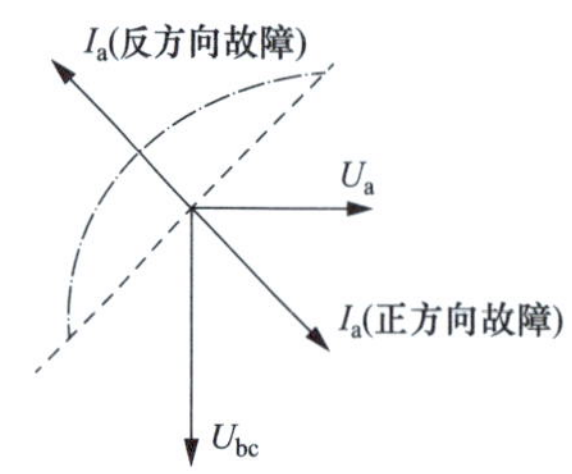

图 4-24　反方向故障电流电压相量图

论：当高低压侧电流极性均接反时，差动保护不会动作，而低压侧后备和高压侧后备（复压过流方向保护和零序方向过流保护）均会在正确动作区拒动，在反方向误动。

（2）高压侧电流互感器极性接反。首先考虑变压器复压过流方向保护，该情况与两侧电流互感器均接反时相同，极性接反的高压侧会出现该侧后备保护在区内拒动，在区外误动。

对于零序方向过电流保护，需要考虑保护采用的是自产零序还是外接零序。当采用外接零序时，三相电流相序是否接反不会影响零序方向过电流保护的正确动作；当采用自产零序时，三相电流极性均接反时，零序电流将反向，也会出现后备保护在区内拒动，在区外误动。

当只有一相或者两相电流极性接反时，考虑出现单相接地故障时的情况，此时三相电流中的零序分量相同，当不考虑负荷电流时，则自产零序电流将变为

$$I_{01}=\frac{I_0}{3},\qquad I_{02}=-\frac{I_0}{3} \tag{4-1}$$

式中：I_{01} 为单相电流互感器极性接反时的自产零序电流，则此时零序电流大小变为实际零序电流的 1/3，方向不变；I_{02} 为两相电流互感器极性接反时的自产零序电流，则此时零序电流大小变为实际零序电流的 1/3，方向反向。

可知，当出现单相极性接反时，动作区不变，但零序方向过电流保护灵敏度降低，只有零序电流达到保护动作值的三倍时保护才会动作；当出现两相极性接反时，电流反向导致动作区反向，保护在区内拒动，在区外误动，同时灵敏度下降，只有零序电流达到保护动作值的三倍时保护才会动作。

当只有单侧的电流互感器极性接反时，正常运行情况下，流过主变压器的差流不会为 0。此时，单相、多相极性接反会出现不同的现象。当高压侧单相电流接反时，特别是由于在微机型电流差动保护中存在电流转角模块，不同的接线模式也会对差动保护产生影响，因此需要考虑变压器高低压侧的接线形式。下面以 $Y_0/\triangle-11$ 变压器为例，当微机保护选择高压侧转角模式，高低压侧电流平衡，单相极性接反和多相极性接反时的两侧转角后电流为：

1）高压侧电流互感器 A 相极性接反

$$I_{ah}=\frac{-I_{aY}-I_{bY}}{\sqrt{3}}\quad I_{bh}=\frac{I_{bY}-I_{cY}}{\sqrt{3}}\quad I_{ch}=\frac{I_{cY}+I_{aY}}{\sqrt{3}}$$

$$I_{al}=I_{a\Delta}=-\frac{I_{aY}-I_{bY}}{\sqrt{3}}\quad I_{bl}=I_{b\Delta}=-\frac{I_{bY}-I_{cY}}{\sqrt{3}}\quad I_{cl}=I_{c\Delta}=-\frac{I_{cY}-I_{aY}}{\sqrt{3}} \tag{4-2}$$

2）高压侧电流互感器 AB 相极性接反

$$I_{ah}=\frac{-I_{aY}+I_{bY}}{\sqrt{3}}\quad I_{bh}=\frac{-I_{bY}-I_{cY}}{\sqrt{3}}\quad I_{ch}=\frac{I_{cY}+I_{aY}}{\sqrt{3}}$$

$$I_{al}=I_{a\Delta}=-\frac{I_{aY}-I_{bY}}{\sqrt{3}}\quad I_{bl}=I_{b\Delta}=-\frac{I_{bY}-I_{cY}}{\sqrt{3}}\quad I_{cl}=I_{c\Delta}=-\frac{I_{cY}-I_{aY}}{\sqrt{3}} \tag{4-3}$$

3）高压侧电流互感器 ABC 相极性接反

$$I_{ah}=\frac{-I_{aY}+I_{bY}}{\sqrt{3}}\quad I_{bh}=\frac{-I_{bY}+I_{cY}}{\sqrt{3}}\quad I_{ch}=\frac{-I_{cY}+I_{aY}}{\sqrt{3}}$$

$$I_{al}=I_{a\Delta}=-\frac{I_{aY}-I_{bY}}{\sqrt{3}}\quad I_{bl}=I_{b\Delta}=-\frac{I_{bY}-I_{cY}}{\sqrt{3}}\quad I_{cl}=I_{c\Delta}=-\frac{I_{cY}-I_{aY}}{\sqrt{3}} \tag{4-4}$$

式中：I_{iY} 为以母线指向变压器为方向的变压器高压侧二次侧电流（$i=a$，b，c）；I_{ih} 为微机保护转角后的高压侧二次侧电流；$I_{i\triangle}$ 为以母线指向变压器为方向的变压器低压侧二次侧电流；I_{il} 为微机保护转角后的低压侧二次侧电流。注：所有电流均为标幺值。

根据式（4-2）～式（4-44），不同接线错误时主变压器在电流平衡时的差流为

$$\begin{cases}I_{ad}=\dfrac{-2I_{aY}}{\sqrt{3}}\\ I_{bd}=0\\ I_{cd}=\dfrac{2I_{aY}}{\sqrt{3}}\end{cases}\quad\begin{cases}I_{ad}=\dfrac{-2I_{aY}+2I_{bY}}{\sqrt{3}}\\ I_{bd}=\dfrac{-2I_{bY}}{\sqrt{3}}\\ I_{cd}=\dfrac{2I_{aY}}{\sqrt{3}}\end{cases}\quad\begin{cases}I_{ad}=\dfrac{-2I_{aY}+2I_{bY}}{\sqrt{3}}\\ I_{bd}=\dfrac{-2I_{bY}+2I_{cY}}{\sqrt{3}}\\ I_{cd}=\dfrac{-2I_{cY}+2I_{bY}}{\sqrt{3}}\end{cases} \tag{4-5}$$

当高压侧单相电流互感器极性接反时，高压侧电流互感器二次回路某一相

极性接反时，微机转角后的该相差流和超前相差流增大为相电流的 $2/\sqrt{3}$ 倍，滞后相差电流不变；当高压侧电流互感器二次回路某两相极性接反时，该两相中的超前相差电流增大为相电流的 2 倍，两相中的滞后相和接法正确相差电流增大为相电流的 $2/\sqrt{3}$ 倍；当三相极性都接反时，三相差电流值都相等，增大为相电流的 2 倍。

（3）低压侧电流互感器极性接反。对于△接法的变压器低压侧没有零序方向过流保护，因此不考虑该保护动作情况。对于复压方向过流保护而言，低压侧电流互感器极性接反时分析方法和同样会导致该侧的保护在反方向误动，在正方向拒动。

同样以 $Y_0/\triangle$-11 变压器为例，当微机保护选择高压侧转角模式，高低压侧电流平衡，单相极性接反和多相极性接反时的两侧转角后电流为：

1）低压侧电流互感器 A 相极性接反

$$\begin{aligned}&I_{ah}=\frac{I_{aY}-I_{bY}}{\sqrt{3}}=-I_{a\Delta}\quad I_{bh}=\frac{I_{bY}-I_{cY}}{\sqrt{3}}=-I_{b\Delta}\quad I_{ch}=\frac{I_{cY}-I_{aY}}{\sqrt{3}}=-I_{c\Delta}\\&I_{al}=-I_{a\Delta}\qquad I_{bl}=I_{b\Delta}\qquad I_{cl}=I_{c\Delta}\end{aligned}\tag{4-6}$$

2）低压侧电流互感器 AB 相极性接反

$$\begin{aligned}&I_{ah}=\frac{I_{aY}-I_{bY}}{\sqrt{3}}=-I_{a\Delta}\quad I_{bh}=\frac{I_{bY}-I_{cY}}{\sqrt{3}}=-I_{b\Delta}\quad I_{ch}=\frac{I_{cY}-I_{aY}}{\sqrt{3}}=-I_{c\Delta}\\&I_{al}=-I_{a\Delta}\qquad I_{bl}=-I_{b\Delta}\qquad I_{cl}=I_{c\Delta}\end{aligned}\tag{4-7}$$

3）低压侧电流互感器 ABC 相极性接反

$$\begin{aligned}&I_{ah}=\frac{I_{aY}-I_{bY}}{\sqrt{3}}=-I_{a\Delta}\quad I_{bh}=\frac{I_{bY}-I_{cY}}{\sqrt{3}}=-I_{b\Delta}\quad I_{ch}=\frac{I_{cY}-I_{aY}}{\sqrt{3}}=-I_{c\Delta}\\&I_{al}=-I_{a\Delta}\qquad I_{bl}=-I_{b\Delta}\qquad I_{cl}=-I_{c\Delta}\end{aligned}\tag{4-8}$$

根据式（4-6）～式（4-8），不同接线错误时主变压器在电流平衡时的差流为

$$\begin{cases}I_{ad}=-2I_{a\Delta}\\I_{bd}=0\\I_{cd}=0\end{cases}\quad\begin{cases}I_{ad}=-2I_{a\Delta}\\I_{bd}=-2I_{b\Delta}\\I_{cd}=0\end{cases}\quad\begin{cases}I_{ad}=-2I_{a\Delta}\\I_{bd}=-2I_{b\Delta}\\I_{cd}=-2I_{c\Delta}\end{cases}\tag{4-9}$$

可知当高压侧单相电流互感器极性接反时，若高压侧电流互感器二次回路某一相极性接反，微机转角后的该相差流和超前相差流增大为相电流的 2 倍，其余相差电流不变。

根据上述分析可知，无论是高压侧还是低压侧，电流互感器极性接反都会导致在平衡时出现差流，而高压侧由于进行了转角计算，其单相极性接反时，也会在其余相产生差流且差流幅值相对低压侧电流极性接反反而更小。

2. 电流互感器极性处理

（1）电流互感器极性与负荷相量的关系。如图 4-21 和图 4-22 所示，一般测量二次电流方向以 s_1 引出为正方向，一般约定负荷从母线流出并从电流互感器极性端流向支路为负荷的正方向，负荷从非极性端流向母线为反方向，则测得的负荷相量反映了负荷的实际情况。例如，220kV 主变压器低压母线带电容器支路运行，如果电流互感器一次极性端 p_1 靠母线侧，则二次电流从二次极端 s_1 流出，相量关系为电流超前电压 90°，负荷特征为电容器的容性特征，如果电流互感器一次极性端 p_1 靠电容器侧，则二次电流从二次非极端 s_2 流出，相量关系为电流滞后电压 90°，负荷特征变成了容性负荷特征，这与实际情况不符。因此，为反映负荷的实际情况，都将电流互感器一次极性端 p_1 靠母线侧布置。

（2）典型接线方式中的极性布置。目前 10～500kV 变电站常用的接线方式有 3/2 接线、双母线接线、桥接线等，各种方式的电流互感器极性布置规则如下：

1）3/2 接线方式。一般情况下，该接线方式中，母线侧电流互感器的一次极性端 p_1 为靠近母线侧，中间电流互感器的一次极性端 p_1 依据图纸确定。完整串中的中间电流互感器极性布置 3/2 接线方式下，对极性有要求的二次设备主要有线路保护、主变压器保护、母线保护、断路器保护、测控、计量等。中间电流互感器一次极性端 p_1 的布置具体参照二次绕组的排序情况，多为保护绕组交叉使用，使电流互感器二次绕组间无保护死区，以二次绕组的排序及使用情况确定一次极性端 p_1 的布置，即遵循“二次定一次”的原则。在没有保护死区的情况下，用于Ⅰ母侧出线分支的绕组的极性靠Ⅱ母，用于Ⅱ母侧出线分支的绕组的极性靠Ⅰ母，使电流互感器的二次回路始终遵循“减极性”原则，如图 4-25 所示。这样，在正常情况下，差动回路才不会出现差流。

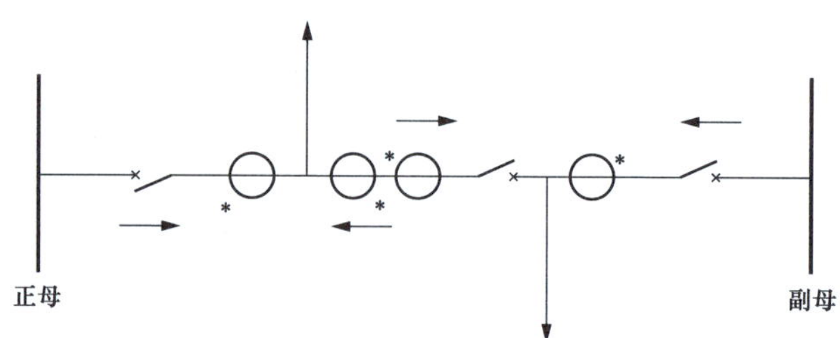

图 4-25 2/3 接线电流互感器极性

2）双母线接线方式。系统中运行的双母线主要有双母线接线、双母单分段接线、双母双分段接线、双母带旁路接线等几种方式，具体分述如下：

a）双母线接线方式中母联支路的电流互感器一次极性端 p_1 布置要依据母线保护的要求而定，分支出线间隔的电流互感器一次极性端 p_1 一般选择靠近母线侧。

b）双母单分段或双分段接线双母单分段接线方式中，母联间隔、分段间隔的极性要求依据母线保护要求而定，分支出线间隔的电流互感器一次极性端 p_1 一般靠母线侧布置。双母双分段接线都采用双重化母线保护，即 IA、IB 母线属于Ⅰ段 A、B 套母线保护范围，ⅡA、ⅡB 母线属于Ⅱ段 A、B 套母线保护范围，分段间隔电流由于要分别流过四套母线保护。因此，对于母线保护，分段间隔与分支出现间隔一样，电流互感器一次极性端 p_1 的布置要考虑到分段支路无保护死区，四套母线保护需交叉使用二次绕组，且需调整一次非极性端侧母线保护用二次绕组的极性。对于母联间隔，1 号母联属于Ⅰ段母线保护的保护范围，2 号母联属于Ⅱ段母线保护的保护范围，其极性要求同双母线接线一样。

3）桥接线方式。桥接线要依据实际情况区别对待，一般电流互感器二次绕组的使用情况比较复杂，要特别注意。总的原则是，无论电流从哪个分支流向主变压器，二次电流都要从电流互感器的“同名端”流进二次设备。

（3）多个抽头电流互感器冗余抽头处理。对于多个二次抽头的电流互感器，除了注意二次极性接入是否正确，还需注意备用绕组的处理，分为两种情况，一种是备用的二次绕组，即该绕组上没有接任何负载；另一种是二次侧存在备用抽头。

当整个二次绕组都处于备用状态，即二次侧不接任何负载（保护装置）时，如图 4-26（a）所示，需要将最大变比的两个抽头短接，以免出现电流互

感器二次侧开路的情况。

当绕组某个备用抽头没有接负载，而其余两个抽头有接入负载时，如图 4-26（b）所示，另一个备用抽头 s_3 处于悬空状态即可，不可将 s_2 与 s_3 短接，否则会使电流互感器实际变比变大，从而导致保护拒动。

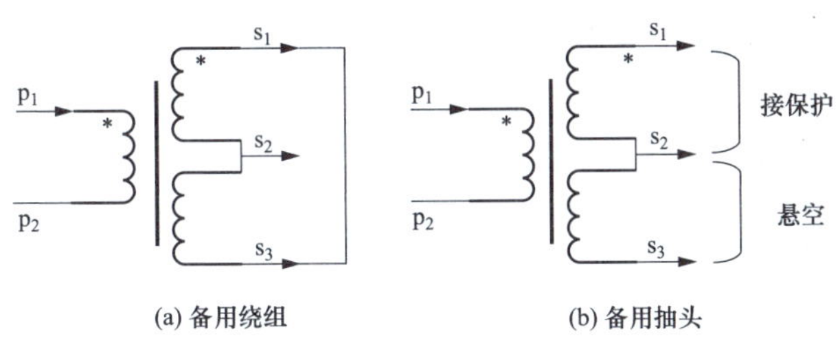

图 4-26　备用抽头处理办法

案例四　TJR 误开入造成线路保护动作

一、案例名称

220kV 某变电站 TJR 误开入造成线路保护动作。

二、案例简介

2020 年 10 月 29 日，220kV 某变电站 220kV 双母双分段改造及 220kV 线路扩建工程中，检修人员在 220kV Ⅱ段第一套母线保护屏内开展新间隔线路保护接入新母线保护的搭接工作时，误短接母线屏内运行线路间隔的跳闸回路，导致 220kV 某线路第一套保护产生 TJR 开入，跳开该线路本侧及对侧开关。

三、事故信息

现场对一次设备状态、保护装置动作情况、故障录波情况、安全措施实施情况等进行了检查，具体如下：

1. SOE 信息检查情况

现场检查监控后台和远动信息，本次事件顺序记录如下：

9 时 19 分 17 秒 257 毫秒，220kV 线路第一套操作箱出口跳闸；

9 时 19 分 17 秒 285 毫秒，220kV 线路开关三相分位。

2. 220kV 线路保护装置检查情况

220kV 线路第一套保护为许继 WXH-803A-G，第二套保护为南瑞科技 NSR-303A-G。现场检查第二套保护无异常动作信号，第一套保护存在远跳开入报文情况，如图 4-27 所示。

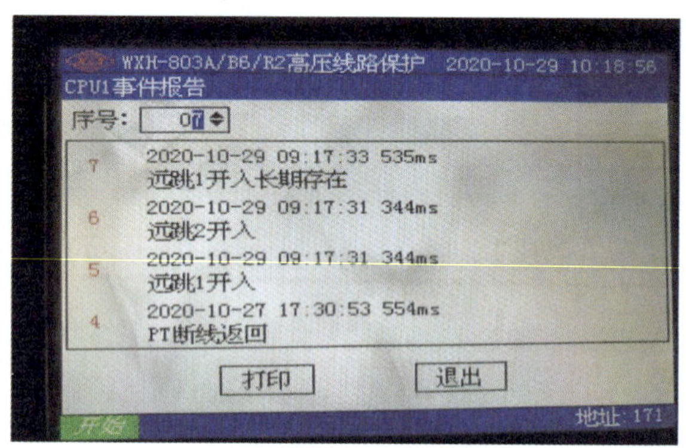

图 4-27　220kV 线路第一套保护报文记录

3. 220kV 母线保护装置检查情况

检查 220kVⅡ段第一套母线保护（见图 4-28），保护装置未发现相关的动作报告。

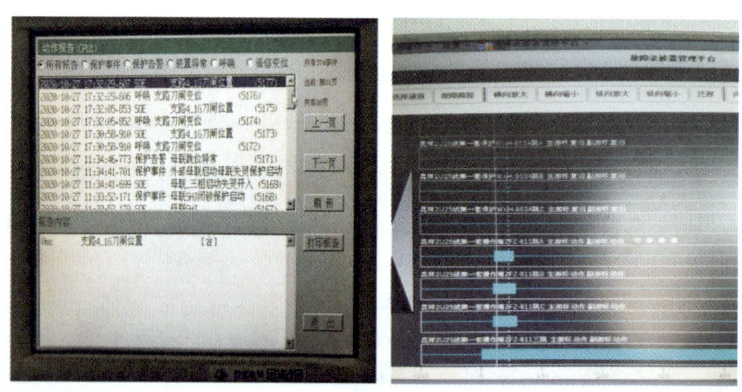

图 4-28　220kV Ⅱ段第一套母线保护和 220kV Ⅱ段线路故障录波器录波记录

4. 220kV 线路故障录波器检查情况

如图 4-28 所示，220kV Ⅱ段线路故障录波器有开关跳闸动作录波，未发现直流接地及交流窜直流现象。

四、原因分析

1. 两侧线路跳闸原因

根据现场检查结果，两侧开关跳闸原因为220kV线路第一套保护收到TJR跳闸开入，经操作箱直接跳开线路本侧开关，同时向对侧发远跳命令跳开对侧开关。220kV Ⅱ段第一套母线保护侧TJR跳闸回路如图4-29所示，220kV线路操作箱原理如图4-30所示，TJR跳闸开入接入操作箱503端子，通过驱动TJR继电器直接三相跳闸，同时经过动合触点TJR3－2，经513触点接到保护装置823远跳触点远跳出口。

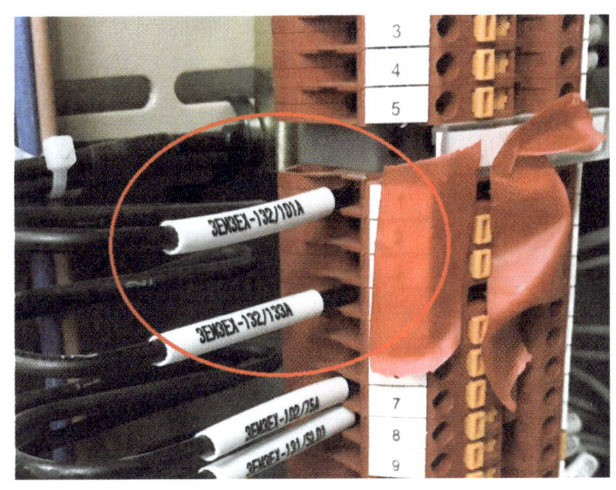

图4-29　220kV Ⅱ段第一套母线保护侧跳220kV线路开关回路

2. 220kV线路TJR跳闸开入原因

开关跳闸前，现场检修人员在220kV Ⅱ段第一套母线保护屏内开展新扩建间隔线路保护接入新母线保护的搭接工作。事故发生时，正在进行母线保护屏内新线路间隔跳闸电缆与新线路保护屏内相应电缆的对线工作。一名检修人员在母线保护屏端子排外侧短接电缆芯线，另一检修人员在线路保护屏内核查，明确该电缆芯线。由于基建二次设备屏安全措施不到位，新母线保护屏接入运行设备后端子排各间隔没有明显的标识（见图4-31），跳220kV运行线路间隔端子排未可靠封闭隔离，运行设备与非运行设备不能明显区分，且检修人员对危险点不熟悉，误短接220kV运行线路间隔的跳闸回路端子，导致220kV线路第一套保护产生TJR开入。

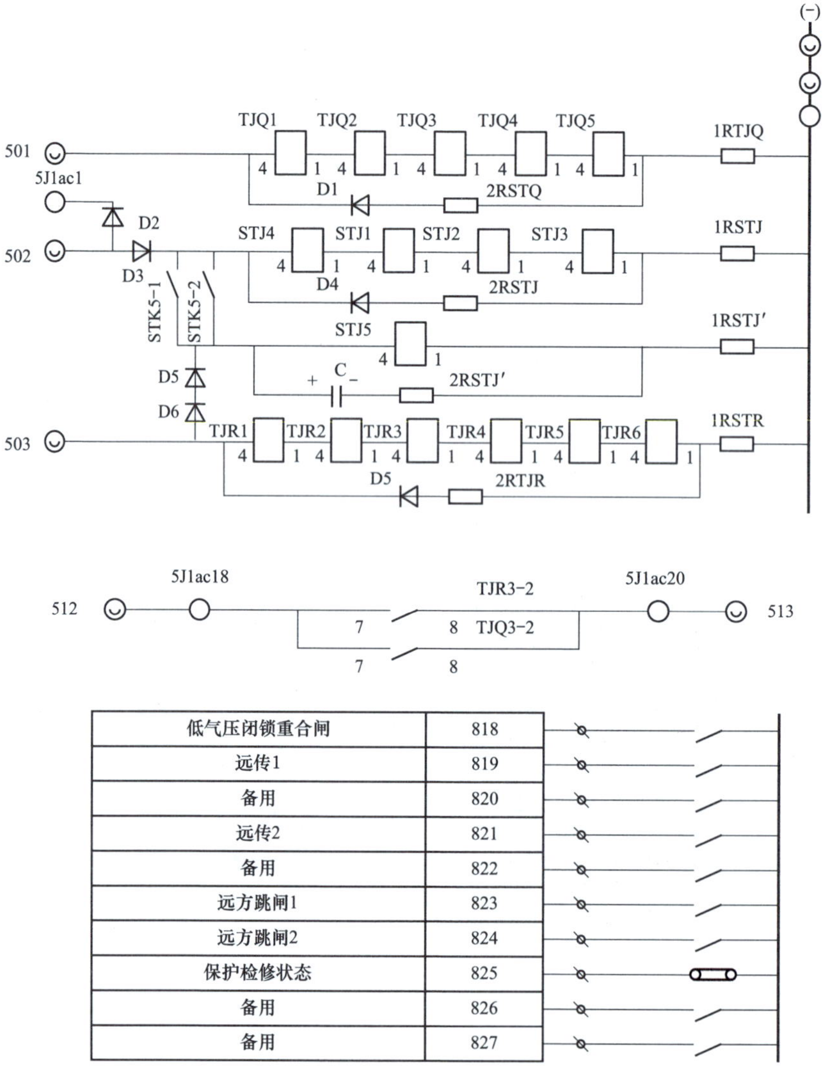

低气压闭锁重合闸	818
远传1	819
备用	820
远传2	821
备用	822
远方跳闸1	823
远方跳闸2	824
保护检修状态	825
备用	826
备用	827

图 4-30　TJR 跳闸原理图

五、知识点拓展

1. 远跳的定义

远方跳闸简称远跳，为使母线故障及断路器与电流互感器之间故障时对侧保护能快速跳闸，线路保护装置设有“其他保护动作”或“远跳”开入端子，该开入量反映了母线保护或失灵保护的动作信号。当本侧保护有此开入时，经延时确认后，向对侧传输信号，对侧保护收到此信号后，通过控制字“远跳受

图 4-31　220kV Ⅱ段第一套母线保护屏端子排

启动元件控制”选择是否经启动元件闭锁，满足该控制字条件后，驱动永跳出口。远跳命令功能受两侧纵联差动保护硬压板、软压板和控制字控制，当差动保护不投入时，自动退出远跳功能，但开入量中显示用的“收其他保护动作”不受差动保护是否投入控制。

2. 远跳的原理

为排除干扰，防止保护误动作，远跳功能原理运用码值校验和远跳就地判别的方法。

（1）码值校验。当采集得到的远跳开入为高电平时，经滤波处理及短延时（8 毫秒）确认，作为开关量，连同交流量及 CRC 校验码等数据一起打包为完整的一帧信息，通过数字通道传送给对侧保护装置。收信侧保护接收一帧数据后利用 CRC 冗余循环检验码（即发送端用数学方法产生 CRC 码后，在信息码位之后随信息一起发出，接收端也用同样的方法产生一个 CRC 码，将这两个校验码进行比较，如果一致就证明所传信息无误，如果不一致就表示传输中有差错，即使有一个字节不同，所产生的 CRC 码也不同）对收信数据进行互补检验，当数据有错时，舍弃该帧数据，每舍弃一帧数据相当于保护延时动作 3 毫秒，当检验数据无误时，该帧数据有效，解码提取远跳信号，只有连续三次收到对侧远跳信号才能确认信号可靠，出口跳闸。

(2) 远跳就地判别。由于系统发生故障，必将伴随电气量的变化，如低电压判据、低功率判据等。远跳就地闭锁判据有利于增强保护跳闸切除故障的可靠性，同时避免了检修人员失误或装置故障引起保护误动的可能性。就地判据通过保护装置内的“远跳受启动元件控制”控制字投退，若控制字整定为“1”字时，需经本侧的启动元件开放且收到对侧发送的远方跳闸信号后，永跳出口并闭锁重合闸；若整定为“0”时，远方跳闸不受本侧启动元件控制，本侧收到对侧远跳信号后，直接无条件三跳出口，同时闭锁重合闸。如果收到了远跳信号但保护未启动，则在收信500毫秒后报“远跳信号长期不复归”报文，这样，当第一次收到对侧发来的远跳命令出口跳闸后，由于开关已断开，保护装置不会再启动，也就避免了永跳回路多次动作情况的发生。启动元件主要包括电流突变量启动、零序电流启动、静稳破坏的启动元件、弱馈低电压启动元件、重合闸的启动元件，任一启动元件动作后，都将启动保护及开放出口继电器的正电源。远方跳闸经启动元件闭锁逻辑如图4-32所示。

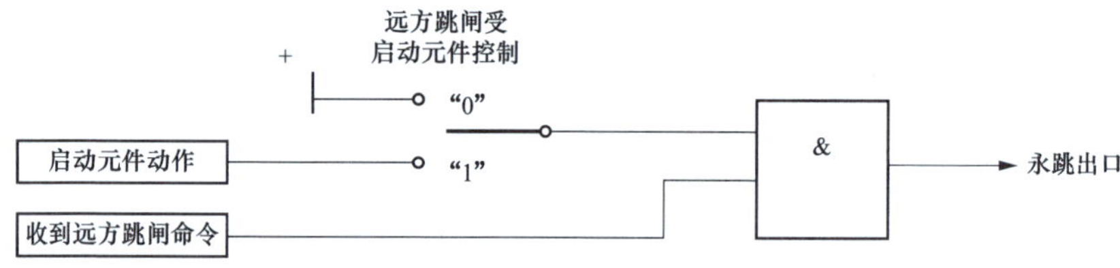

图4-32　远方跳闸经启动元件闭锁逻辑图

3. 设置远跳功能的原因

GB/T 14285—2006《继电保护和安全自动装置技术规程》2.8.4 中提到，专用母线保护应考虑以下问题：母线保护动作后（1个半断路器接线除外），对不带分支的线路应采取措施，促使对侧全线速动保护跳闸。在线路保护中设置远方跳闸的主要目的是解决一侧母线保护跳闸或开关失灵后导致对侧线路保护失去全线纵联保护功能或纵联保护性能变差，可能导致对侧开关在线路空充情况下距离Ⅰ段范围外故障时只能靠距离Ⅱ段保护动作切除从而增加了故障切除时间。

按不同电流互感器配置情况发生短路故障进行分析讨论：当采用双母线或单母线接线方式时，线路开关一般仅单侧配置电流互感器，且电流互感器全部布置在开关的靠线路侧。若在开关和电流互感器之间发生死区故障（见图4-33），故

障功率由 N 端流向短路故障点 K，对于 M 站侧电流差动保护来说，由于是区外故障，差动元件的启动电流为零，保护不动作，但该故障点在 M 站侧的母线保护保护范围内，所以由 M 站母线保护动作跳开母线上所有断路器，但故障并未切除。对侧 N 站仍通过线路对 K 点提供短路电流；此时如无有效措施，只能由 N 站侧线路后备保护的Ⅱ段距离或零序电流保护带延时跳开 N 站断路器来切除故障。

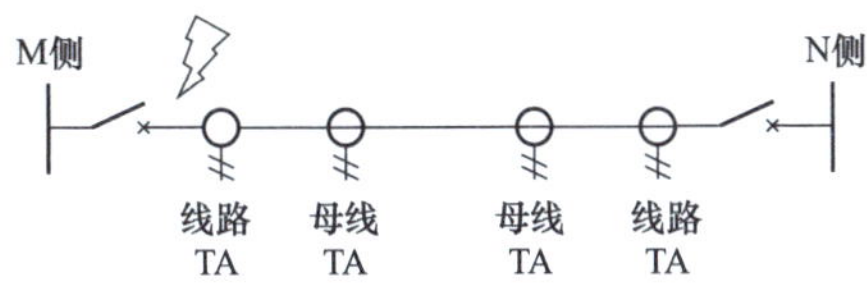

图 4-33　双母线接线方式下死区故障分析

当采用 3/2 接线方式时，线路开关一般两侧均配置有电流互感器，两个电流互感器之间的断路器处于线路保护与母线保护共同保护范围内，此时不存在死区问题，但若 M 站母线发生故障（见图 4-34），M 站母线保护正确动作切除母线上所有断路器。如果此时 M 站侧断路器失灵拒动，故障点依然存在，此时如无有效措施，只能由 N 站侧线路后备保护带延时切除故障。

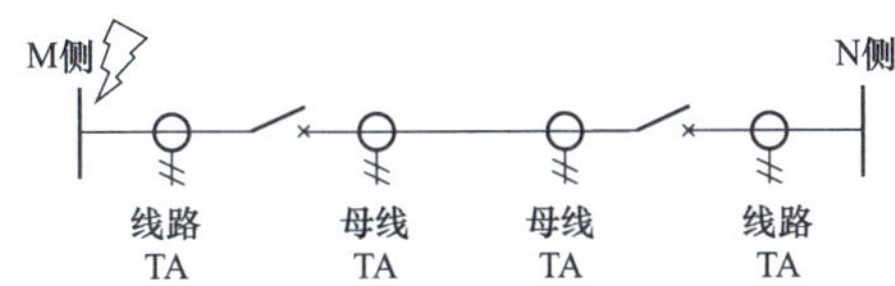

图 4-34　3/2 接线方式下断路器失灵故障分析

发生上述两种情况的故障时，由于后备保护的动作时限较长，未快速切除故障将对系统造成冲击，并可能造成相邻线路保护误动作扩大停电范围，破坏系统稳定运行。为解决这一问题，线路保护中增加了远跳功能，从而更好地实现保护的选择性、速动性、灵敏性、可靠性，保障系统安全稳定运行。

4. 远跳的二次回路应用

现场工程实际中主要有两种接线方式，一是利用断路器操作箱内的 TJR 继电器对应触点作为远跳开入；二是利用母线保护的动作触点直接引入线路保护的远跳开入。

（1）使用 TJR 触点。早期的母线保护因跳闸触点较少，无多余触点启动远跳，因此采用断路器操作箱的TJR继电器辅助触点作为远跳开入。如图4-35所示，当母线保护动作后启动操作箱内的TJR继电器，对应的TJR动合触点闭合，保护装置提供+24V电源至操作箱，开入至保护装置的远跳触点，再通过光纤通道传输至对侧，在“远跳受本侧控制”控制字整定为1的情况下，对侧装置满足启动条件后，启动三相出口跳闸继电器，同时闭锁重合闸。

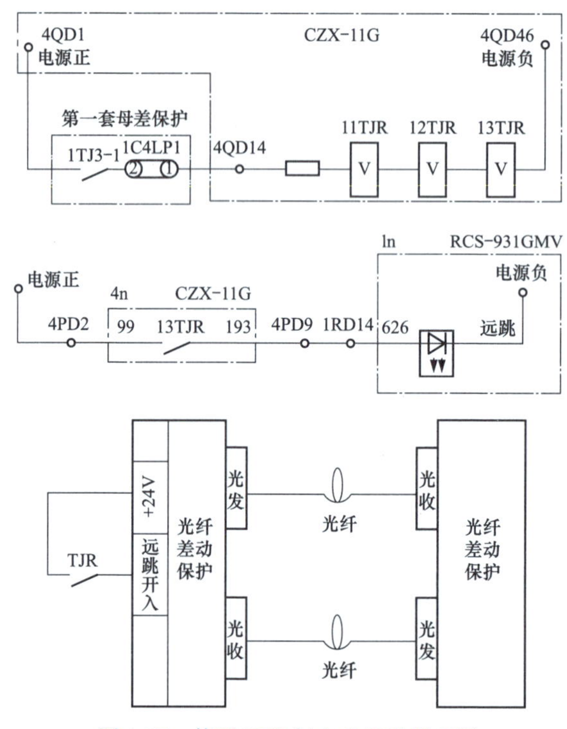

图4-35 使用TJR触点的远跳原理图

这种接法的优点是回路较简单，母差保护也不需要额外的出口触点；缺点是所有启动操作箱永跳继电器的保护回路都会同时启动远跳，如线路本身的主保护和后备保护等。此外，由于利用操作箱永跳继电器的触点作为远跳开关量输入，可能使对侧保护的跳闸出口时间相对延长。

(2) 使用母差保护动作触点。标准化设计后的双重化配置母线保护，每套保护分别有一组触点用于断路器的一组跳闸线圈，另一组触点可用于远跳开入回路，如图4-36所示。

这种接法的优点是回路不受其他回路的影响，可独立完成远跳命令的传输，且在一定程度上比引入操作箱TJR继电器触点的动作时间短；缺点是直接

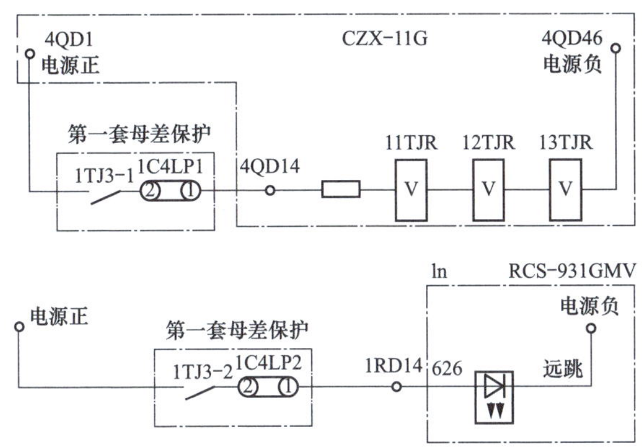

图 4-36　使用母线保护动作触点的远跳原理图

利用母线保护的跳闸触点启动远跳时，需要利用母线外部的电缆与线路保护连接，回路增加了复杂性，存在一定风险。

5. 远跳与远传的区别

远传的定义：保护装置设有两个经光电隔离的远传命令开入端子，即“远传 1”和“远传 2”，装置借助数字通道，经延时确认后，利用每帧数据中的控制字向对侧传送。对侧保护收到远传命令 1、2 后，输出远传命令 1、2，供用户灵活选择使用。远传命令功能受两侧纵联差动保护控制字及压板的投退控制。远传功能示意如图 4-37 所示。

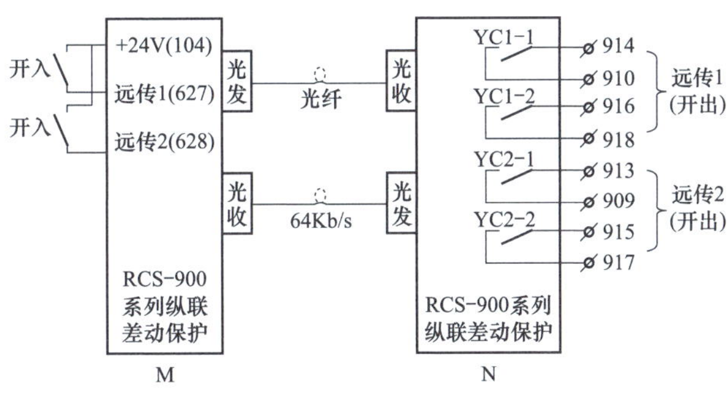

图 4-37　远传功能示意图

远跳与远传的区别在于：远跳是由一端保护通过开入传送到对端，对端接收并经过判别元件开放后出口跳闸；远传则是保护把本侧一个触点的状态实时传到对侧，具体来说，就是本侧把这个触点作为开入接入保护，本侧保护采到这个开入的状态后通过光纤通道发到对侧去，对侧的保护根据这个状态驱动一个触点输出，从而实现一个触点的“远传”，其关键只在“传”上，本身并不跳闸，到对端后还是以开出触点形式反映出来（其触点反映开出并不经装置启动闭锁），需要送到其他设备再决定如何处理。

远传一般使用在500kV 3/2接线方式的线路上，远传开出触点主要用作跳闸、远方切机和发信号。当线路对端出现线路过电压、电抗器内部短路及断路器失灵等故障时，均可通过对端保护装置的“远传1”开入端子发出远跳信号。

案例五　母线保护启动主变压器失灵联跳回路错误

一、案例名称

220kV某变电站220kV母线保护装置启动主变压器失灵联跳回路错误。

二、案例简介

某日，检修人员在220kV某变电站进行2号主变压器间隔保护接入220kV第一套母线保护，验证母线失灵保护动作启动主变压器保护失灵联跳回路时，发现模拟2号主变压器挂Ⅱ母运行，Ⅱ母失灵保护动作，2号主变压器失灵联跳回路未出口的故障现象。经检查发现，本次主变压器保护改造，设计沿用原母线保护启动主变压器失灵联跳回路，其采用的LP29出口压板用途为L7支路出口启动失灵，当前L7支路为某线路间隔且挂Ⅰ母运行，故存在上述现象。现修改采用2号主变压器第二套跳闸回路出口压板LP34作为2号主变压器失灵联跳出口，可实现母线失灵保护动作启动主变压器失灵联跳功能。

三、事故信息

220kV某变电站进行2号主变压器间隔保护接入220kV第一套母线保护，验证母线失灵保护动作启动主变压器保护失灵联跳回路时，发现模拟2号主变压器挂Ⅱ母运行，Ⅱ母失灵保护动作，2号主变压器失灵联跳回路未出口的故障现象。

通过查询设备台账，得到信息如下：

220kV第一套母线保护：长园深瑞BP-2B，2008年4月投运，上一次检修

时间为 2020 年 4 月，检修内容为 220kV 母线保护例行试验。

2 号主变压器第一套保护：北京四方 CSC-326T2-G，2021 年 12 月待投运。

四、检查过程

某日，检修人员在 220kV 某变电站进行 2 号主变压器间隔保护接入 220kV 第一套母线保护，验证母线失灵保护动作启动主变压器保护失灵联跳回路时，发现上述 2 号主变压器挂Ⅱ母运行，Ⅱ母失灵保护动作，2 号主变压器失灵联跳回路未出口的故障现象。根据现场安全措施，220kV 第一套母线保护改信号，在做好出口安全措施的前提下，模拟 1 号主变压器挂不同母线且不同母线失灵保护动作时，对 1 号主变压器失灵联跳出口（LP28 硬压板下端头）进行电位测量。试验结果见表 4-1，1 号主变压器挂在任一母线，不同的母线失灵保护动作，均存在 1 号失灵联跳回路可靠出口的现象。

表 4-1　　1 号主变压器失灵联跳出口试验结果表

1 号主变压器失灵联跳出口情况	1 号主变压器挂Ⅰ母	1 号主变压器挂Ⅱ母
模拟Ⅰ母失灵保护动作	可靠出口	可靠出口
模拟Ⅱ母失灵保护动作	可靠出口	可靠出口

针对 1 号主变压器失灵联跳回路的错误出口情况，对 2 号主变压器挂不同母线且不同母线失灵保护动作时的失灵联跳出口回路进行完善试验。试验结果见表 4-2，不管 2 号主变压器挂在哪条母线，其只能在Ⅰ母失灵保护动作时，失灵联跳回路出口。

表 4-2　　2 号主变压器失灵联跳出口试验结果表

2 号主变压器失灵联跳出口情况	2 号主变压器挂Ⅰ母	2 号主变压器挂Ⅱ母
模拟Ⅰ母失灵保护动作	可靠出口	可靠出口
模拟Ⅱ母失灵保护动作	未出口	未出口

根据上述试验结果，若按照上述设计将主变压器失灵联跳回路搭接至 220kV 第一套母线保护，1 号主变压器失灵联跳回路存在误动作的风险，而 2 号主变压器存在误动或拒动的风险。

五、原因分析

核对图纸等相关资料发现，本次主变压器保护改造，设计时沿用原母线保护启动主变压器失灵联跳回路，1 号主变压器失灵联跳出口回路采用的 LP28 出口压板，根据厂家屏柜设计图纸，其用途应为 L4 支路出口启动失灵，当前 L4 支路为空间隔，无隔离开关开入。而 1 号主变压器电流回路、隔离开关开入回路均接至 16 支路。根据 BP-2B 说明书，某间隔无隔离开关开入时，则判定该间隔为空线路，任一母线相关保护动作，均开放出口回路，可靠出口。故存在 L4 支路启动失灵出口仅判断 L4 支路无隔离开关开入，任一母线相关保护动作后均能出口。

2 号主变压器失灵联跳出口回路采用的 LP29 出口压板，根据厂家屏柜设计图纸，其用途应为 L7 支路出口启动失灵，当前 L7 支路为某线路间隔且挂 I 母运行，而 2 号主变压器电流回路、隔离开关开入回路均接至 17 支路。故母线保护 L7 支路出口启动失灵出口优先判断其自身 L7 支路挂 I 母运行，仅在 I 母失灵保护动作时方可出口。

查看该保护设计说明，BP-2B 母线保护投运时考虑变电站双母双分段设计，预留 L4 支路为远景 I、Ⅲ母之分段，L7 支路为远景Ⅱ、Ⅳ母之分段。压板 LP28、LP29 为针对双母双分段接线中，两套母线保护之间动作后相互启动失灵。在母线投运校验时，L4、L7 均为空间隔，若失灵联跳出口回路仅做出口动作试验，而未做母线失灵保护动作挂其他母线的支路可靠不动作的试验，则无法发现相关回路的设计错误。本次 1 号主变压器保护搭接进 220kV 第一套母线保护进行相关验证试验时，存在上述同样的试验问题，故未发现其失灵联跳回路的错误。

现修改采用 1 号主变压器第二套母线、失灵跳闸回路出口压板 LP33 作为 1 号主变压器失灵联跳出口，2 号主变压器第二套母线、失灵跳闸回路出口压板 LP34 作为 2 号主变压器失灵联跳出口，可实现母线失灵保护动作启动主变压器失灵联跳功能。但上述方法也仅是针对老旧版本母线保护的权宜之计，存在母线保护动作也可向主变压器发送失灵联跳命令的不足。若母线保护动作，而主变压器开关已有效跳开，则失灵联跳的判断均集中依靠于主变压器保护的失灵联跳逻辑与 50 毫秒的延时，存在误动的风险。

六、知识点拓展

根据本次检修人员在该变电站的缺陷处理经验总结：在母线保护动作出口

传动（包括差动动作与失灵动作）试验时，需检查对应母线 1 的相关保护动作，挂在该母线 1 上的间隔（即该间隔母线 1 隔离开关开入为 1）应可靠出口动作，而挂在其他母线上的间隔（即该间隔母线 1 隔离开关开入为 0，且其他母线隔离开关的开入为 1，该间隔不是空间隔）应可靠不出口。同时需要注意，空间隔即任一母线隔离开关开入均为 0，在任一母线相关保护动作时，该空间隔均能可靠出口动作。因此，间隔隔离开关开入量的不同将决定母差保护的出口动作行为。下面对间隔隔离开关开入量对双母线接线方式母线保护各项功能的影响进行总结。

1. 隔离开关开入量对母线运行方式、母线差流计算的影响

对于双母线接线的母线保护，正确识别母线运行方式十分重要，当通过隔离开关位置触点开入对母线的运行方式进行判别时，完成母线小差电流值与大差电流值的计算。但在运行中还须考虑隔离开关辅助触点接触不良、回路断线等因素，母线保护需能自动识别运行方式的变化，对隔离开关辅助触点开入的正确性进行实时判断，当自检到开入异常时发出告警，并记住隔离开关的原有位置，且可通过手动方式校正隔离开关位置（常规站应能通过保护模拟盘校正隔离开关位置，智能站通过“隔离开关强制软压板”校正隔离开关位置），以保证在隔离开关检修等状态下保护能正确工作。当只有一个支路隔离开关辅助触点异常且该支路有电流时，可以通过算法判定出该支路接在哪一段母线，自动完成大差电流值与小差电流值的修正，保证母差保护仍具有选择性。如该支路无电流，则不能通过算法判定，但除双母双分段方式的母线保护外，其他接线方式的母线保护可保证区外故障不误动，区内故障可能失去选择性。

母线上的连接元件倒闸过程中，两条母线经隔离开关相连双跨时（母线互联），装置自动转入母线互联方式，此时母线小差电流值计算存在较大偏差已无法完成故障母线的选择，故一旦发生故障将不再进行故障母线选择，同时切除两段母线。

2. 隔离开关开入量对母线保护动作出口动作行为的影响

针对浙江地区常用的长园深瑞与南瑞继保母差保护，深瑞 BP-2B、BP-2C 等型号，在母线差动保护动作后，除切除母联与故障、母线的间隔外，同时还切除无隔离开关开入的空间隔；南瑞继保早期的 RCS-915A/B、RCS-915C/D 采用与深瑞母线保护相同的逻辑，为防止无隔离开关位置的支路拒动，无论哪

条母线发生故障，将切除无隔离开关开入的支路，后期完善为切除TA调整系数不为0且无隔离开关开入的支路。但按照六统一规范要求生产的PCS-915相关型号，针对无隔离开关开入的支路，仅切除故障时刻有电流的支路，不再对冷备用的间隔进行出口。目前，北京四方、国电南自等主流厂家的母线保护针对无隔离开关开入的支路，均采用支路故障时刻的有电流判据，对母线保护出口持谨慎的态度，第一时限出口母联与故障母线的相关支路，延时切除有流且无隔离开关开入的支路。

3. 隔离开关开入对断路器失灵保护动作逻辑的影响

如图4-38所示，主流保护厂家的集成于母线保护中的断路器失灵保护动作逻辑中，均采用支路隔离开关开入判别的逻辑，即该间隔无隔离开关开入或隔离开关开入无效时，即使其他条件（保护启动、间隔有流、复压开放）满足，断路器失灵保护不会动作。保护在逻辑设计时，不再考虑断路器功能失灵与隔离开关开入无效这类多重异常的偶发故障。

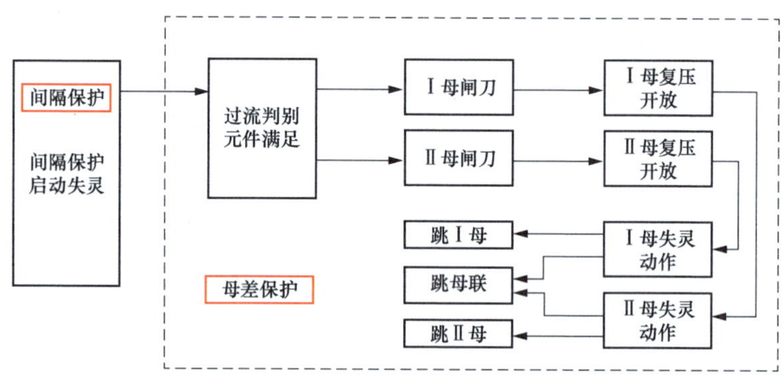

图4-38 断路器失灵保护动作逻辑图

第五章 一次设备配合类

案例一 主变压器非电量保护动作信号未复归引起非电量动作

一、案例名称

主变压器非电量保护动作信号未复归状态下进行操作造成主变压器非电量动作。

二、案例简介

某 220kV 变电站 1 号主变压器有载油位异常，检修人员在 1 号主变压器有载重瓦斯保护由跳闸改信号后进行检查及补油工作。检修工作结束验收时，存在“跳闸主变压器有载重瓦斯动作”后台光字牌亮现象而未进行处理，现场人员误认为此为有载重瓦斯跳闸压板未投入所致，随即结票。之后运维人员操作 1 号主变压器有载重瓦斯保护信号改跳闸时投入有载重瓦斯跳闸压板，1 号主变压器重瓦斯动作三侧开关跳闸。

三、事件概况

某 220kV 变电站 1 号主变压器有载油位异常，现场检查油位降低接近零。检修人员在 1 号主变压器有载重瓦斯保护由跳闸改信号后，对 1 号主变压器有载油位低进行检查并补油。注油完成后，运行在线滤油机进行排气。排气后，工作负责人从远处检查气体继电器观察窗未发现明显异常。

运维人员会同工作负责人进行现场验收，分接开关油位已正常，后台核对光字牌时发现“1 号主变压器有载重瓦斯动作”光字牌亮，非电量保护装置上

“非电量告警”灯亮，现场人员认为可能是“1 号主变压器有载重瓦斯跳闸投入压板”未投入引起，后与工作负责人终结工作票。

随后，调度发令“1 号主变压器有载重瓦斯保护由信号改跳闸”，现场运维人员按照操作票操作至第二步“测量 1 号主变压器有载重瓦斯跳闸投入压板两端确无电压（<44V）”，压板电压测量结果显示为 0.52V，满足投入标准，随即并放上该压板，此时 1 号主变压器重瓦斯动作，三侧开关跳闸。

四、现场状态检查

1. 一次设备状况检查

故障后检查现场一次设备实际状态，1 号主变压器外观无明显异常，1 号主变压器三侧开关确处分闸位置。

2. 二次信息检查

调取现场后台 SOE，可看到 1 号主变压器有载重瓦斯保护动作。从 1 号主变压器非电量保护屏上调取最近事件，看到有载重瓦斯动作，非电量跳闸出口。

五、原因分析

1. “1 号主变压器有载重瓦斯动作”光字牌亮

气体保护是反映油浸式变压器内部故障的主要保护，其通过利用变压器内部故障时变压器油分解产生气体造成油流涌动或油面下降现场，使气体继电器触点动作，轻瓦斯触点动作时发出告警信号，重瓦斯触点动作时跳开变压器各侧开关。此次事件中的有载开关气体继电器位于 1 号主变压器有载开关与有载开关储油柜之间，变压器简要结构如图 5-1 所示。

作业完成后，后台“1 号主变压器有载重瓦斯动作”光字牌亮，表明 1 号主变压器有载气体继电器重瓦斯触点曾经动作过。检修人员虽在作业后恢复了油箱油位与有载重瓦触点，却并未完成所有恢复手续，遗漏了对 1 号主变压器非电量保护装置信号的复归，为后续事件埋下隐患。

2. “1 号主变压器有载重瓦斯动作”信号未复归

以南瑞继保非电量保护装置 RCS-974A 典型接线为例，从气体继电器触点开入非电量保护装置出口跳闸之间的触点联系回路整体如图 5-2 所示，其二次回路可以分为三部分。首先，如图 5-2 中右侧区域所示，各类主变压器非电量

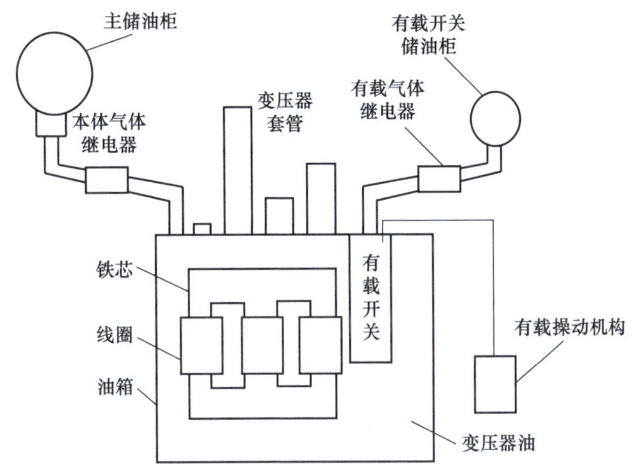

图 5-1　变压器简要结构图

动作触点开入相应的双位置继电器动作端，复归触点接入双位置继电器返回端；然后，如图 5-2 中左下区域所示，双位置继电器 JX 对应触点导通，在非电量跳闸压板投入时将启动跳闸继电器 TJ；最后，如图 5-2 中左上区域所示，跳闸触点 TJ 导通，根据对应投入各侧跳闸压板情况出口跳闸。双位置继电器输入输出对应关系见表 5-1。

双位置继电器的动作原理与单位置继电器有区别，双位置继电器由两个线圈组成，具有断电自保持的功能。线圈 A 得电后，继电器触点动作，即使其失电，触点也不返回；线圈 B 得电后，继电器触点返回，即使其失电，触点也不会再动作。也就是说，若使双位置继电器触点位置翻转，必须有一个线圈带电，否则将一直保持初始状态。此时，复归按钮的作用即是给予每个双位置继电器返回端一个正电，使继电器的输出值返回，以复归可能存在的动作输出。

本案例中，由于作业人员未在 1 号主变压器有载重瓦动作后复归信号，非电量保护装置有载重瓦斯对应双位置继电器仍然保持动作状态，非电量保护跳闸压板一经投入即将出口跳闸。

3. 1 号主变压器有载重瓦斯跳闸投入压板两端电压情况

现场运维人员实际操作中执行了操作票中“测量 1 号主变压器有载重瓦斯跳闸投入压板两端确无电压（＜44V），并放上该压板”一项，而结合图 5-2 左下区域原理图判断跳闸压板实际带电情况，跳闸压板下端头由于跳闸触点已闭合带强正电（＋110V），跳闸压板上端头与负公共端之间由启动跳闸继电器 TJ

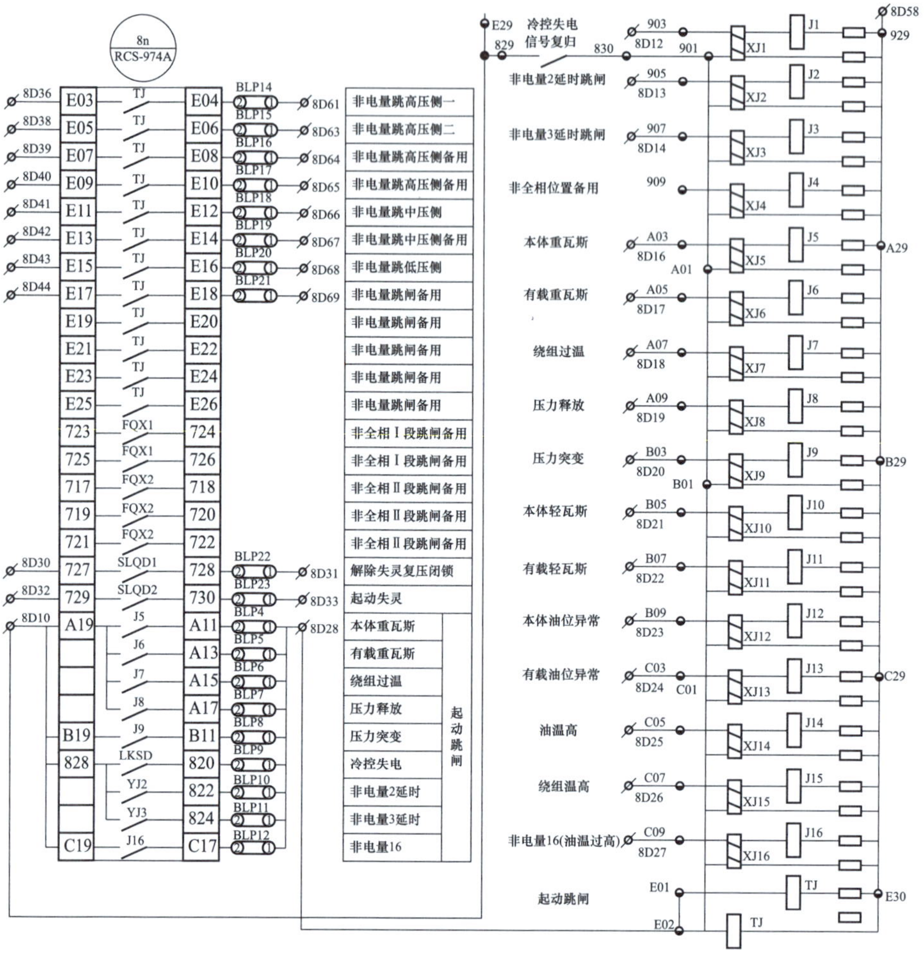

图 5-2 典型非电量保护装置触点联系图

表 5-1　　双位置继电器输入输出对应关系

双位置继电器动作端	1	1	0	0	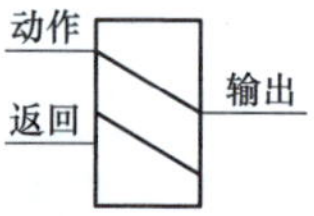 动作 返回 输出
双位置继电器返回端	0	1	1	0	
输出结果	动作	保持	返回	保持	

导通，带强负电（－110V），此时测量压板上下两端电位差不应小于 44V。此次测量结果错误可能是因为万用表损坏。

综上，本案例中以下问题可能导致事故发生：

（1）检修工作流程不规范。检修工作结束后检修工作负责人未对非电量保护动作等保持信号手动复归并确认。

（2）检修工作结束后交接验收流程不规范。运维人员在交接验收过程中，在后台“1号主变压器有载重瓦斯动作”光字和保护装置上“非电量告警”指示灯亮等异常存在的情况下仍通过验收。

（3）1号主变压器有载重瓦斯复役操作时，运维人员测量1号主变压器有载重瓦斯跳闸投入压板时，未对万用表进行自检，使用了不合格的万用表进行压板电压测量，导致投入“1号主变压器有载重瓦斯跳闸投入压板”。

六、知识点拓展

除了本案例中涉及的主变压器有载重瓦斯保护类型外，非电量保护还有本体重瓦斯、本体轻瓦斯、有载轻瓦斯、压力释放、压力突变、温控器保护，冷却器全停等几类跳闸，如图5-3所示。

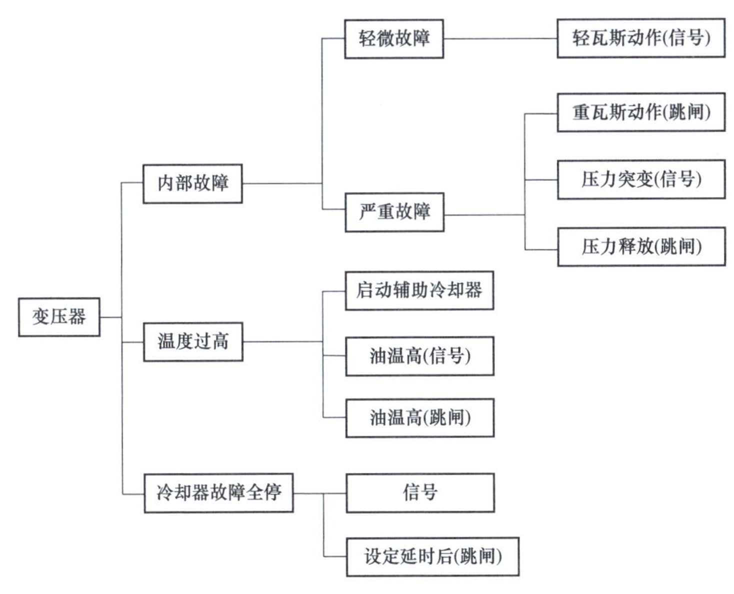

图5-3　非电量保护类型

1. 气体保护

考虑到浮子式气体继电器易受油面影响误跳闸，实际中不受油位影响的挡板式气体继电器应用更广，其内部结构如图5-4所示。挡板式气体保护以油位或油流为动作判据，当变压器内部发生轻微故障且累积聚集气体体积大于

250mL 时，轻瓦斯干簧触点动作发出信号，当油的流速高于 1m/s 时，重瓦斯干簧触点动作跳闸。其优点是能全面反映变压器油箱内的故障，特别是发生匝间短路且短路匝数较少时，具有高灵敏度；缺点是不能反映变压器套管与引出线之外的故障，往往需要与差动保护配合。

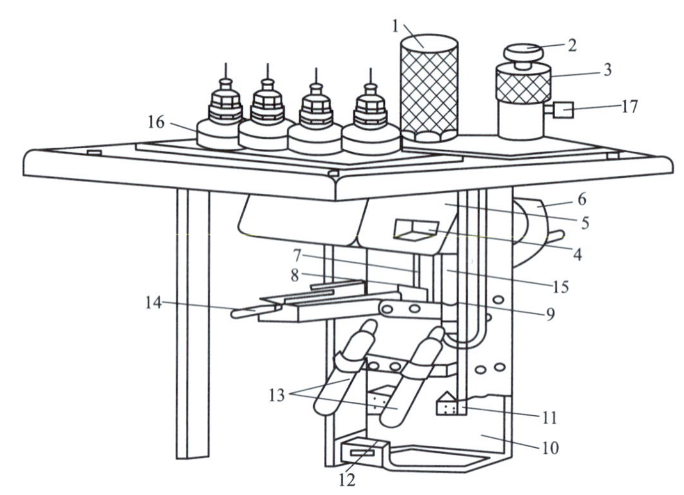

图 5-4　挡板型气体继电器结构

1—罩；2—顶针；3—气塞；4—磁铁；5—开口杯；6—重锤；7—探针；8—开口销；9—弹簧；10—挡板；11—磁铁；12—螺杆；13—干簧触点（重瓦斯）；14—调节杆；15—干簧触点（轻瓦斯）；16—套管；17—排气口

某变电站典型气体保护回路接线如图 5-5 所示。对于本体气体继电器，由一组轻瓦斯触点进行告警，两组重瓦斯触点并联进行本地重瓦斯跳闸。对于有载气体继电器，由一组轻瓦斯触点进行告警，并由一组重瓦斯触点进行有载重瓦斯跳闸。

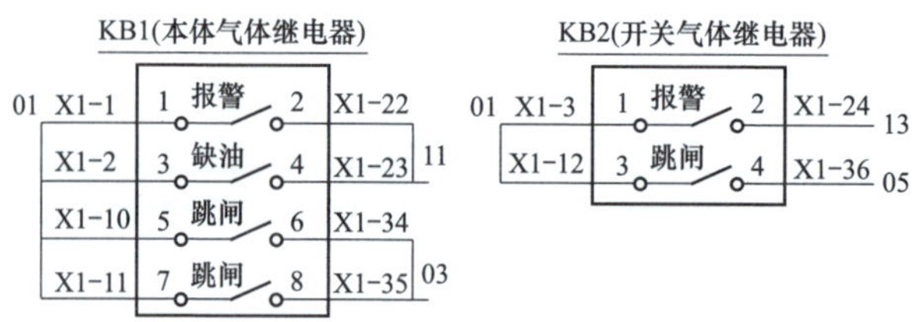

图 5-5　气体保护触点二次回路

2. 压力释放

压力释放替代了早期的防爆管，在油箱内故障压力急剧升高时压力释放阀

迅速开启，同时保持油箱正压，隔绝空气与水分进入油箱。压力释放阀外观如图 5-6 所示，其顶部的机械指示销在压力释放动作后将向上移动，表明阀门已经动作过。压力释放具有动作后不损伤器件，无需更换的优点。压力突变阀安装时需要注意保持垂直，其动作速度较压力释放更快，用于发出压力突增信号。

图 5-6　压力释放（左）与压力突变（右）阀

某变电站典型压力释放保护回路接线如图 5-7 所示。

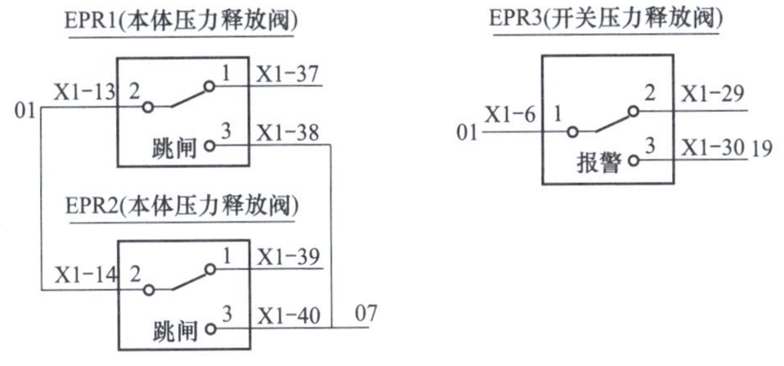

图 5-7　压力释放触点二次回路

该变电站对于本体压力释放配备了两组跳闸触点，以两组触点并联的方式输出本地压力释放跳闸；对于有载开关压力释放，配置了一组告警触点用于发信。压力释放保护作为气体保护的重要补充，有利于防止变压器油箱破裂和变压器爆炸，但也存在误动造成误跳闸的风险。实际上，压力释放作用于跳闸或信号应结合实际运行方式考虑。变压器正常运行时，在变压器差动保护、变压器重瓦斯保护均投入的情况下，变压器压力释放保护只投发信号不投跳闸。若变压器差动保护、重瓦斯保护任一保护退出时，压力释放保护相应投入跳闸。

3. 温控器保护

温控器保护用于维护变压器安全稳定运行和设备寿命，主要包括油面温度控制与绕组温度控制。油面温度一般通过感温液体的热胀冷缩效应测量，其外

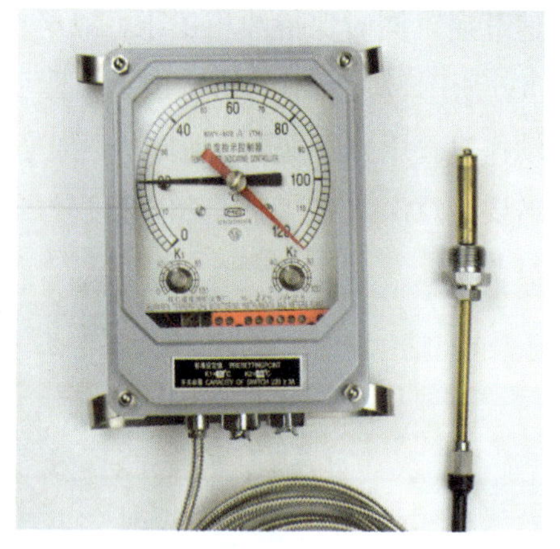

图 5-8　温度计样式

观如图 5-8 所示。绕组温度无法直接测量，需要通过电流关系折算。一般油面温度 85℃发油温高信号，大于 105℃直接跳闸；绕组温度 95℃发绕组温度高信号，大于 115℃直接跳闸。

油面温度控制器原理如图 5-9 所示。一台主变压器一般对应配置 2 个油面温度控制器，每个温度控制器中含有 4 组触点用以进行控制或传递信号。通过调整电阻参数可对各组温度控制器的动作定值进行整定，BWY1 整定为 85℃，BWY2 整定为 105℃。其中 BWY1 中 K3 触点与 BWY2 中的 K3 触点并接，输出油温高信号。两个触点的并联减小了一个触点损坏带来的影响，增加了信号上送的可靠性。BWY1 中的 K4 触点与 BWY2 中的 K4 触点串接，输出油温高跳闸。两个触点的串联减小了一个触点粘连导致回路连通的可能性，从而降低了误跳闸的概率。油温触点原理如图 5-10 所示。

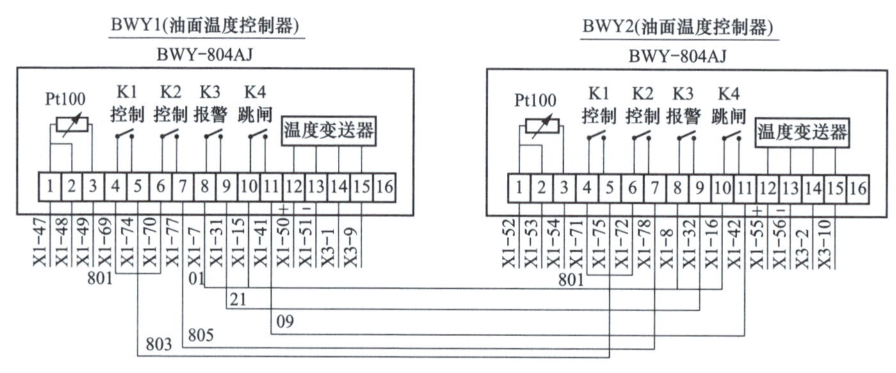

图 5-9　油面温度控制器原理图

4. 冷却器保护

冷却器故障全停保护的配置使变压器在风机故障或失电时不致因持续高温运行而损耗设备寿命。保护设置与变压器冷却方式有关，对于自然油循环风冷、强迫油循环冷却变压器，应采用冷却器故障全停保护，并在冷却器故障全停时发信号报警；对于强迫油循环冷却变压器，应按要求整定出口跳闸，延时

跳闸时间不超过 1 小时。

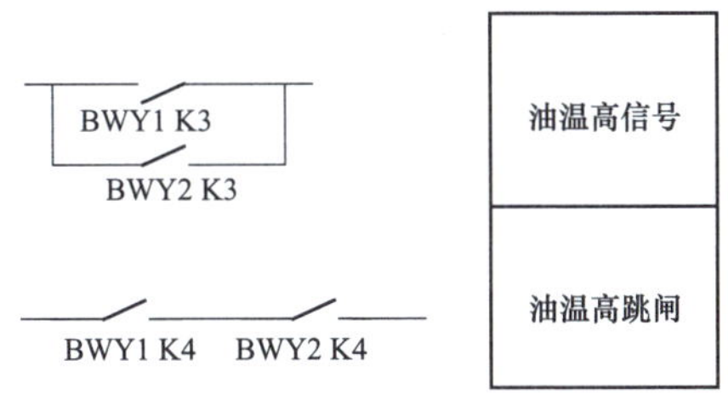

图 5-10 油温触点原理图

冷却器故障全停报警与跳闸回路原理如图 5-11 所示。冷却器故障全停报警与跳闸均需满足以下两个先置条件的任意一个：

1）变压器油温高于设定值 K1，ZJ1 继电器导通；

2）变压器持续满负荷运行，ZJ3 继电器导通。

在此基础上，冷却器故障全停报警还需满足以下两个条件中的任意一个：

1）所有冷却器退出运行（KM1 至 KM8 动断触点均闭合）；

2）双路电源均退出运行（JC1、JC2 动断触点闭合）。

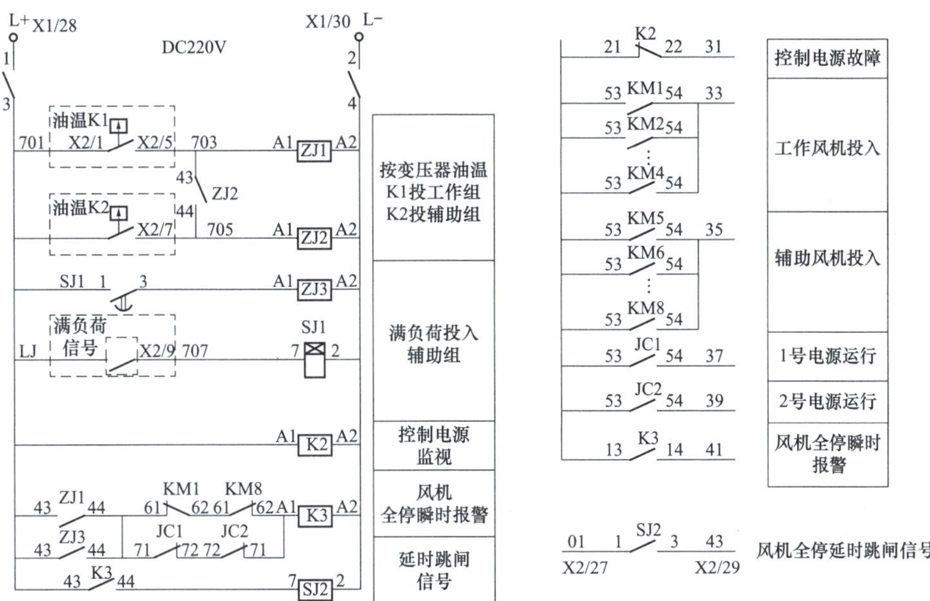

图 5-11 冷却器全停故障

此时，瞬时发出报警信号。报警后，若报警条件持续满足，触点 K3 持续导通，一定延时后冷却器故障全停跳闸信号将导通，将变压器三侧跳闸。

案例二　断路器三相不一致保护误动作

一、案例名称

220kV 某变电站断路器三相不一致保护误动作。

二、案例简介

2017 年 7 月 13 日 15 时 22 分，某变电站一条 220kV 线路第一套保护、第二套保护动作，跳开 B 相开关。1 秒后重合闸动作，B 相开关合。开关机构三相不一致跳闸动作，跳开三相开关。

设备信息：开关型号为 3AQ1EE，生产厂家为西门子，2000 年生产。2001 年 7 月投运；三相不一致时间继电器规格型号为 ETR4-70B-AB，生产厂家为伊顿。

三、检查过程

检修人员接到通知后立即前往该变电站检查故障情况。到达现场后，现场检查发现第一套保护（北京四方 CSC101A）为纵联保护动作，跳 B 相，第二套保护（南瑞继保 RCS901）为纵联保护动作，跳 B 相，1022 毫秒后，断路器保护（北京四方 CSC122A）重合闸出口。1044 毫秒后 B 相跳位消失，重合成功。

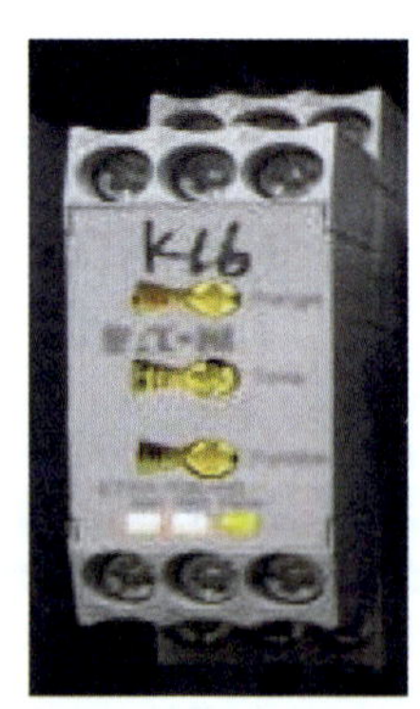

图 5-12　三相不一致时间继电器 K16

检查后台 SOE 记录信息，由于测控装置时间不准，差了大概 8 秒。按照时间轴对比，从线路开关 B 相分闸到三相不一致出口时间相差 1117 毫秒。由于没有其他异常光字和信号，且故障报文中三相不一致时间异常，初步怀疑时间继电器 K16 是导致三相不一致不正确动作的原因。现场检查线路开关时间继电器 K16（见图 5-12），通过外观检查，确定时间整定正确，大于 2 秒，由于是机械式继电器，外观上无法确认准确定值时间。

如图 5-13 所示，开关三相不一致动作原理是当出现开关三相位置不同时

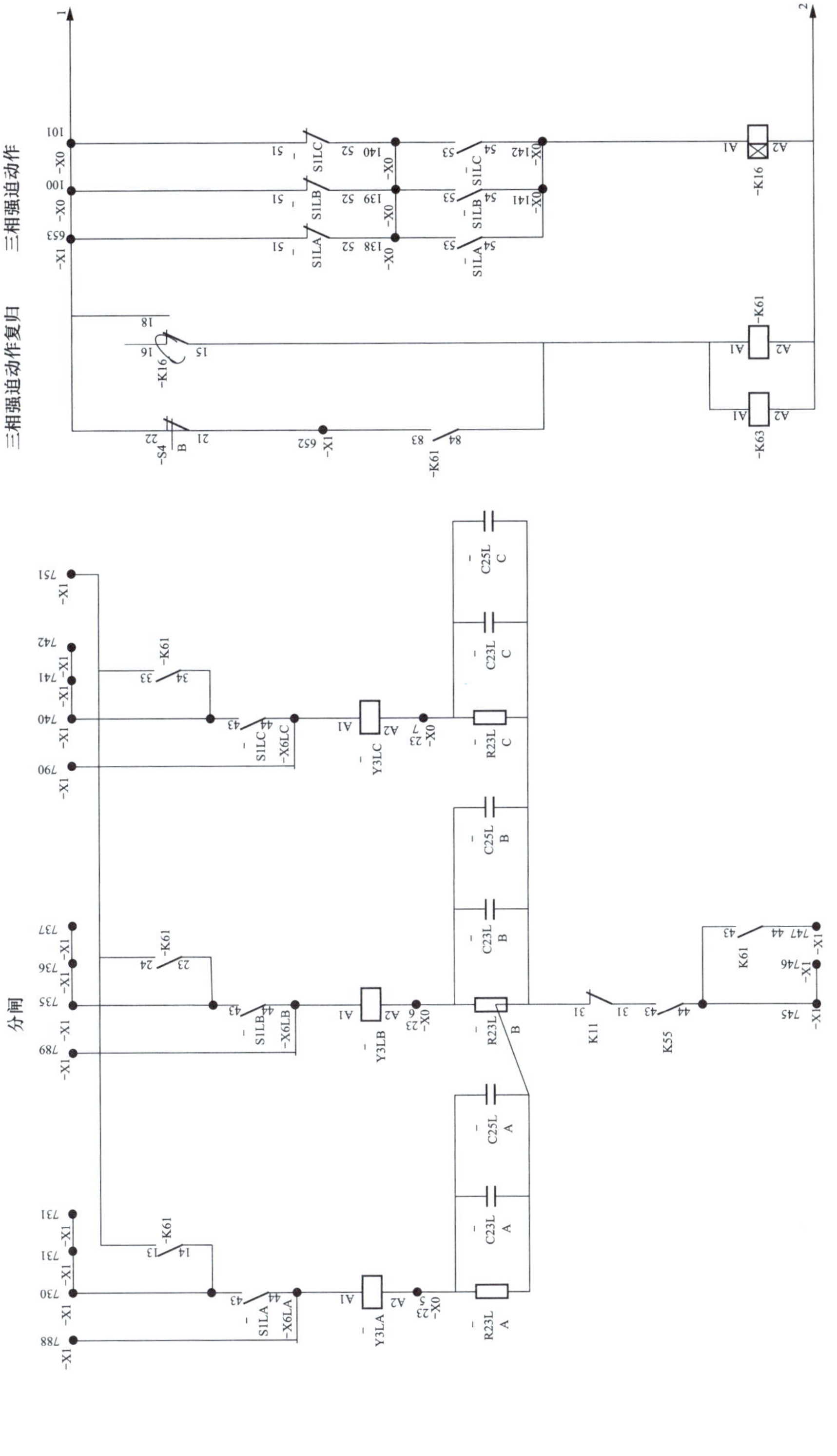

图 5-13　开关机构三相不一致原理图

后，时间继电器 K16 得电励磁，经 2.5 秒延时后启动三相不一致时间继电器 K61，K61 触点接通三相跳闸回路，断开运行开关。

检修人员现场申请将线路开关改至冷备用后，合上开关，退出保护装置重合闸出口压板。在断路器上模拟 B 相分闸，从后台报文上检查三相不一致动作时间为 1199 毫秒，小于设定的时间，初步怀疑三相不一致回路存在问题。从原理图 5-13 可以知道，驱动三相不一致动作条件是时间 K16 继电器 K16 动作，所以初步判别 K16 存在问题。现场拆下 K16 并进行试验，检查动作时间为 1125 毫秒。确定为时间继电器 K16 原因导致三相不一致动作。

现场更换新的时间继电器 K16，经多次试验正确后将线路恢复空充运行。

四、故障分析

2017 年 7 月 14 日，再次组织检修人员对时间继电器 K16 进行检查。如图 5-14 所示，用螺钉旋具（俗称螺丝刀）对延时挡（Time）进行调整，发现转动较松，不像范围挡（Range）、功能挡（Function）紧固，也没有明确的卡扣声音。将时间设置到 2 秒以上，对 K16 进行电气试验，K16 动作时间为 2459 毫秒，未见明显异常。然后对继电器进行解体，内部零部件无损坏迹象。同时对单位库存的时间继电器开展整体校验，未发现类似问题。

查询记录发现，该线路曾发生 A 相单相故障，重合闸正确动作，开关机构三相不一致时间继电器 K16 未动作。

初步怀疑由于时间继电器 K16 长期在户外工作经常被震动，导致三相不一致时间继电器 K16 延时出现偏差，最后导致三相不一致动作。

五、知识点拓展

1. 三相不一致保护原理

目前，在 220kV 及以上电压等级的电网，断路器普遍采用分相操动机构，在运行过程中由于各种原因会出现三相断路器状态不一致的情况，即非全相运行。除正常的单跳单重外，系统非全相运行的时间应有所限制。为应对这种状态，需装设能反映断路器非全相运行状态的三相不一致保护。

非全相保护的实现一般需要反映断路器三相位置不一致的回路，可以采用断路器辅助触点组合实现，也可以采用跳闸位置、合闸位置继电器的触点

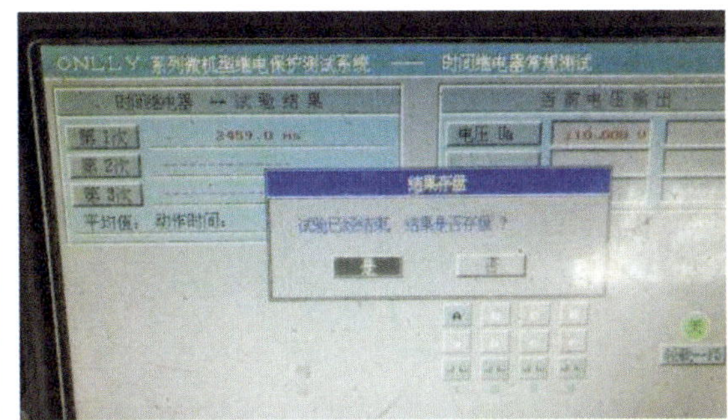

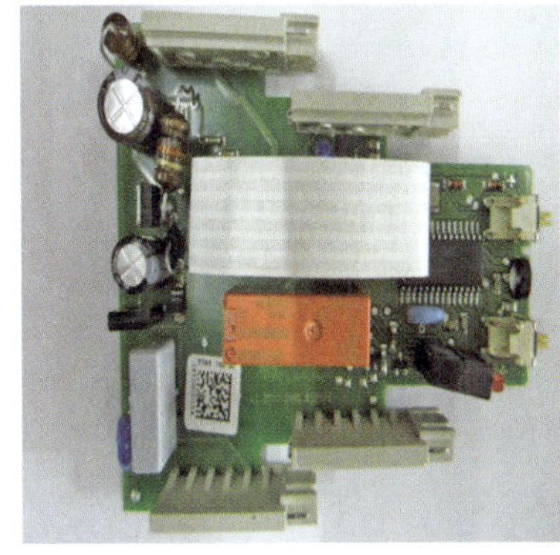
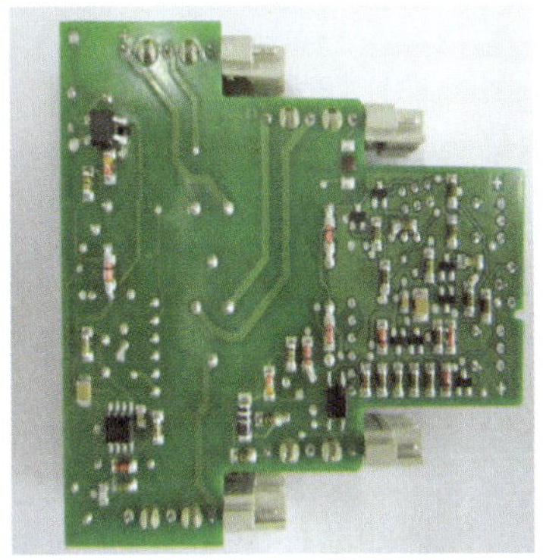

图 5-14　时间继电器试验和解体检查

组合（该触点组合一般由操作箱给出）实现。因此，三相不一致保护的实现方式有微机三相不一致保护和断路器本体三相不一致保护两种。根据相关标准的要求，为减少中间环节，三相不一致保护应采用断路器本体三相不一致保护。

2. 微机三相不一致保护

微机三相不一致保护原理如图 5-15 所示。由三相不一致触点启动，即操作箱的三相 TWJ 并联、三相 HWJ 并联，然后两者再串联作为非全相开入给保护装置。三相不一致保护可采用零序电流或负序电流作为动作的辅助判据，经辅助判据综合判断后，延时出口动作，启动跳闸回路。即三相不一致保护动作出口应满足以下两个条件：①断路器非全相运行；②流过三相不一致保护的零序（或负序）电流应大于零序（或负序）电流启动值。

3. 断路器本体三相不一致保护

根据 GB/T 14285—2006《继电保护和安全自动装置技术规程》，220V 及以上断路器应尽量采用断路器本体机构的三相不一致保护。断路器本体机构的

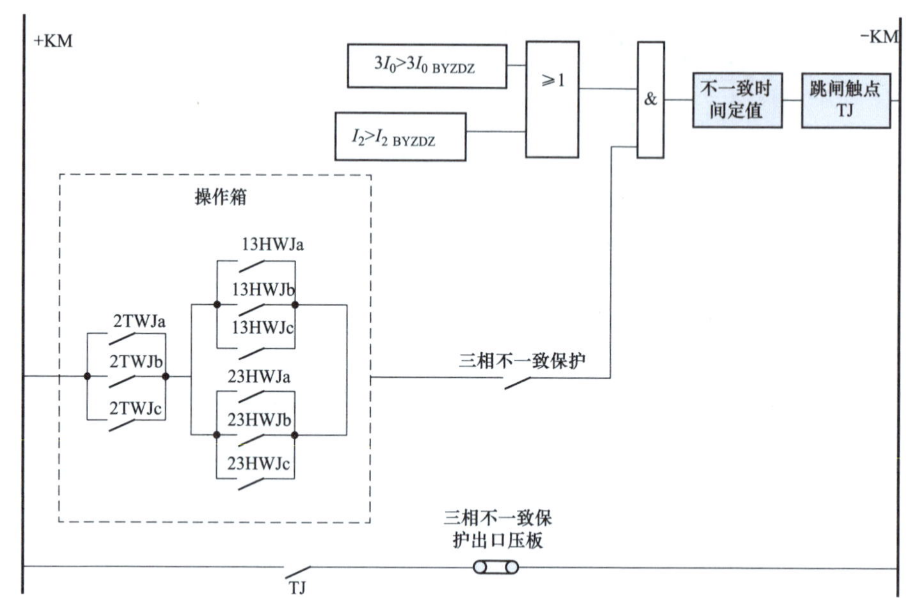

图 5-15　微机三相不一致保护动作原理图

三相不一致保护的动作原理如图 5-16 所示（可参照图 5-13 具体分析），通过断路器的辅助触点直接启动，即断路器的三相动合触点并联、三相动断触点并联，然后两者串联后启动时间继电器，时间继电器延时闭合后启动跳闸回路。为保证三相不一致保护的可靠性，本体三相位置不一致保护也按照保护双重化原则进行配置，并分别接入两组相互独立的跳闸回路，采用两组相互独立的操作电源供电。

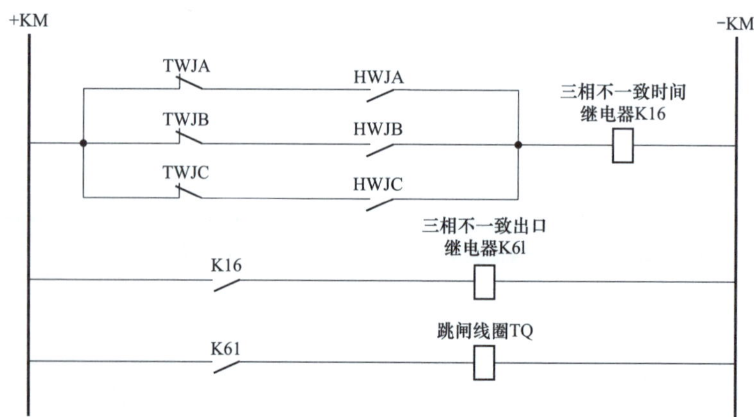

图 5-16　断路器本体三相不一致保护原理图

目前，更多新断路器采用三相分体结构，现场装设专门的非全相机构箱，实现断路器本体机构的三相不一致保护。以 ABB LTB245E 为例，断路器本体三相不一致保护的原理如图 5-17 所示。

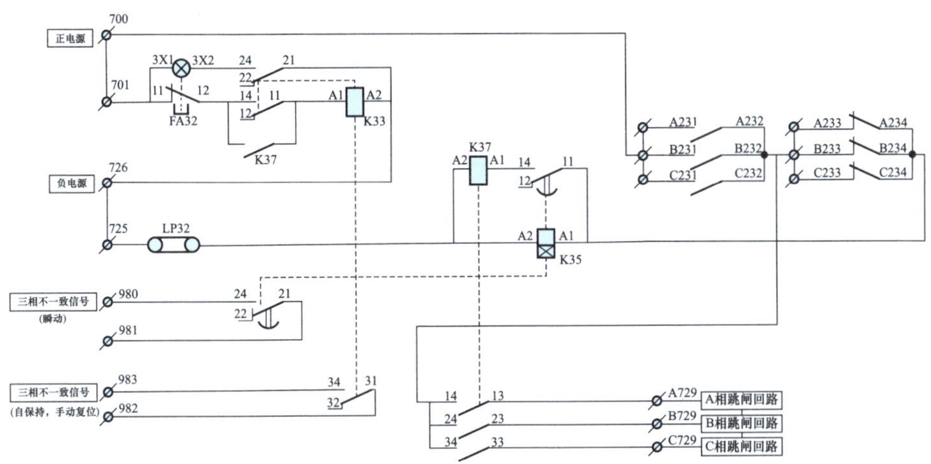

图 5-17　分相断路器本体三相不一致保护原理图

FA32—复位按钮；K33—继电器；K35—三相不一致时间继电器；

K37—三相不一致动作继电器；LP32—三相不一致投入压板

当断路器三相位置不对应时，时间继电器 K35 经过 2.5 秒后动作，动合触点闭合，动作继电器 K37 动作，断路器三相跳闸同时三相不一致动作信号灯亮。三相不一致告警信号触点分为动作后瞬时复归与自保持两种，通常采用自保持方式。断路器三相不一致动作信号可采用拉合控制电源或复归按钮 FA32 的方式进行复归。

4. 断路器本体三相位置不一致保护与防跳回路的配合

若断路器采用保护装置操作箱内的防跳回路，当系统发生单相接地故障，保护动作跳开故障相，重合闸不能正确动作时，如果非故障相由于某种原因发生合闸回路触点粘黏，致使合闸脉冲一直存在，这时断路器本体三相位置不一致保护经延时动作跳开另外两非故障相断路器，将会造成非故障相断路器重合、三相位置不一致保护经延时动作再跳开又重合的跳跃现象。为防止上述断路器跳跃事故发生，断路器投运前应认真做好断路器传动试验，检查重合闸回路的正确性以及与断路器配合情况，合闸回路是否存在继电器触点粘黏现象，确保重合闸和防跳回路功能正确。

为彻底杜绝上述断路器跳跃现象发生，断路器的防跳回路应采用本体的防跳回路，取消保护装置操作箱内的防跳回路，确保其动作出口回路能正确启动本体的防跳回路。断路器投运前应认真做好断路器传动试验，检查重合闸回路的正确性以及与断路器配合情况，确保重合闸和与断路器防跳回路功能正确。

案例三　220kV线路开关异常信号动作

一、案例名称

220kV某变电站线路开关异常信号动作。

二、案例简介

2017年6月4日，220kV某变电站线路在由副母热备用改副母运行后，后台出现“重合闸闭锁”“重合闸装置异常”“开关机构弹簧未储能”三个光字牌。变电检修中心检修人员随即开展应急处理，在试拉合第一路控制电源后，异常信号复归，装置恢复正常。

三、事故信息

220kV某线路在由副母热备用改至副母运行后，后台报“重合闸闭锁”“重合闸装置异常”“开关机构弹簧未储能”三个光字牌，如图5-18所示。

现场检查发现：线路开关处副母运行，重合闸装置（CSC-122A）显示“低气压告警”，告警灯亮、充电指示灯不亮（见图5-19），两套线路保护无异常，开关气室压力正常（见图5-20和图5-21），汇控柜指示灯正常（见图5-22），无电机转动声响。

查询台账得到设备信息如下：

220kV某线路一次配电装置为户外GIS结构，采用西安西电开关电气有限公司ZF9D-252（L）/T4000-50型SF_6金属全封闭组合电器。断路器型号为LW24-252/T4000-50G，配弹簧操动机构。配两套线路保护装置，双屏布置，第一套为四方公司CSC-101A线路保护、CSC-122A重合闸装置共屏，第二套

为南瑞继保公司 RCS-901A 线路保护、CZX-12G 操作继电器箱共屏。

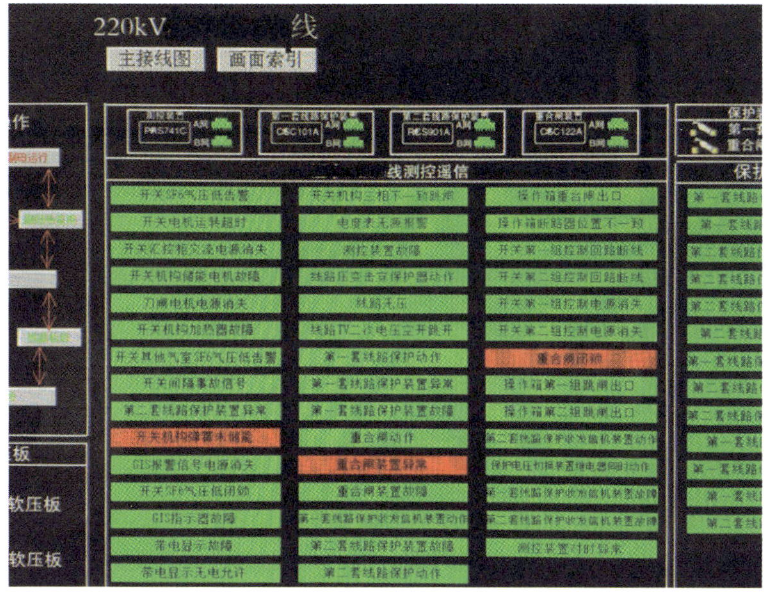

图 5-18　后台异常光字

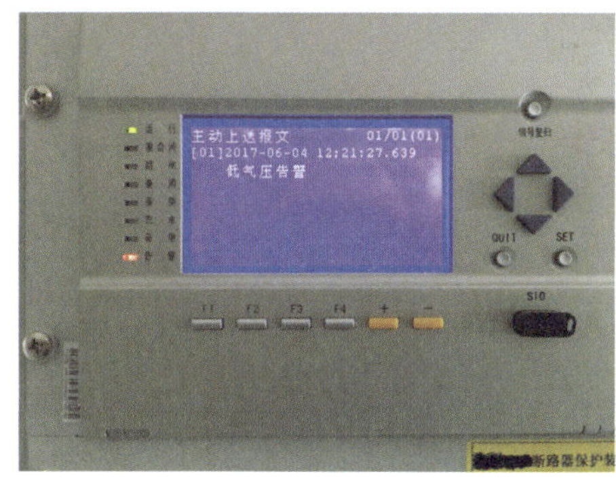

图 5-19　重合闸装置 CSC-122A 告警信息

图 5-20　开关气室压力 1

四、检查过程

由于断路器保护装置告警，显示“低气压告警”“重合闸闭锁”“重合闸装置异常”光字牌亮，检修人员首先重启线断路器保护（重合闸）装置电源空气开关 3DK。重启后无效，告警、光字牌仍存在。

由于“开关机构弹簧未储能”光字亮，检修人员试拉开关第Ⅰ路控制直流

图 5-21　开关气室压力 2

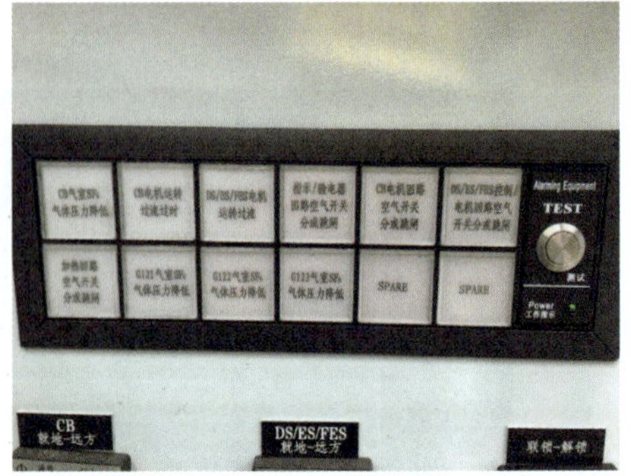

图 5-22　汇控柜信号指示灯

电源空气开关 4DK1。重启后恢复正常，断路器保护装置告警灯熄灭，充电灯亮，“重合闸闭锁”“重合闸装置异常”“开关机构弹簧未储能”光字牌消失。

五、原因分析

正常情况下，断路器的储能控制回路如图 5-23 所示。开关合闸时，合闸弹簧释放能量，弹簧储能微动开关-SP 恢复，接通弹簧储能辅助继电器-KSPA、-KSPB、-KSPC，对应动合触点闭合，使电机接触器-K88A、-K88B、-K88C 励磁。

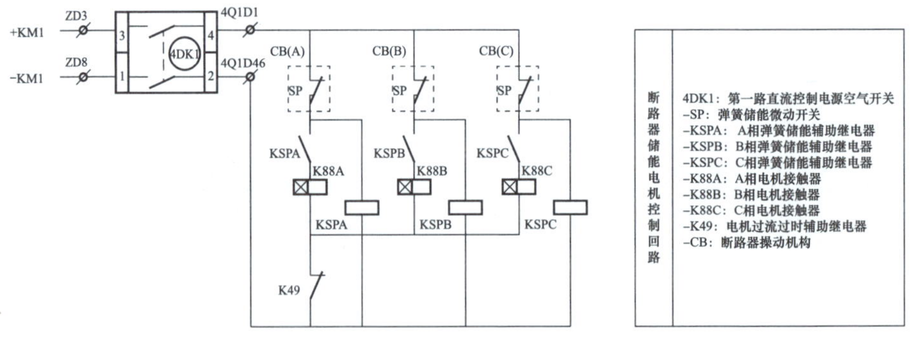

图 5-23　断路器储能控制回路

断路器储能电机回路如图 5-24 所示。电机接触器-K88A、-K88B、-K88C 励磁后，对应动合触点闭合，接通储能电机 MA、MB、MC。储能电机运行，给合闸弹簧储能。合闸弹簧储能完毕后，微动开关-SP 动作，弹簧储能辅助继电器-KSPA、-KSPB、-KSPC 失磁，电机接触器-K88A、-K88B、-K88C 失磁（见图 5-23），对应动合触点打开，储能电机失电，停止运行。

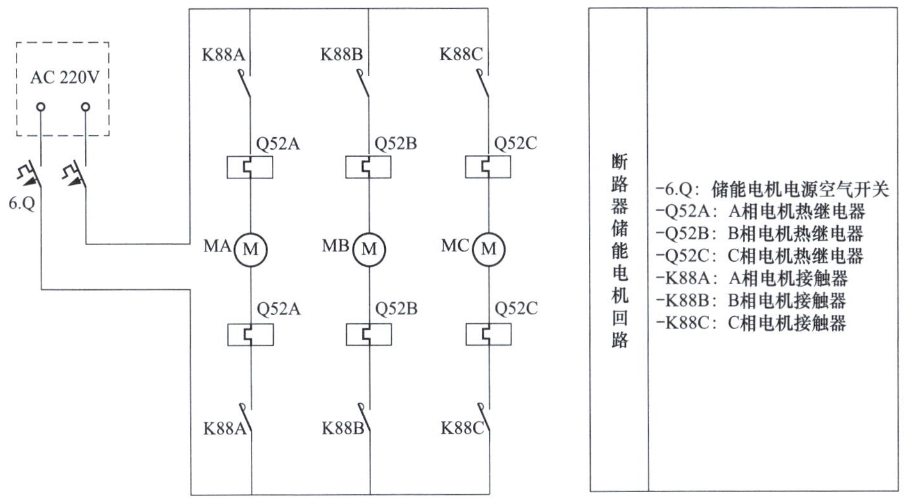

图 5-24　断路器储能电机回路

图 5-25 所示为弹簧未储能信号回路。开关合闸时，合闸弹簧释放能量，弹簧储能微动开关-SP 恢复，接通弹簧储能辅助继电器-KSPA、-KSPB、-KSPC（见图 5-23），对应动合动合触点闭合，作为线路测控装置的信号开入，上送"开关机构弹簧未储能"光字牌。

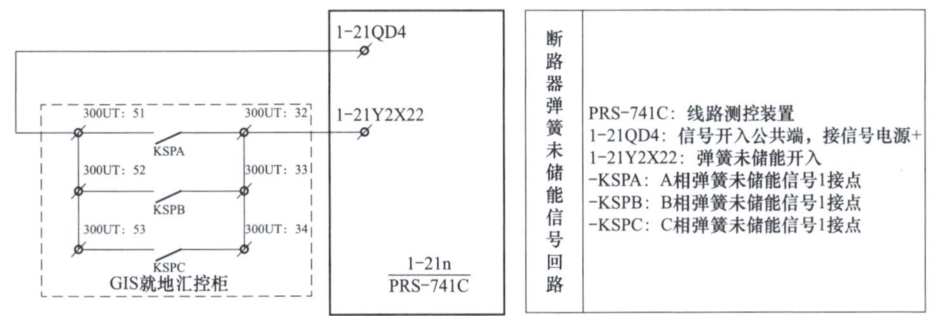

图 5-25　弹簧未储能信号回路

合闸弹簧储能完毕后，微动开关-SP 动作，弹簧储能辅助继电器-KSPA、-KSPB、-KSPC 失磁（见图 5-23），对应动合触点打开，测控装置弹簧未储能开入消失，"开关机构弹簧未储能"光字牌复归。

弹簧未储能闭锁重合闸回路如图 5-26 所示。开关合闸时，合闸弹簧释放能量，弹簧储能微动开关-SP 恢复，接通弹簧储能辅助继电器-KSPA、-KSPB、-KSPC

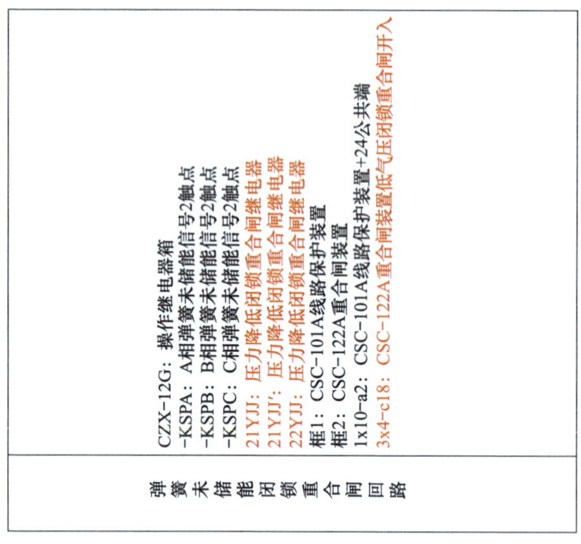

弹簧未储能闭锁重合闸回路
CZX-12G：操作继电器箱
-KSPA：A相弹簧未储能信号2触点
-KSPB：B相弹簧未储能信号2触点
-KSPC：C相弹簧未储能信号2触点
21YJJ：压力降低闭锁重合闸继电器
21YJJ'：压力降低闭锁重合闸继电器
22YJJ：压力降低闭锁重合闸继电器
框1：CSC-101A线路保护装置
框2：CSC-122A重合闸装置
1x10-a2：CSC-101A线路保护装置+24公共端
3x4-c18：CSC-122A重合闸装置低气压闭锁重合闸开入

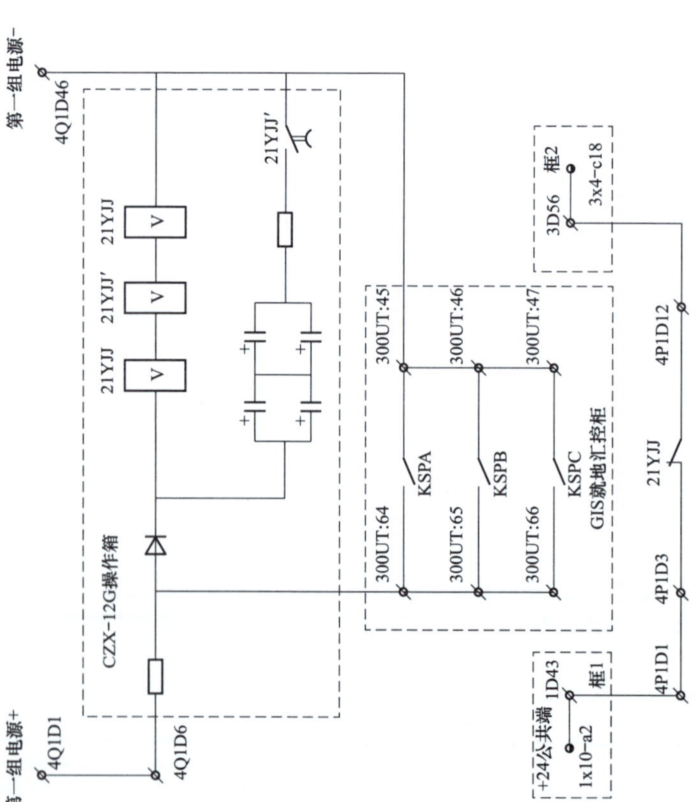

图 5-26　弹簧未储能闭锁重合闸回路

（见图 5-23），对应动合触点闭合，短接 CZX-12G 内的压力降低闭锁重合闸继电器 21YJJ、21YJJ'、22YJJ，使其失磁，对应动断触点接通，CSC-122A 重合闸装置低气压闭锁重合闸开入，对重合闸装置进行放电。故重合闸装置告警灯亮，充电灯不亮，显示“低气压告警”，后台“重合闸闭锁”“重合闸装置异常”光字牌亮。当合闸弹簧储能完毕后，弹簧储能微动开关－SP 动作，弹簧储能辅助继电器-KSPA、-KSPB、-KSPC 失磁，动合触点打开，压力降低闭锁重合闸继电器 21YJJ、21YJJ 降、22YJJ 励磁，对应动断触点打开，CSC-122A 重合闸装置无低气压闭锁重合闸开入，装置恢复正常，后台“重合闸闭锁”“重合闸装置异常”光字牌复归。

此次线路开关合闸弹簧储能完毕后，“开关机构弹簧未储能”光字牌未复归，说明弹簧储能辅助继电器-KSPA、-KSPB、-KSPC 对应动合触点至少有一个在闭合状态（见图 5-25）。重合闸装置告警灯亮，充电灯不亮，显示“低气压告警”，也说明弹簧储能辅助继电器-KSPA、-KSPB、-KSPC 对应动合触点至少有一个在闭合状态（见图 5-26）。也即弹簧储能辅助继电器-KSPA、-KSPB、-KSPC 至少有一个未失磁。拉合线路断路器第Ⅰ路控制直流电源空气开关 4DK1，所有异常情况恢复正常，说明拉开控制直流电源空气开关 4DK1 使原来未失磁的弹簧储能辅助继电器（-KSPA、-KSPB、-KSPC）失磁，合上控制直流电源空气开关 4DK1，弹簧储能辅助继电器（-KSPA、-KSPB、-KSPC）未励磁。

综合以上分析，弹簧储能完毕后，储能微动开关-SP 至少有一相未动作到位（未完全断开），导致弹簧储能辅助继电器-KSPA、-KSPB、-KSPC 至少有一个未失磁（未低于失磁电压或失磁电流），从而发生以上异常情况。通过拉开控制直流电源空气开关 4DK1，弹簧储能辅助继电器-KSPA、-KSPB、-KSPC 失电，动合触点打开，异常现象恢复；合上控制直流电源空气开关 4DK1，弹簧储能辅助继电器-KSPA、-KSPB、-KSPC 未达到励磁电压或励磁电流而保持动合状态，无异常现象。故此次线路异常情况问题出在弹簧储能微动开关-SP 上。（见图 5-23）

结合现场无电机转动声音、无断路器电机运转过流过时指示灯（见图 5-22）可判断，线路开关储能完毕后，-K49 继电器和-K88A、-K88B、-K88C 接触器均失磁（见图 5-23 和图 5-24），动作情况正常。注：这与回路电阻，继电器的励磁、失磁电压或电流有关。

六、知识点拓展

以西门子 3AQ1EE-252kV 断路器为例分析有关开关机构的信号。

3AQ1EE-252kV SF_6 断路器及有关字母的含义：第一个字母，3A—三相断路器；第二个字母，Q—三频率开断，P—带绝缘喷嘴灭弧室，T—两频率开断；第三个字母为系列号；第四个字母，E—液压机构，F—弹簧机构，D—罐式；第五个字母，G—三相机械联动共基座安装，E—分相操动机构共基座安装，I—分相操动机构分相安装；252—最高电压等级。

1. 油压继电器（B1）的动作值

（1）油压总闭锁（油压分闸闭锁）：压力大于（25.3±0.4）MPa 时动作，由 B1/27-30（分闸 1）、B1/3-6（分闸 2）触点提供。

（2）油压合闸闭锁：压力大于（27.3±0.4）MPa 时动作，由 B1/7-10 触点提供。

（3）自动重合闸闭锁：压力大于（30.8±0.4）MPa 时动作，由 B1/11-14 触点提供。

（4）油泵启动打压：压力小于（32.0±0.4）MPa 时动作，由 B1/16-17 触点提供。

（5）N_2 泄漏闭锁：压力大于（35.5±0.4）MPa 时动作，由 B1/20-21 触点提供。

（6）安全阀动作值：压力大于 37.5～41.2MPa 时动作，恢复值大于油泵启动值 1MPa 以上。

2. SF_6 密度继电器（B4）的动作值：

当压力大于某一定值时动作，由 B4/21-23 触点提供。

3. 分闸总闭锁 1

当 K10（分闸 1 总闭锁继电器）失去励磁后，分闸 1 回路将被闭锁。由图 5-27 可知，影响 K10 继电器励磁的因素如下：

（1）K5-SF_6 气压低于闭锁值，由 B4/21-23 驱动。

（2）K3-油压低于分闸油压设定值（25.3±0.4）MPa，由 B1/27-30 驱动。

（3）K14-N_2 泄漏 3 小时后，K14 设定 3 小时，3 小时内允许分闸，由 B1/

20-21 驱动。

（4）控制电压失电。

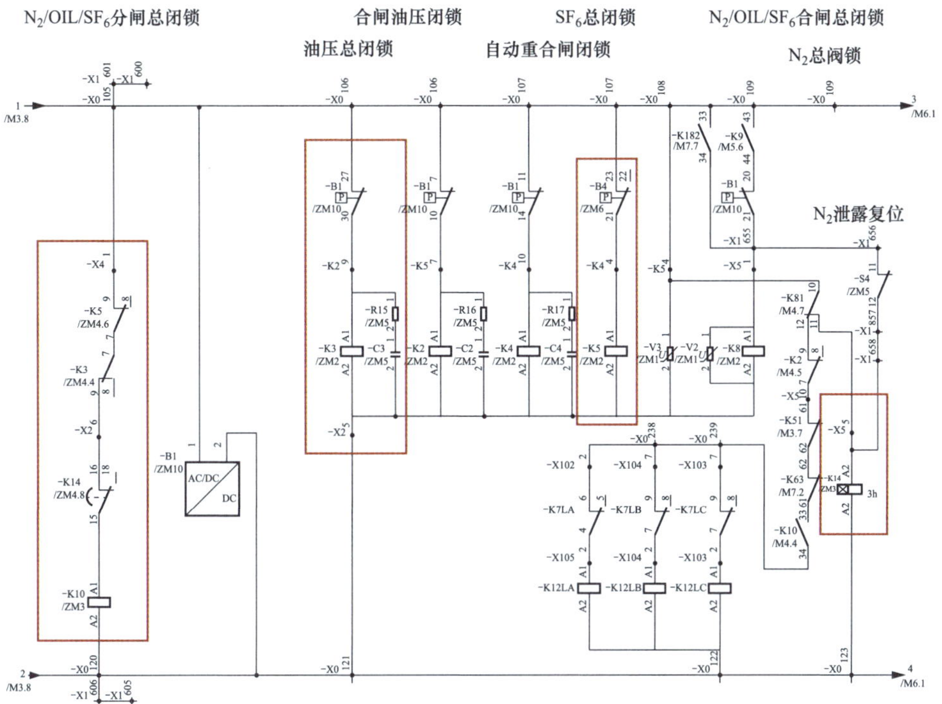

图 5-27　分闸总闭锁 1 回路

4. 分闸总闭锁 2

与分闸总闭锁 1 类似，B1/3-6 驱动 K103-分闸油压继电器 2，B4/31-33 驱动 K105-SF_6 气压低闭锁继电器 2，K82 为 N_2 气压低闭锁继电器 2，如图 5-28 所示。

5. 自动重合闸闭锁

断路器提供自动重合闸闭锁Ⅰ（动合触点 X1/676-678）和自动重合闸闭锁Ⅱ（动断触点 X1/676-677）两副触点供用户使用，如图 5-29 所示。

正常情况下，合闸总闭锁回路导通，K12LA 继电器动作，当油压低于设定值（30.8±0.4）MPa，B1/11-14 触点导通，驱动 K4 继电器动作，X1/676-678 导通，X1/676-677 关断。

由 K12LA 继电器可知，当断路器发生三相不一致动作，A 相断路器触发

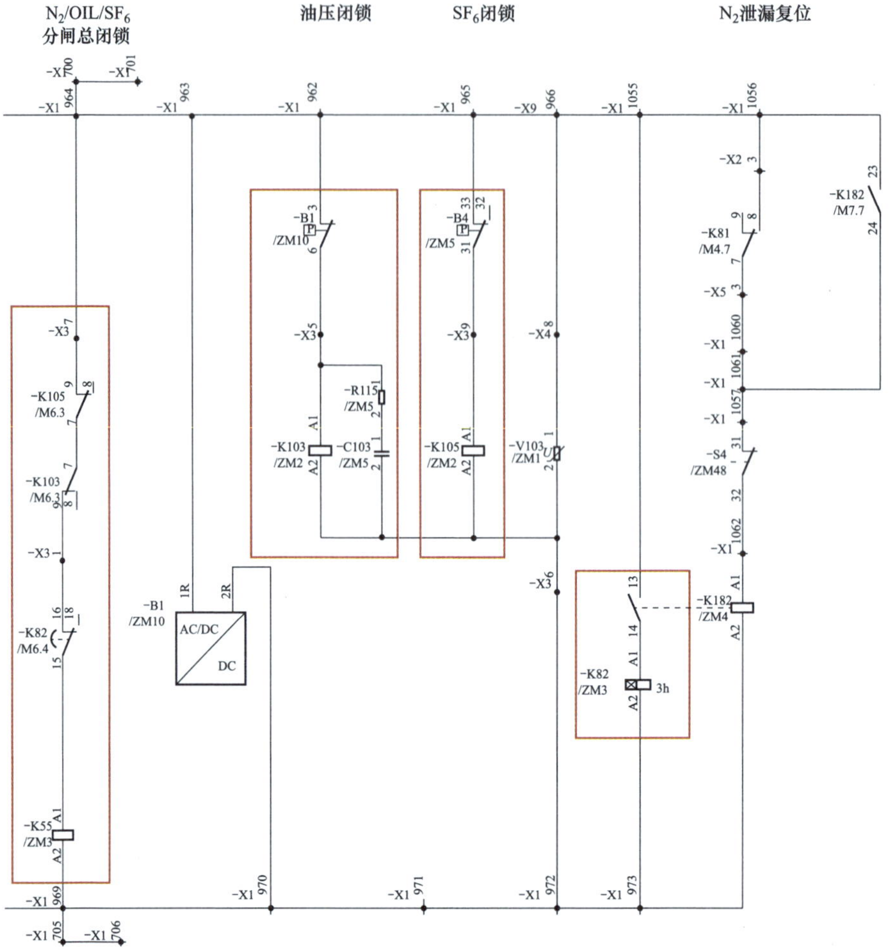

图 5-28　分闸总闭锁 2 回路

K7LA 防跳继电器，以及发生 N_2 泄漏闭锁时，即使油压正常，自动重合闸闭锁Ⅰ（X1/676-678）导通，自动重合闸闭锁Ⅱ（X1/676-677）关断。

6. 合闸总闭锁

如图 5-30 所示，当满足下列条件时，K12 继电器失去励磁，合闸回路闭锁：

（1）K2-油压低于合闸油压设定值（27.3±0.4）MPa，B1/7-10 驱动。

（2）K81-N2 泄漏，B1/20-21 驱动。

（3）K7-防跳继电器动作。

（4）K61、K63-发生非全相运行。

（5）K10-分闸总闭锁。

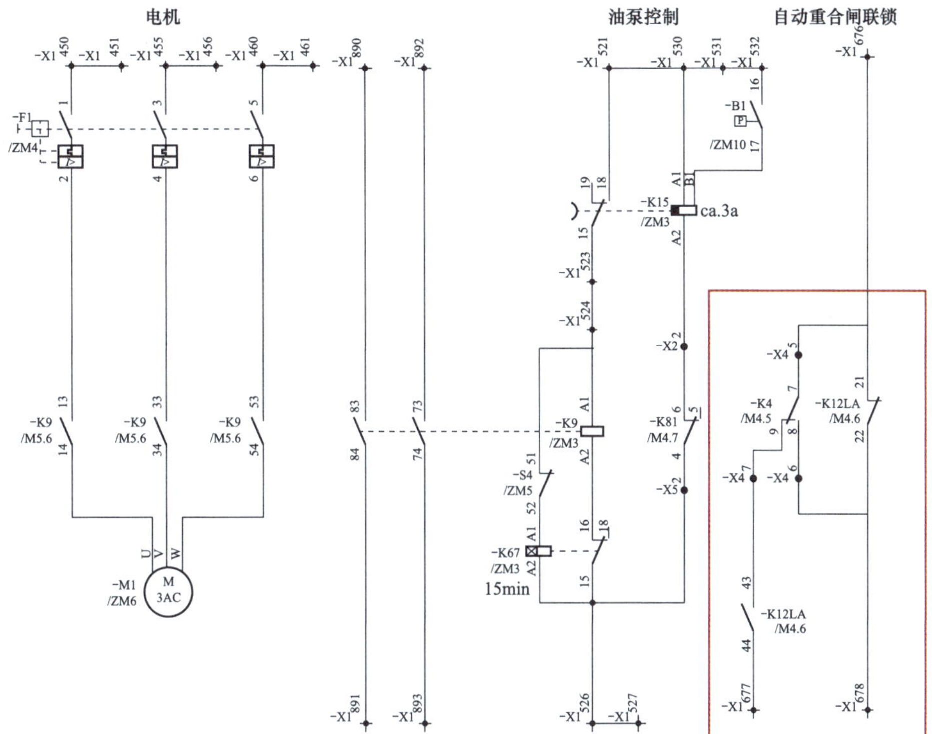

图 5-29　自动重合闸闭锁回路

（6）控制电压失电。

其中 K2 为合闸油压闭锁，当开关压力缓慢下降到设定值（27.3±0.4）MPa，B1/7-10 触点复归，K2 继电器动作。

N2 泄漏闭锁逻辑为：当油压快速升高至（35.5±0.4）MPa 时动作，B1/20-21 触点导通，K81 得电，合闸回路被闭锁，同时 K14 得电，3 小时后报 N_2 泄漏，K182 为保持继电器。

第二路 N_2 泄漏信号回路如图 5-31 所示，同样在 B1/20-21 触点导通，K81 得电后，使得 K182 动作，接通 K82 经 3 小时延迟后，报 N_2 泄漏信号。

7. 油泵控制系统

系统由 B1（油压控制器的压力触点 B1/16-17）、K15（时间继电器）、K9（接触器）控制油泵打压电机。当开关油压降低到（32.0±0.4）MPa 时，B1/16-17 触点动作，使得 K9 得电，电机开始打压。开关油压升高至（32.0±0.4）MPa 时，B1/16-17 触点断开，K15 经 3 秒延迟后复归，K9 复归，电机停止打

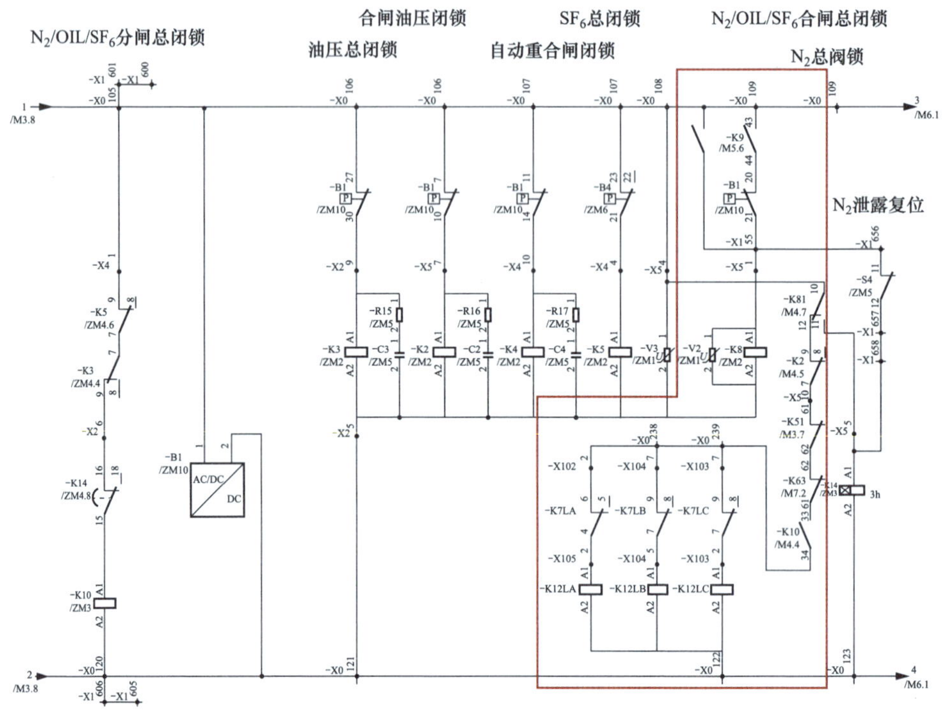

图 5-30 合闸总闭锁回路

压。K15 断电延时目的，一是防止液压系统频繁启动；二是检查氮气储能筒有无氮气泄漏的情况发生。K67 在 K9 得电的同时开始计时，如果电机打压时间大于 15 分钟，则切断 K9 所在回路，防止电机长期打压。相关回路如图 5-32 所示。

8. 断路器机构信号回路

相关断路器机构信号回路如图 5-33 所示。

9. 相关继电器

K9—电机控制继电器；

K15—打压延时继电器，断电延时型；

F1—电机电源空气开关；

K10—总闭锁继电器（分 1），SF_6 气体压力低闭锁，N_2 泄漏闭锁，油压低闭锁；

K26—总闭锁继电器（分 2），SF_6 气体压力低闭锁，N_2 泄漏闭锁，油压低闭锁；

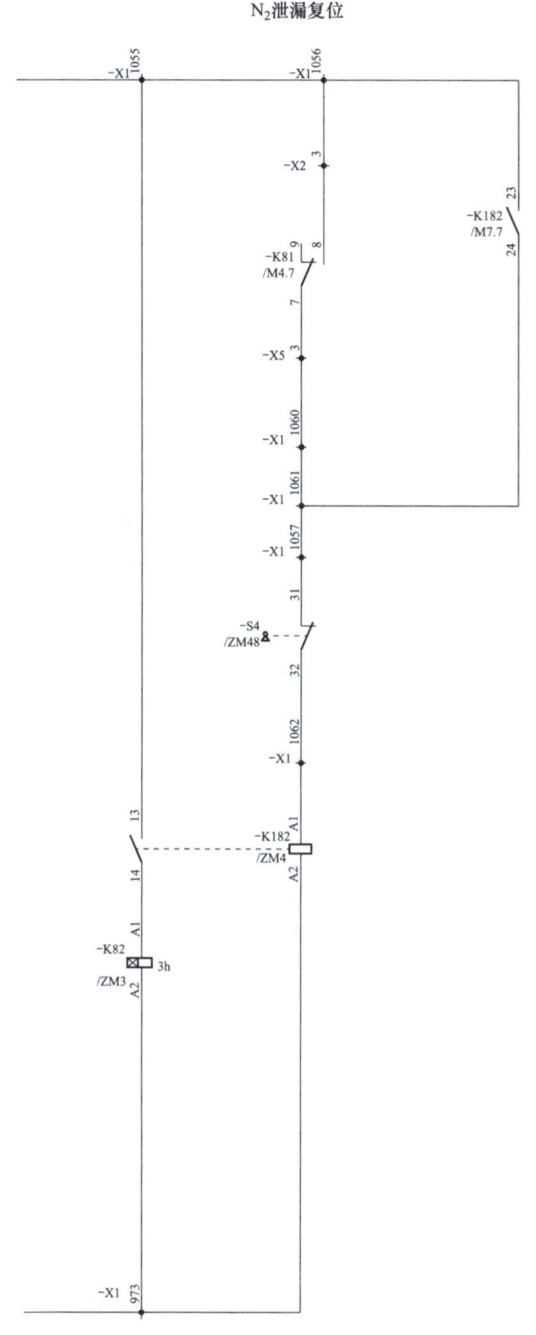

图 5-31　第二路 N_2 泄漏信号

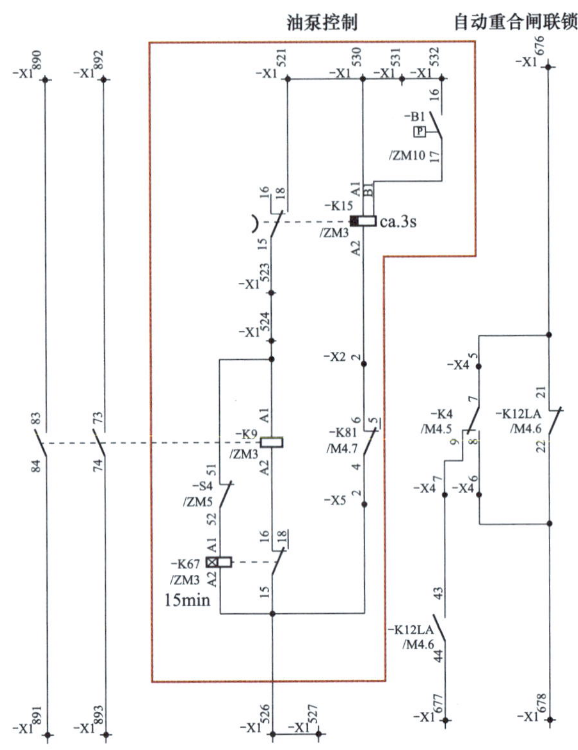

图 5-32　电机打压回路

K61—非全相运行强迫跳闸继电器（分闸 1）；

K63—非全相运行强迫跳闸继电器（分闸 2）；

K16—非全相运行强迫跳闸延时继电器（分闸 1），得电延时型；

K64—非全相运行强迫跳闸延时继电器（分闸 1），得电延时型；

K14—N_2 泄漏闭锁延时继电器，得电延时型，延时 3 小时，闭锁分闸 1；

K82—N_2 泄漏闭锁延时继电器，得电延时型，延时 3 小时，闭锁分闸 2；

K81—N_2 泄漏闭锁自保持中间继电器；

K76—就地合闸继电器；

K77—就地分闸继电器；

K12—合闸闭锁继电器；

K2—油压低合闸闭锁中间继电器；

K3—油压低分闸闭锁中间继电器（分 1）；

K5—SF_6 气体压力低闭锁中间继电器（分 1）；

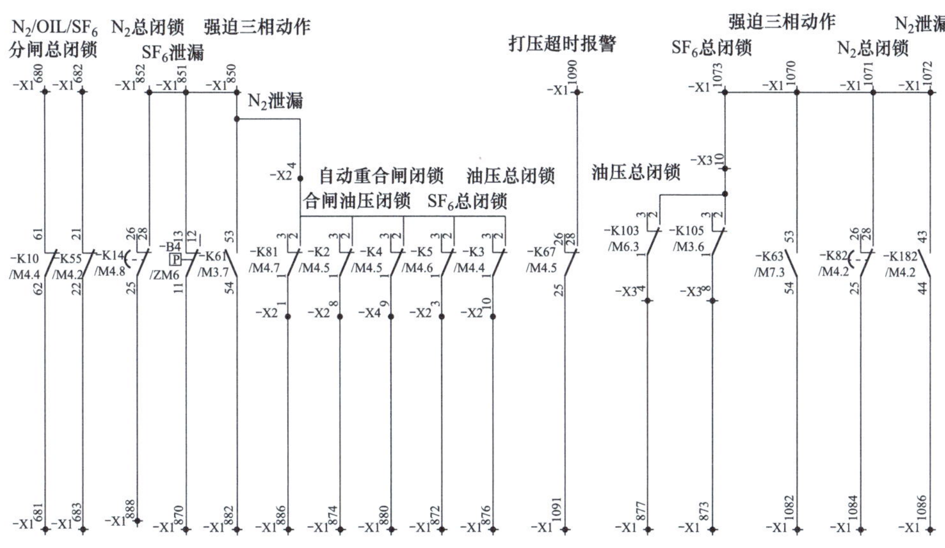

图 5-33　相关断路器机构的信号回路

K7—防跳中间继电器；

K8—防跳中间继电器（增加触点用）；

K182—N_2 泄漏闭锁自保中间继电器（分 2）；

K103—油压低分闸闭锁中间继电器（分 2）；

K105—SF_6 气体压力低闭锁中间继电器（分 2）；

F3—加热器电源空气开关；

S4—复位开关，可复位因非全相运行和 N_2 泄漏引起的闭锁；

S8—远方/就地转换开关（1 为远方位置，0 为就地位置）；

S9—就地合闸；

S3—就地分闸；

H1、H2、H3—A、B、C 相的动作计数器；

H4—电机动作计数器；

B1—油压触点；

B4—SF_6 气体密度计（带温度补偿功能）；

K67—打压超时延时继电器，得电延时型，延时 3 分钟；

K11—分闸同步继电器；

K75—防跳继电器（3AP 系列）；

K55—SF_6 气体压力低闭锁 2 继电器（3AP1-FI）。

第六章　智能站设备类

案例一　虚端子连线错误导致断路器遥分后异常重合

一、案例名称

220kV 某变电站虚端子连接错误导致断路器遥控分闸后异常重合。

二、案例简介

某日，220kV 变电站某 110kV 线路断路器在进行遥控分闸操作，断路器分闸后，重合闸异常动作，导致断路器合上。

三、事故信息

现场保护测控一体化装置为许继 WXH-811A，智能终端为长园深瑞 PRS-7389。

四、检查过程

初步怀疑断路器没有闭锁保护装置重合闸。在智能终端和保护测控一体化装置上对 GOOSE 报文进行抓包分析发现，智能终端“闭锁重合闸”和“弹簧未储能”两个闭锁触点接反。智能终端“闭锁重合闸”虚端子错误拉至保护“低气压（弹簧未储能）闭锁重合闸”虚端子，“弹簧未储能”虚端子错误拉至保护“闭锁重合闸”虚端子。

五、原因分析

当线路开关被遥控分闸后，断路器机构“弹簧未储能”没有动作，智能终

端“弹簧未储能”虚端子未开入至保护“闭锁重合闸”虚端子，线路保护未能闭锁重合闸功能。虽然此时保护装置“低气压（弹簧未储能）闭锁重合闸”虚端子收到智能终端“闭锁重合闸”的开入信号，但是该虚端子在保护装置启动后或开关分位时无法闭锁重合闸，最终导致开关遥控分闸后异常重合。正确接法是将智能终端“闭锁重合闸”接入保护装置“闭锁重合闸”开入。

六、知识点拓展

1. “低气压闭锁重合闸”和“闭锁重合闸”的区别

线路保护装置“低气压闭锁重合闸”开入与“闭锁重合闸”开入的功能均为闭锁重合闸，即对重合闸放电。区别是“低气压闭锁重合闸”开入接断路器机构的输出触点，它仅在装置启动前监视，启动后不再监视，目的是防止跳闸过程中可能由于气压短时降低而导致“低气压闭锁重合闸”开入短时接通而误闭锁重合闸；“闭锁重合闸”开入不管在任何时候接通，均会对重合闸放电而闭锁重合闸。当重合闸启动或者开关分位时，保护装置不响应“低气压闭锁重合闸”开入。

2. 智能终端与其他装置间的 GOOSE 信号

智能终端是一种智能组件，与一次设备采用电缆连接，与保护、测控等二次设备采用光纤连接，实现对一次设备（断路器、隔离开关、主变压器等）的位置、告警信号与控制功能，以及柜体温度、湿度、主变压器温度等测量采集。智能终端对上采用 GOOSE 数字化接口，与间隔层设备进行通信；对下采用常规电缆，与一次设备进行接口。

以 220kV 线路保护第一套智能终端为例介绍典型的 GOOSE 信号设计。图 6-1 所示为智能终端与其他装置间的虚端子连接图。

1. 智能终端与线路保护间虚端子联系

智能终端接收线路保护 GOOSE 信号如图 6-2 所示，包括跳 A、跳 B、跳 C、重合闸、永跳。

智能终端发送至线路保护 GOOSE 信号如图 6-3 所示，包括断路器 A 相位置、断路器 B 相位置、断路器 C 相位置、压力降低禁止重合闸、闭锁重合闸。

2. 智能终端与母线保护间虚端子联系

智能终端接收母线保护 GOOSE 信号如图 6-4 所示，仅包括永跳信号。

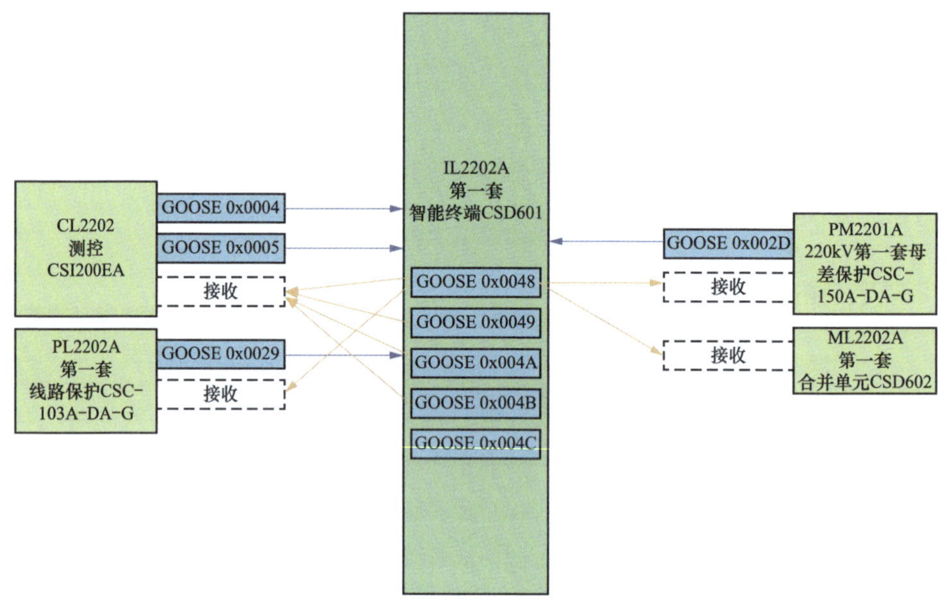

图 6-1　智能终端虚端子连接图

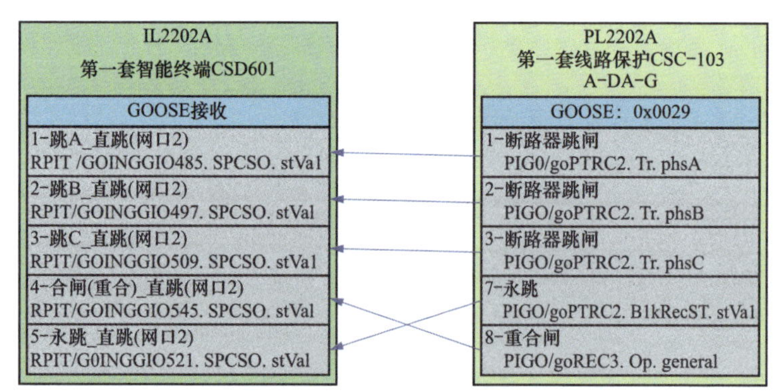

图 6-2　智能终端接收线路保护 GOOSE 信号

智能终端发送至母线保护 GOOSE 信号如图 6-5 所示，包括 1G 隔离开关位置、2G 隔离开关位置。

3. 智能终端与测控装置间虚端子联系

智能终端接收测控装置 GOOSE 信号如图 6-6 和图 6-7 所示，主要包括断路器分闸出口、断路器合闸出口、隔离开关分闸出口、隔离开关合闸出口、接地开关分闸出口、接地开关合闸出口、隔离/接地开关间的联锁信号。

智能终端发送至测控装置 GOOSE 信号如图 6-8 所示，主要包括断路器位置信号、隔离开关位置信号、接地开关位置信号、装置故障/异常信号、闭锁

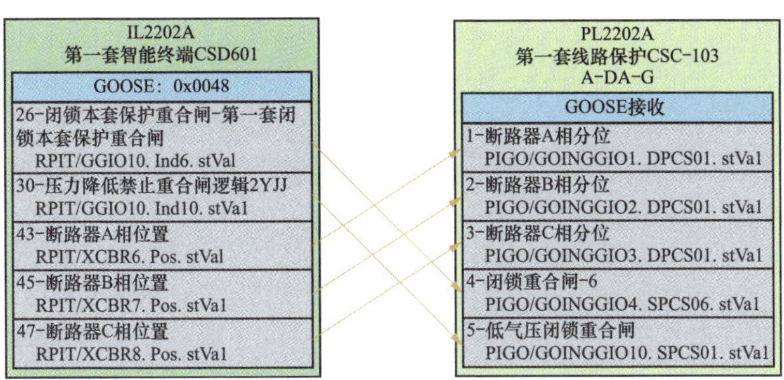

图 6-3　智能终端发送至线路保护 GOOSE 信号

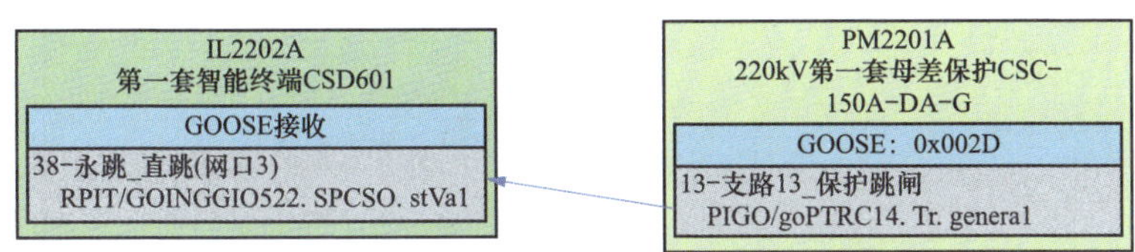

图 6-4　智能终端接收母线保护 GOOSE 信号

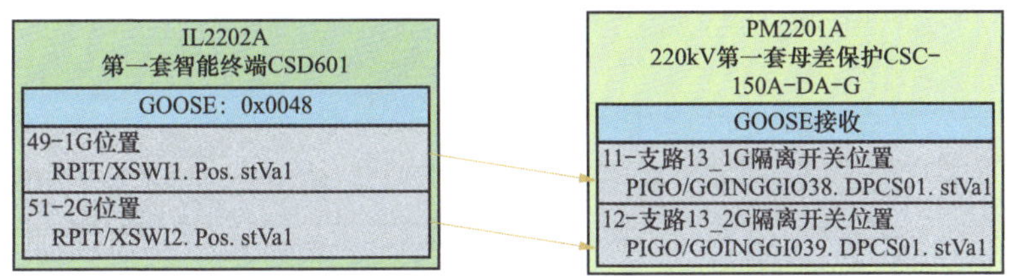

图 6-5　智能终端发送至母线保护 GOOSE 信号

重合闸信号、位置不对应信号、合后位置信号、三相不一致信号、控制回路断线信号、对时异常、温湿度控制器断线报警、交流环网消失报警、储能电机电源消失报警、隔离开关电机电源断电报警、加热/照明电源报警、开关弹簧未储能闭锁、SF_6 压力低报警、通信网口断链报警、隔离开关联锁信号、线路 TV 断线报警、温湿度直流量采样、远方/就地切换等信号。

4. 智能终端与合并单元间虚端子联系

智能终端仅有发送至合并单元的 GOOSE 信号，无接收来自合并单元的虚端子信号，如图 6-9 所示，包括 1G 隔离开关位置、2G 隔离开关位置。

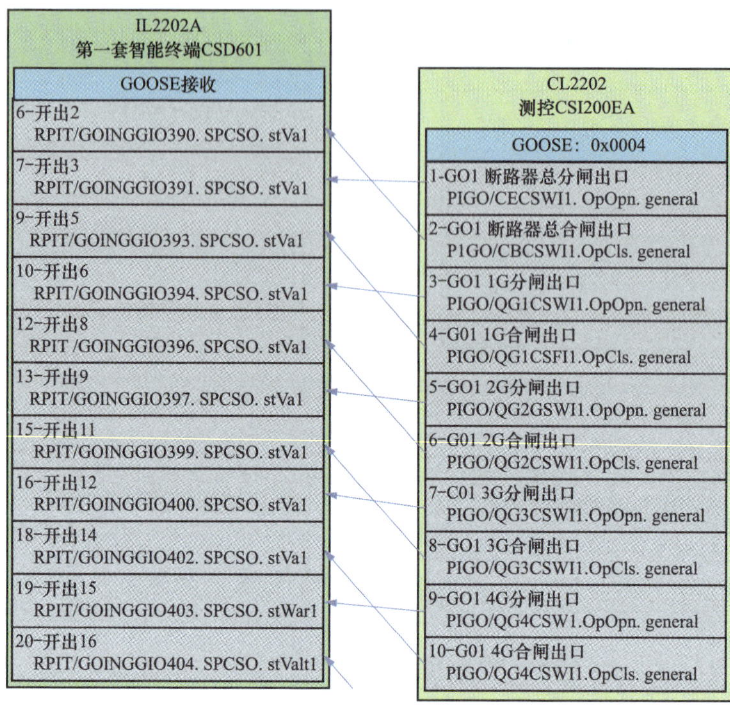

图 6-6　部分智能终端接收测控装置出口 GOOSE 信号

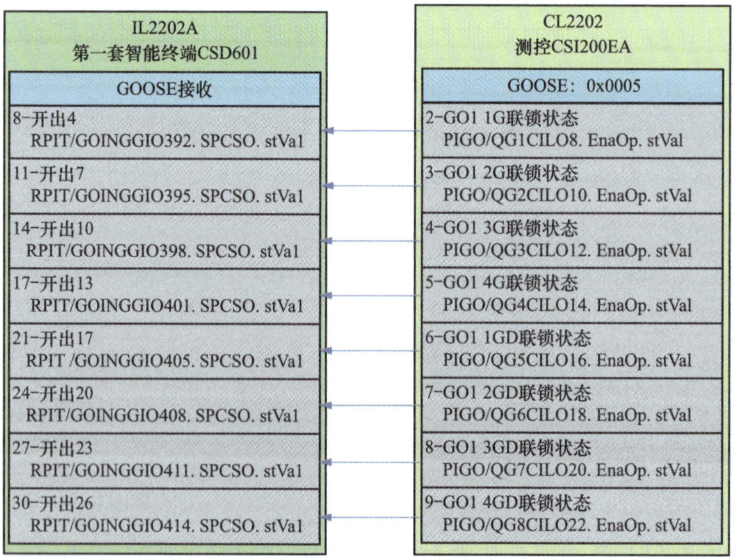

IL2202A
第一套智能终端CSD601
GOOSE接收
8-开出4
RPIT/GOINGGIO392. SPCSO. stVal
11-开出7
RPIT/GOINGGIO395. SPCSO. stVal
14-开出10
RPIT/GOINGGIO398. SPCSO. stVal
17-开出13
RPIT/GOINGGIO401. SPCSO. stVal
21-开出17
RPIT /GOINGGIO405. SPCSO. stVal
24-开出20
RPIT/GOINGGIO408. SPCSO. stVal
27-开出23
RPIT/GOINGGIO411. SPCSO. stVal
30-开出26
RPIT/GOINGGIO414. SPCSO. stVal

CL2202
测控CSI200EA
GOOSE：0x0005
2-GO1 1G联锁状态
PIGO/QG1CILO8. EnaOp. stVal
3-GO1 2G联锁状态
PIGO/QG2CILO10. EnaOp. stVal
4-GO1 3G联锁状态
PIGO/QG3CILO12. EnaOp. stVal
5-GO1 4G联锁状态
PIGO/QG4CILO14. EnaOp. stVal
6-GO1 1GD联锁状态
PIGO/QG5CILO16. EnaOp. stVal
7-GO1 2GD联锁状态
PIGO/QG6CILO18. EnaOp. stVal
8-GO1 3GD联锁状态
PIGO/QG7CILO20. EnaOp. stVal
9-GO1 4GD联锁状态
PIGO/QG8CILO22. EnaOp. stVal

图 6-7　智能终端接收测控装置联锁信号

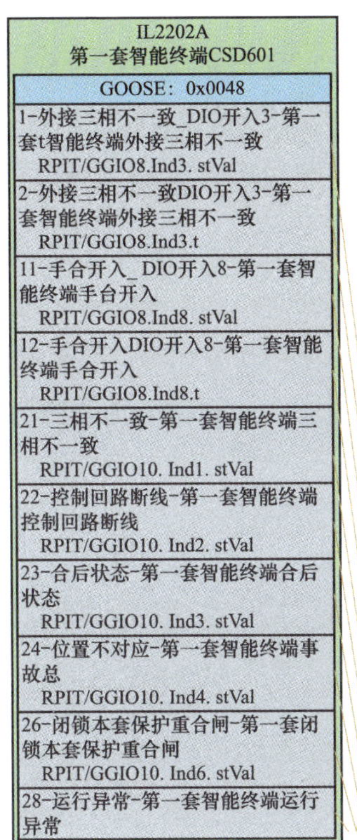

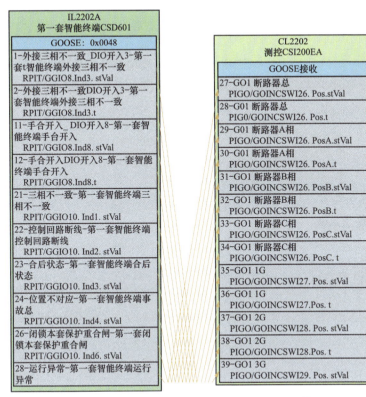

图 6-8 部分智能终端发送至测控装置 GOOSE 信号

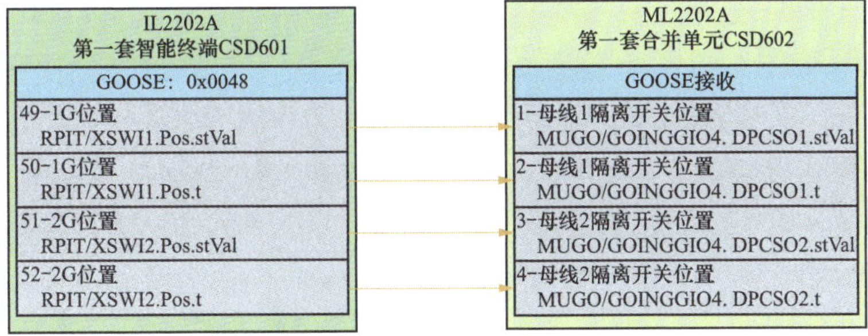

图 6-9 智能终端与合并单元间虚端子联系图

案例二 母线合并单元故障导致 TV 断线保护动作

一、案例名称

220kV 某变电站母线合并单元故障导致 TV 断线保护动作。

二、案例简介

2021 年 6 月 16 日 18 时 27 分，220kV 某变电站 110kV 母线第一套合并单元故障，全部 110kV 线路保护失去母线电压，报 TV 断线，距离保护自动退出，方向元件退出。

23 时 20 分 0 秒，110kV 1711 线 TV 断线过流、TV 断线零流保护动作跳闸，跳开 1711 线三相开关；110kV 1712 线 TV 断线零流保护动作跳闸，跳开 110kV 1712 线三相开关。

三、事故信息

1. 220kV 系统

24T9 线、1 号主变压器 220kV 开关正母运行；24U0 线、2 号主变压器 220kV 开关副母运行；220kV 母联开关运行。1 号主变压器高中压侧中性点接地，2 号主变压器高中压侧中性点不接地，低压侧均小电阻接地。

2. 110kV 系统

1709 线、1711 线、1713 线、1 号主变压器 110kV 开关Ⅰ母运行；1710 线、1712 线、2 号主变压器 110kV 开关Ⅱ母运行；110kV 母分开关运行。运行方式详见图 6-10。

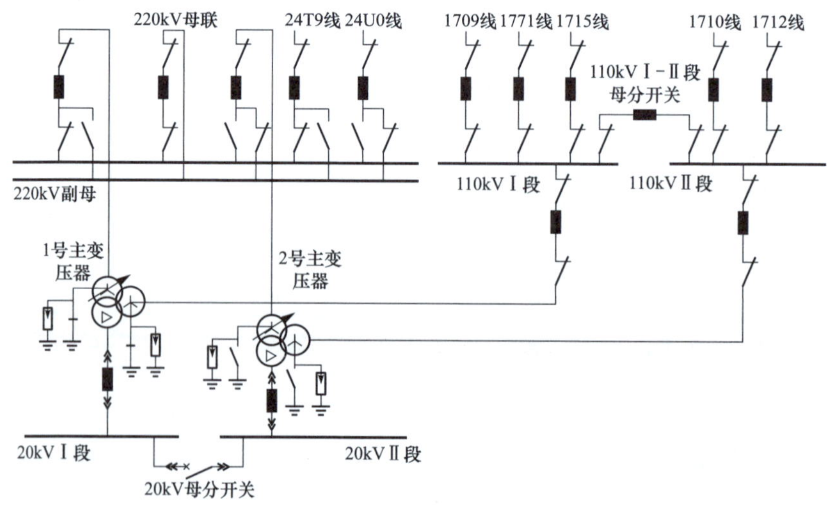

图 6-10　某变电站主接线图

3. 保护台账及检修情况

1711 线、1712 线保护测控装置为 NRS-304ZA-DA-G-C 装置，版本号为 V3.01。

110kV 第一套母线合并单元为 PSR-7393-3B-G 装置，版本号为 2.3.2.10。基建验收时间是 2021 年 4 月，保护装置试验结果正常。

四、检查处理情况

1. 保护动作信息

2021 年 6 月 16 日保护动作信息如图 6-11～图 6-13 所示。

18 时 27 分 15 秒左右，110kV 第一套母线合并单元故障，各 110kV 线路合智一体装置报 TV 断线告警。

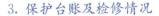

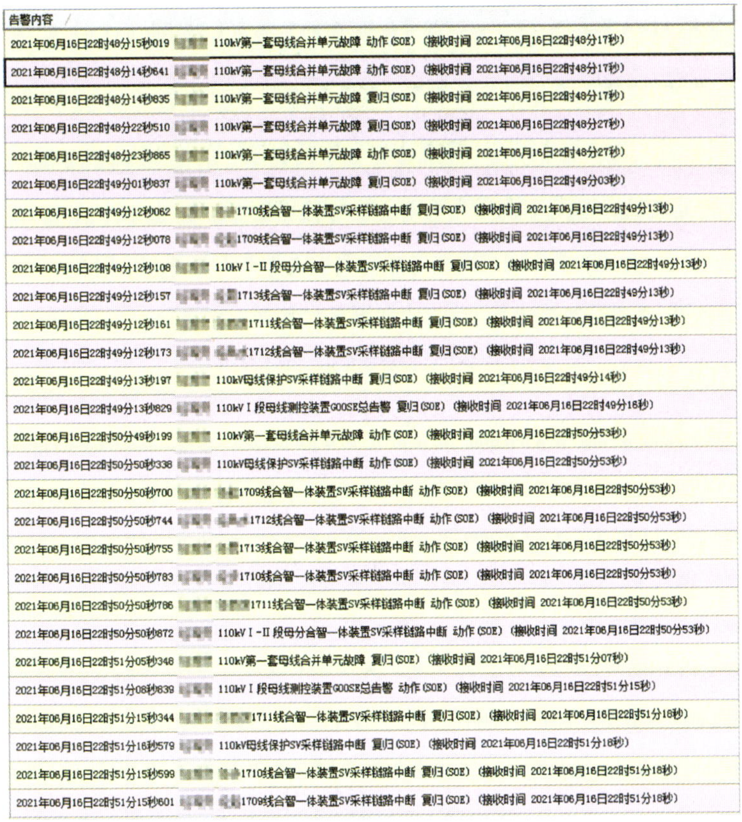

告警内容
2021年06月16日22时48分15秒019 110kV第一套母线合并单元故障 动作(SOE)（接收时间 2021年06月16日22时48分17秒）
2021年06月16日22时48分14秒641 110kV第一套母线合并单元故障 动作(SOE)（接收时间 2021年06月16日22时48分17秒）
2021年06月16日22时48分14秒835 110kV第一套母线合并单元故障 复归(SOE)（接收时间 2021年06月16日22时48分17秒）
2021年06月16日22时48分22秒510 110kV第一套母线合并单元故障 复归(SOE)（接收时间 2021年06月16日22时48分27秒）
2021年06月16日22时48分23秒865 110kV第一套母线合并单元故障 动作(SOE)（接收时间 2021年06月16日22时48分27秒）
2021年06月16日22时49分01秒837 110kV第一套母线合并单元故障 复归(SOE)（接收时间 2021年06月16日22时49分03秒）
2021年06月16日22时49分12秒062 1710线合智一体装置SV采样链路中断 复归(SOE)（接收时间 2021年06月16日22时49分13秒）
2021年06月16日22时49分12秒078 1709线合智一体装置SV采样链路中断 复归(SOE)（接收时间 2021年06月16日22时49分13秒）
2021年06月16日22时49分12秒108 110kV I-II段母分合智一体装置SV采样链路中断 复归(SOE)（接收时间 2021年06月16日22时49分13秒）
2021年06月16日22时49分12秒157 1713线合智一体装置SV采样链路中断 复归(SOE)（接收时间 2021年06月16日22时49分13秒）
2021年06月16日22时49分12秒161 1711线合智一体装置SV采样链路中断 复归(SOE)（接收时间 2021年06月16日22时49分13秒）
2021年06月16日22时49分12秒173 1712线合智一体装置SV采样链路中断 复归(SOE)（接收时间 2021年06月16日22时49分13秒）
2021年06月16日22时49分13秒197 110kV母线保护SV采样链路中断 复归(SOE)（接收时间 2021年06月16日22时49分14秒）
2021年06月16日22时49分13秒829 110kV I段母线测控装置GOOSE总告警 复归(SOE)（接收时间 2021年06月16日22时49分16秒）
2021年06月16日22时50分49秒199 110kV第一套母线合并单元故障 动作(SOE)（接收时间 2021年06月16日22时50分53秒）
2021年06月16日22时50分50秒338 110kV母线保护SV采样链路中断 动作(SOE)（接收时间 2021年06月16日22时50分53秒）
2021年06月16日22时50分50秒700 1709线合智一体装置SV采样链路中断 动作(SOE)（接收时间 2021年06月16日22时50分53秒）
2021年06月16日22时50分50秒744 1712线合智一体装置SV采样链路中断 动作(SOE)（接收时间 2021年06月16日22时50分53秒）
2021年06月16日22时50分50秒755 1713线合智一体装置SV采样链路中断 动作(SOE)（接收时间 2021年06月16日22时50分53秒）
2021年06月16日22时50分50秒783 1710线合智一体装置SV采样链路中断 动作(SOE)（接收时间 2021年06月16日22时50分53秒）
2021年06月16日22时50分50秒786 1711线合智一体装置SV采样链路中断 动作(SOE)（接收时间 2021年06月16日22时50分53秒）
2021年06月16日22时50分50秒872 110kV I-II段母分合智一体装置SV采样链路中断 动作(SOE)（接收时间 2021年06月16日22时50分53秒）
2021年06月16日22时51分05秒348 110kV第一套母线合并单元故障 复归(SOE)（接收时间 2021年06月16日22时51分07秒）
2021年06月16日22时51分08秒839 110kV I段母线测控装置GOOSE总告警 动作(SOE)（接收时间 2021年06月16日22时51分15秒）
2021年06月16日22时51分15秒344 1711线合智一体装置SV采样链路中断 复归(SOE)（接收时间 2021年06月16日22时51分18秒）
2021年06月16日22时51分16秒579 110kV母线保护SV采样链路中断 复归(SOE)（接收时间 2021年06月16日22时51分18秒）
2021年06月16日22时51分15秒599 1710线合智一体装置SV采样链路中断 复归(SOE)（接收时间 2021年06月16日22时51分18秒）
2021年06月16日22时51分15秒601 1709线合智一体装置SV采样链路中断 复归(SOE)（接收时间 2021年06月16日22时51分18秒）

图 6-11　220kV 某变电站信号动作信息（一）

告警内容

2021年06月16日22时51分15秒601 1709线合智一体装置SV采样链路中断 复归(SOE) (接收时间 2021年06月16日22时51分18秒)
2021年06月16日22时51分15秒632 1712线合智一体装置SV采样链路中断 复归(SOE) (接收时间 2021年06月16日22时51分18秒)
2021年06月16日22时51分15秒655 1713线合智一体装置SV采样链路中断 复归(SOE) (接收时间 2021年06月16日22时51分18秒)
2021年06月16日22时51分15秒732 110kV Ⅰ-Ⅱ段母分合智一体装置SV采样链路中断 复归(SOE) (接收时间 2021年06月16日22时51分18秒)
2021年06月16日22时51分17秒337 110kV Ⅰ段母线测控装置GOOSE总告警 复归(SOE) (接收时间 2021年06月16日22时51分19秒)
2021年06月16日22时54分39秒220 110kV第一套母线合并单元检修压板投入 复归(SOE) (接收时间 2021年06月16日22时54分42秒)
2021年06月16日22时54分43秒404 110kV第一套母线合并单元GOOSE总告警 复归(SOE) (接收时间 2021年06月16日22时54分48秒)
2021年06月16日22时54分43秒404 110kV第一套母线合并单元GOOSE检修不一致 复归(SOE) (接收时间 2021年06月16日22时54分48秒)
2021年06月16日22时54分58秒420 110kV第一套母线合并单元检修压板投入 动作(SOE) (接收时间 2021年06月16日22时55分00秒)
2021年06月16日22时54分58秒554 110kV第一套母线合并单元GOOSE总告警 动作(SOE) (接收时间 2021年06月16日22时55分00秒)
2021年06月16日22时54分58秒554 110kV第一套母线合并单元GOOSE检修不一致 动作(SOE) (接收时间 2021年06月16日22时55分00秒)
2021年06月16日23时20分00秒095 220kV母线第一套保护装置异常 动作(SOE) (接收时间 2021年06月16日23时20分02秒)
2021年06月16日23时20分00秒132 主变故障录波装置启动 动作(SOE) (接收时间 2021年06月16日23时20分02秒)
2021年06月16日23时20分00秒134 220kV故障录波装置启动 动作(SOE) (接收时间 2021年06月16日23时20分02秒)
2021年06月16日23时20分00秒142 110kV故障录波装置启动 动作(SOE) (接收时间 2021年06月16日23时20分02秒)
2021年06月16日23时20分00秒178 #1主变本体智能组件柜温湿度控制器故障 动作(SOE) (接收时间 2021年06月16日23时20分02秒)
2021年06月16日23时20分00秒380 1711线保护动作 动作(SOE) (接收时间 2021年06月16日23时20分02秒)
2021年06月16日23时20分00秒391 1712线保护动作 动作(SOE) (接收时间 2021年06月16日23时20分02秒)
2021年06月16日23时20分00秒440 1711线保护动作 复归(SOE) (接收时间 2021年06月16日23时20分02秒)
2021年06月16日23时20分00秒446 1712线保护动作 复归(SOE) (接收时间 2021年06月16日23时20分02秒)
2021年06月16日23时20分00秒446 1712开关 分闸(SOE) (接收时间 2021年06月16日23时20分02秒)
2021年06月16日23时20分00秒645 1712线间隔事故信号 动作(SOE) (接收时间 2021年06月16日23时20分02秒)
2021年06月16日23时20分04秒053 Ⅰ段直流系统充电机故障 动作(SOE) (接收时间 2021年06月16日23时20分13秒)
2021年06月16日23时20分04秒053 Ⅰ段直流系统故障 动作(SOE) (接收时间 2021年06月16日23时20分13秒)
2021年06月16日23时21分03秒300 全站事故总信号 动作(SOE) (接收时间 2021年06月16日23时20分13秒)
2021年06月16日23时20分00秒436 1711开关 分闸(SOE) (接收时间 2021年06月16日23时20分13秒)

未确认 2021-06-16 22:54:39.979 1712线保测保护电压检修状态不一致 复归
未确认 2021-06-16 22:54:39.928 1712线保测保护电压检修状态不一致 复归 -SOE-
未确认 2021-06-16 22:54:39.979 1712线保测SV检修不一致 复归
未确认 2021-06-16 22:54:39.928 1712线保测SV检修不一致 复归 -SOE-
未确认 2021-06-16 22:54:56.692 1712线保测保护电压检修状态不一致 动作
未确认 2021-06-16 22:54:56.578 1712线保测保护电压检修状态不一致 动作 -SOE-
未确认 2021-06-16 22:54:56.692 1712线保测SV检修不一致 动作
未确认 2021-06-16 22:54:56.578 1712线保测SV检修不一致 动作 -SOE-
未确认 2021-06-16 23:20:00.184 1712线保测保护启动 动作
未确认 2021-06-16 23:20:00.080 1712线保测保护启动 动作 -SOE-
未确认 2021-06-16 23:20:00.449 1712线保测保护动作 动作
未确认 2021-06-16 23:20:00.391 1712线保测保护动作 动作 -SOE-
未确认 2021-06-16 23:20:00.449 1712线保测PT断线零流动作 动作
未确认 2021-06-16 23:20:00.391 1712线保测PT断线零流动作 动作 -SOE-
未确认 2021-06-16 23:20:00.449 1712线保测断路器合闸位置 复归
未确认 2021-06-16 23:20:00.406 1712线保测断路器合闸位置 复归 -SOE-
未确认 2021-06-16 23:20:00.449 1712线保测合闸位置_GOS 复归
未确认 2021-06-16 23:20:00.406 1712线保测合闸位置_GOS 复归 -SOE-
未确认 2021-06-16 23:20:00.449 1712线保测启动失灵 动作
未确认 2021-06-16 23:20:00.391 1712线保测启动失灵 动作 -SOE-
已确认 2021-06-16 23:20:00.793 1712线保测保护动作 复归
未确认 2021-06-16 23:20:00.446 1712线保测保护动作 复归 -SOE-

图 6-11 220kV 某变电站信号动作信息（二）

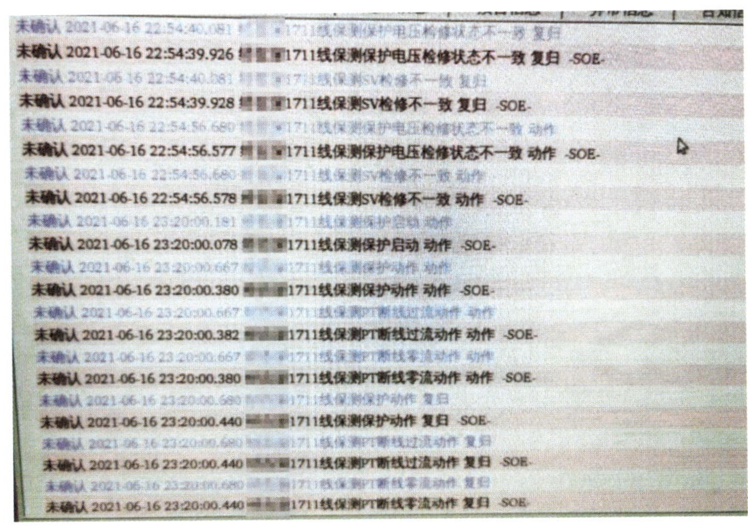

图 6-11　220kV 某变电站信号动作信息（三）

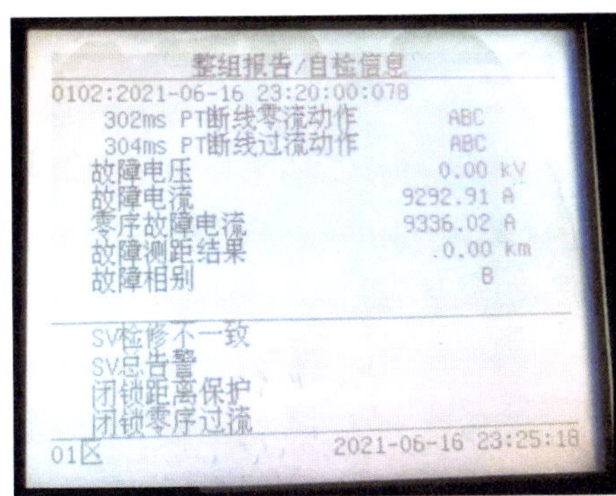

图 6-12　1711 线保护动作信息

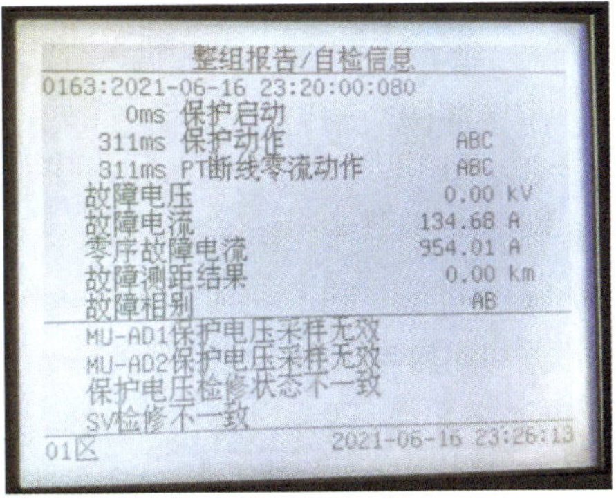

图 6-13　1712 线保护动作信息

23 时 20 分 00 秒 080 毫秒，1711 线 B 相故障，各保护启动。

23 时 20 分 00 秒 390 毫秒，1711 线 TV 断线零流动作、TV 断线过电流动作，ABC 三相跳闸出口；1712 线 TV 断线零流动作，ABC 三相跳闸出口。

23 时 20 分 00 秒 430 毫秒，1711 线、1712 线 ABC 三相断路器分闸。

2. 二次设备检查

1711 线二次零序电流为 4.66A，TV 断线过电流定值为 0.9A，TV 断线零流定值为 0.36A，TV 断线过电流时间为 0.3 秒；1712 线零序电流为 0.477A，TV 断线零流定值为 0.36A，TV 断线过电流时间为 0.3 秒。故障电流均超过保护定值，保护动作正确。故障波形见图 6-14。

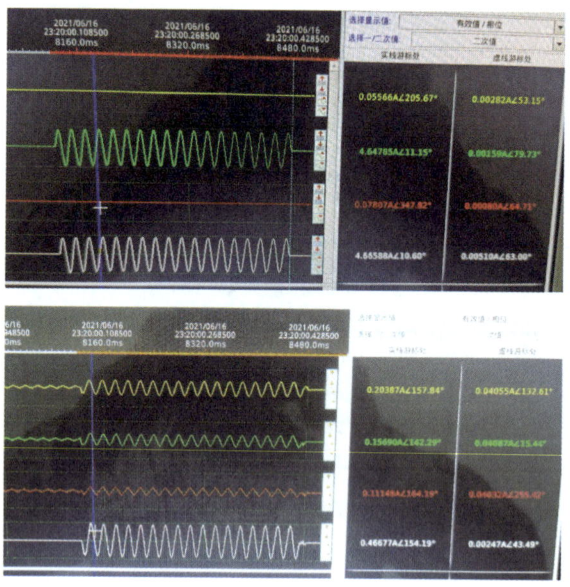

图 6-14　1711 线（上）、1712 线（下）故障电流波形

五、原因分析

2021 年 6 月 16 日 22 时左右，220kV 某变电站 110kV 母线第一套合并单元故障，全部 110kV 线路保护失去母线电压，报 TV 断线，距离保护自动退出，方向元件退出。

23 时 20 分 0 秒，1711 线 B 相接地，TV 断线过电流、TV 断线零流保护达到定值动作跳闸；同时，1712 线因本侧 110kV 母分开关合位运行，对侧 110kV 某变电站主变压器中性点有备用接地点，故零序电流形成通路，因此故障时 1712 线流过零序电流，TV 断线零流保护达到定值动作跳闸；其余 110kV 线路对侧无接地点，无零序电流流过。零序电流流向如图 6-15 所示。

1171 线零序电流 4.66A 约等于 1172 线零序电流 0.477A 与 1 号主变压器中压侧零序电流 4.184A 之和，且 1712 线与 1711 线零序电流反向，如图 6-16 所示。进一步印证零序电流流向推断。

六、知识点拓展

1. 智能站合并单元配置方式

（1）220kV 合并单元配置原则。对于典型的 220kV 智能站，220kV 母线

配置两套母线合并单元，即 220kV 第一套母线合并单元和 220kV 第二套母线合并单元，分别位于 220kV 正母、副母就地智能组件柜。

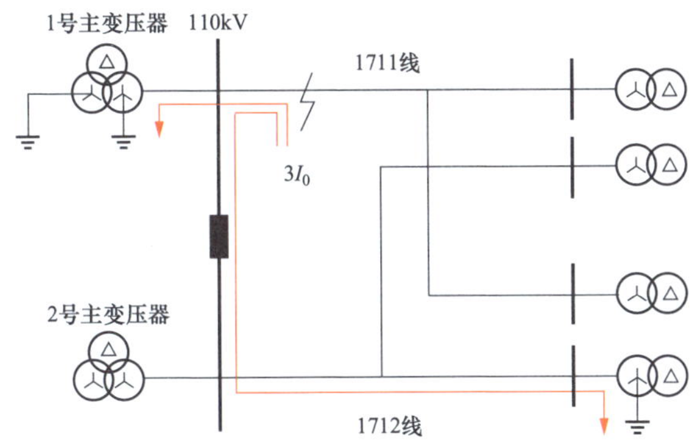

图 6-15　故障时 110kV 部分零序电流流向图

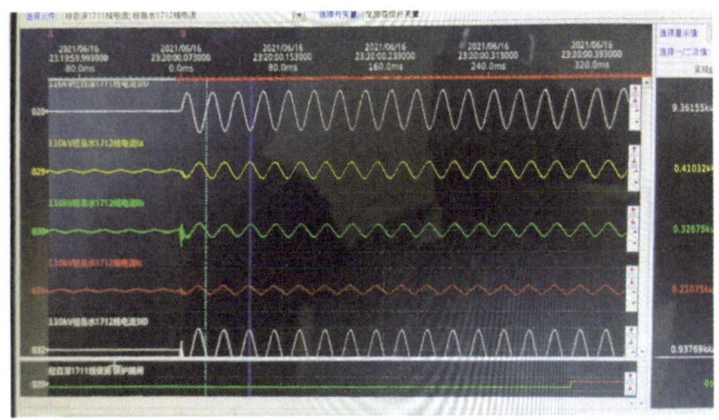

图 6-16　线路零序电流相位关系图

其电压采集方式是每套母线电压互感器合并单元均将正母、副母电压采集至设备，再同时将其送至各个间隔对应的合并单元，即第一套母线电压互感器合并单元发送母线电压至第一套线路、主变压器合并单元或母线保护，第二套母线电压互感器合并单元发送母线电压至第二套线路、主变压器合并单元或母线保护。

而间隔合并单元通过智能终端采集的母线隔离开关位置信号，在内部完成母线电压的选择，从而代替了常规站中的压切回路。

母线合并单元也具有手动选择母线电压的功能，通过母线电压切换把手实现。该电压切换把手具有正常、正母退出取副母、副母退出取正母三个挡位。当系统正常时，位于“正常”挡位，母线合并单元将正副母母线电压传递给各个间隔。当正母检修时，应将电压切换把手切至“正母退出取副母”，此时 220kV 母线电压互感器第一套、第二套合并单元只向间隔传输副母电压。同样，副母检修时应将电压切换把手切至“副母退出取正母”，此时 220kV 母线电压互感器第一套、第二套合并单元只向间隔传输正母电压。

220kV 合并单元虚端子如图 6-17 所示。

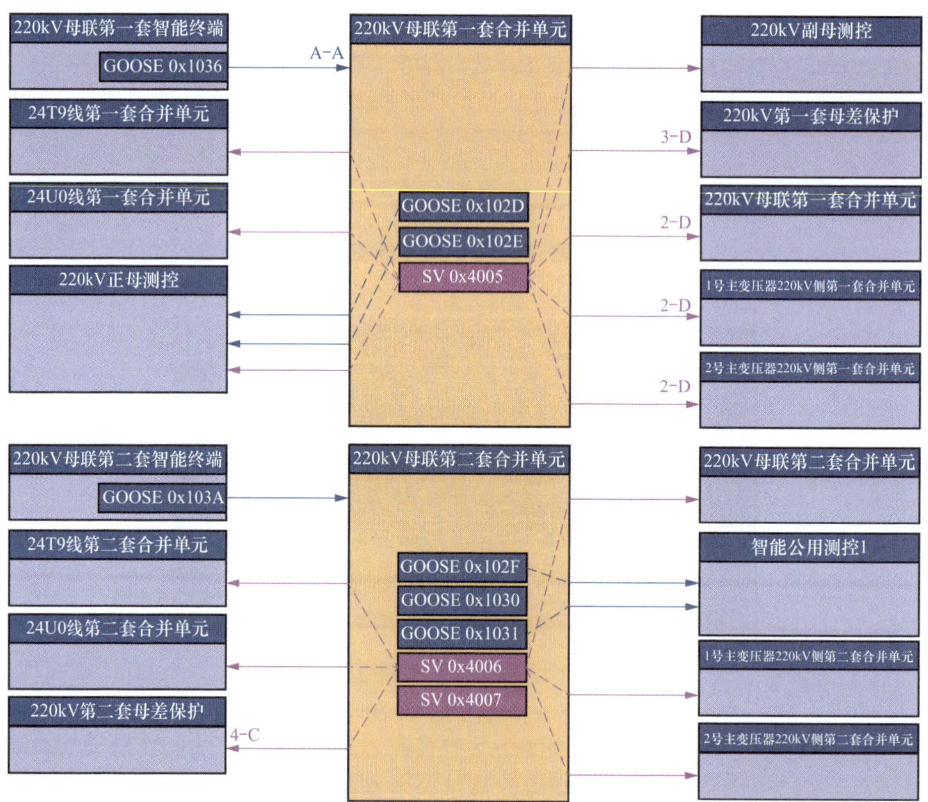

图 6-17　220kV 合并单元虚端子图

（2）110kV 合并单元配置原则。Q/GDW 11487—2015《智能变电站模拟量输入式合并单元、智能终端标准化设计规范》规定：对于 220kV 变电站的主变压器 110kV 侧对应的间隔合并单元应双重化配置，其他 110kV 合并单元可单套配置。

110kV 母线配置两套母线合并单元，分别为 110kV 第一套母线合并单元与 110kV 第二套母线合并单元。110kV 第一套母线合并单元采集各段母线电压的同时，将母线电压传输至各个对应母线间隔。不同于 220kV 母线电压的采集方

式，110kV 第二套母线合并单元采集各段母线电压，仅将电压传输给主变压器第二套合并单元。这种配置下，线路间隔的母线电压仅取决于 110kV 第一套母线合并单元，一旦合并单元故障，将导致 110kV 线路间隔失去母线电压，需要全部停电处理。

110kV 合并单元虚端子如图 6-18 所示。

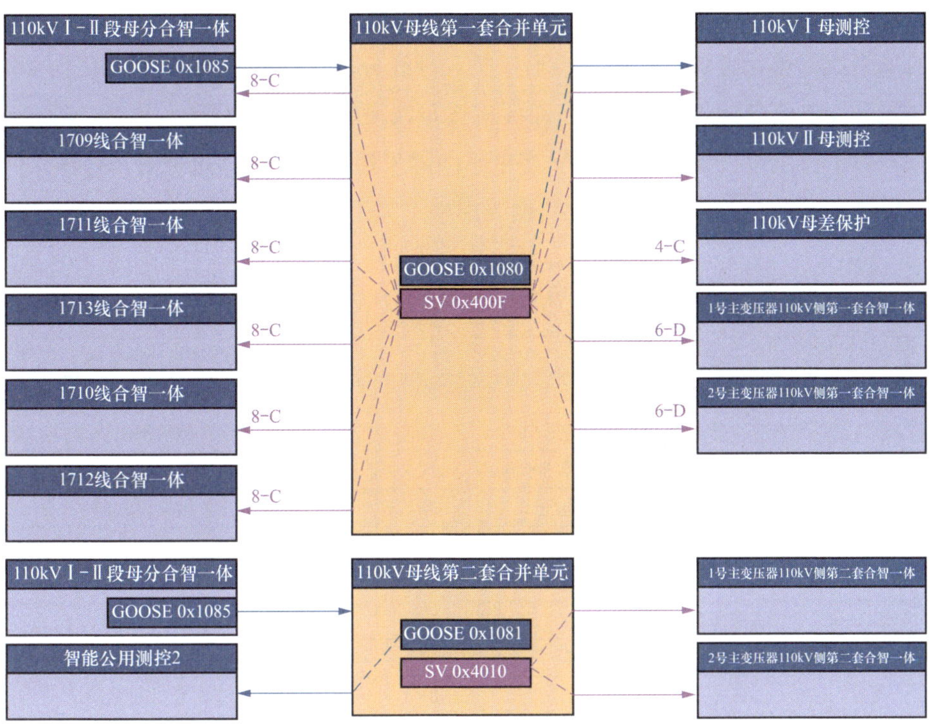

图 6-18 110kV 合并单元虚端子图

针对这一问题，为防止一台母线单元故障时还能保持线路及主变压器合并单元不失压，可采用各段母线合并单元的单套配置，但母线合并单元将失去双重配置。针对主变压器必须双重化配置的要求，可通过两套合并单元取的电压分别来自同一电压互感器的不同绕组实现。此时一套合并单元故障时，只会影响主变压器的一套保护以及该段母线的线路，不会造成 110kV 线路间隔全部失压。

（3）自主可控新一代 220kV 变电站采集执行单元配置原则。

1）220kV 各间隔（线路、主变压器进线、母联、分段）采集执行单元宜冗余配置，断路器操作箱可独立配置，操作回路应满足双重化保护的要求。

2）对于 220kV 母线间隔，用于采集母线电压并实现电压并列功能的采集执行单元宜在双重化基础上冗余配置，不考虑双母线分段接线的横向并列；用于母线间隔开关量信息接入的采集执行单元宜按母线段单套独立配置。

3）110（66）kV 各间隔（主变压器间隔除外）采集执行单元宜单套配置，应集成断路器操作回路。

4）对于 110（66）kV 母线间隔，用于采集母线电压并实现电压并列功能的采集执行单元宜双重化配置，不考虑双母线分段接线的横向并列；用于母线间隔开关量信息接入的采集执行单元宜按母线段单套独立配置。

对于自主可控新一代 220kV 变电站间隔采集执行单元，可通过 SV 输入两套母线合并单元的母线电压，SV 输入虚端子见表 6-1。

表 6-1　　模拟量间隔采集执行单元 SV 输入虚端子表

序号	信息名称	序号	信息名称
1	A 套额定延时	24	A 套 2 母 C 相计量电压
2	B 套额定延时	25	B 套 1 母 A 相保护测量电压 1
3	A 套 1 母 A 相保护测量电压 1	26	B 套 1 母 A 相保护电压 2
4	A 套 1 母 A 相保护电压 2	27	B 套 1 母 B 相保护测量电压 1
5	A 套 1 母 B 相保护测量电压 1	28	B 套 1 母 B 相保护电压 2
6	A 套 1 母 B 相保护电压 2	29	B 套 1 母 C 相保护测量电压 1
7	A 套 1 母 C 相保护测量电压 1	30	B 套 1 母 C 相保护电压 2
8	A 套 1 母 C 相保护电压 2	31	B 套 1 母零序电压 1
9	A 套 1 母零序电压 1	32	B 套 1 母零序电压 2
10	A 套 1 母零序电压 2	33	B 套 1 母 A 相计量电压
11	A 套 1 母 A 相计量电压	34	B 套 1 母 B 相计量电压
12	A 套 1 母 B 相计量电压	35	B 套 1 母 C 相计量电压
13	A 套 1 母 C 相计量电压	36	B 套 2 母 A 相保护测量电压 1
14	A 套 2 母 A 相保护测量电压 1	37	B 套 2 母 A 相保护电压 2
15	A 套 2 母 A 相保护电压 2	38	B 套 2 母 B 相保护测量电压 1
16	A 套 2 母 B 相保护测量电压 1	39	B 套 2 母 B 相保护电压 2
17	A 套 2 母 B 相保护电压 2	40	B 套 2 母 C 相保护测量电压 1
18	A 套 2 母 C 相保护测量电压 1	41	B 套 2 母 C 相保护电压 2
19	A 套 2 母 C 相保护电压 2	42	B 套 2 母零序电压 1
20	A 套 2 母零序电压 1	43	B 套 2 母零序电压 2
21	A 套 2 母零序电压 2	44	B 套 2 母 A 相计量电压
22	A 套 2 母 A 相计量电压	45	B 套 2 母 B 相计量电压
23	A 套 2 母 B 相计量电压	46	B 套 2 母 C 相计量电压

其双套母线采集执行单元采用表 6-2 所列逻辑，使用切换把手选取母线电压。当切换至“自动”时，两套母线合并单元正常运行，自动选取 A 套输出母线电压。当 A 套或 B 套合并单元异常或检修时，将自动选取正常工作的合并单元母线电压。因此，对于 110kV 母线不再存在一套母线合并单元故障相应间隔失去母线电压的问题。

表 6-2　　双套母线采集执行单元选择逻辑

状态序号	把手状态			母线采集执行单元状态		输出母线电压
	取 A 套	取 B 套	自动	A 套	B 套	
1	0	0	0	X	X	保持
2	1	0	0	X	X	取 A 套
3	0	1	0	X	X	取 B 套
4	0	0	1	正常	正常	取 A 套
5	0	0	1	正常	异常或检修	取 A 套
6	0	0	1	异常或检修	正常	取 B 套
7	0	0	1	异常或检修	异常或检修	保持
8	1	1	0	X	X	保持
9	1	0	1	X	X	保持
10	0	1	1	X	X	保持
11	1	1	1	X	X	保持

注　1. 当任意 2～3 个把手状态为 1 时或全为 0 时，延迟 1 分钟以上报警“选择把手状态异常”。
2. 当间隔采集执行单元上电后，若表中“输出母线电压”为“保持”的把手位置一致，“取 A 套”。
3. 母线采集执行单元异常状态包括但不限于数据品质异常、数据丢帧、通信异常、帧间隔异常。
4. 母线采集执行单元状态“X”代表正常状态、异常状态和检修状态。
5. 只有当另一套母线采集执行单元正常状态（不包括检修）保持 10 秒以上时，才能进行选择。

2. 变电站主变压器中性点接地方式及零序序网

零序电流保护受变压器中性点接地方式影响极大，根据相关规程的规定，变压器中性点接地方式的安排应尽量保持变电站的零序阻抗不变。基本原则是：

1）变电站只有 1 台变压器、自耦变压器及绝缘有要求的变压器中性点直接接地运行。

2）两台变压器应只将其中 1 台中性点直接接地运行，当该变压器停运时，将另 1 台中性点不接地的变压器改为直接接地。

（1）220kV 变电站主变压器中性点接地方式。实际运行中，三绕组变压器的 220kV 侧及 110kV 侧中性点一般分属不同的调度管辖，属省调管辖的 220kV 侧中性点基本能按相关规程的要求合理安排其接地方式，受地调管辖的 110kV 侧中性点接地方式因电网运行的需要，往往有不同的接地方式。

220kV 变电站有 2 台及以上变压器（均为 $Y_0/Y_0/\triangle$接线）且变压器均无绝缘要求的情况，其接地方式通常有以下几种：

1）两侧均接地。同 1 台变压器 220kV 及 110kV 侧中性点同时接地，另 1 台两侧均不接地。

2）交叉接地。2 台变压器中，1 台 220kV 侧中性点接地，110kV 侧中性点不接地；另 1 台则是 220kV 侧中性点不接地，110kV 侧中性点接地。

3）110kV 侧 2 台接地。2 台变压器中 220kV 侧中性点只 1 台接地，110kV 侧 2 台中性点均直接接地运行。

（2）不同接地方式对零序阻抗的影响。

1）两侧均接地。对有两台及以上变压器的变电站，同一变压器两侧均接地常见的做法。在接地变压器因故停运，则将另一台变压器两侧中性点直接接地。这种接法比较容易维持变电站零序阻抗不变。如果轮换的 2 台变压器容量相近，则对 220kV 侧及 110kV 侧的零序阻抗影响不大。

2）交叉接地。这种接地方式从零序序网上将 220kV 和 110kV 完全隔离，见图 6-19。在正常运行下，220kV 侧发生接地故障，110kV 侧不会产生零序电流；110kV 侧发生接地故障，220kV 侧也不会产生零序电流。如果变电站只有 2 台变压器，则在 1 台变压器退出运行时，必须将运行变压器的 220kV 侧和 110kV 侧同时接地，因 110kV 侧一般不接地，因此对 220kV 侧零序阻抗影响不大。若 2 台变压器容量相近则基本上无影响，但对 110kV 侧零序阻抗影响很大。等值到 110kV 母线的零序阻抗为 XL2＋XM2。

如果倒换后还是 1 号变压器接地，等值到 220kV 母线的零序阻抗将维持不变，等值到 110kV 母线的零序阻抗为（XE＋XH1）//XL1＋XM1，见图 6-20。

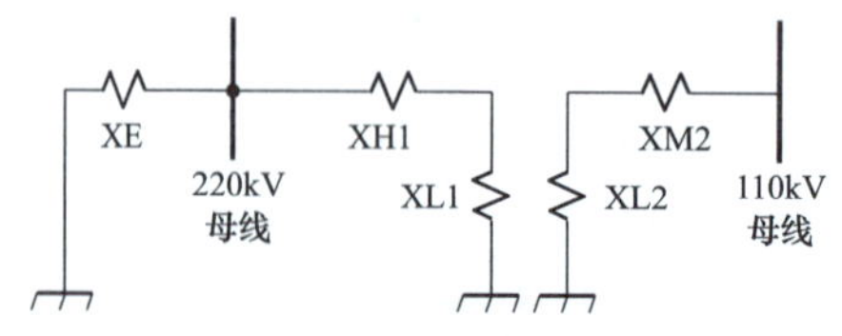

图 6-19　交叉接地零序序网图

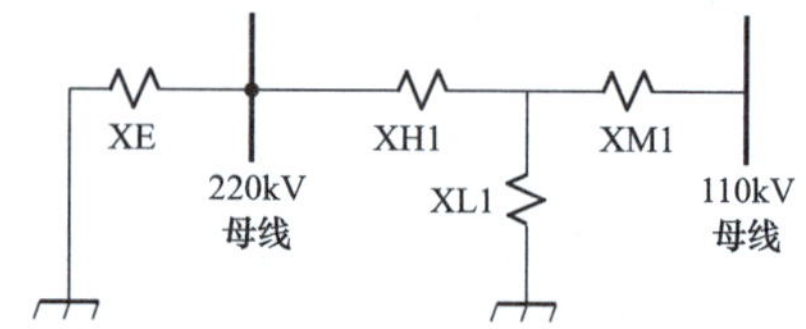

图 6-20　倒换到一台接地零序序网图

如果倒换后是2号变压器接地，等值到220kV母线的零序阻抗为XE//(XH2+XL2)；等值到110kV母的零序阻抗为（XE+XH2)//XL2+XM2。可见，在两种方式下，等值到220kV母线的零序阻抗的最大差别仅在于主变压器参数。等值到110kV母线的零序阻抗的则分别为（XL+XM)）和（XE+XH)//XL+XM，实际上对降压变压器中压侧基本上是零阻抗，即XM近似为0，两者差别改为XL和（XE+XH)//XL，因系统等值到变电站220kV母线的零序阻抗很小，影响很大。

3）110kV侧两台主变压器中性点接地。一般基于以下考虑使用这种接地方式：变电站有两台变压器，110kV侧中性点只一台接地，因110kV侧一般不接地，当某种原因接地故障使变压器跳闸，此时110kV系统将完全失去接地点，110kV系统再发生接地故障，将产生零序过电压，变压器110kV侧间隙保护动作将跳开正常运行的变压器，致使变电站全站停电。为使发生接地故障的主变压器跳开，110kV系统不失去接地点，可采用这种接地方式。

等值至220kV母线零序阻抗为[(XL2+XM2+XM1)//XL1+XH1]//XE，对于降压变压器，XM1、XM2近似等于零，可改写为(XL2//XL1+XH1)//XE；

等值至110kV母线零序阻抗[(XE+XH1)//XL1+XM1]//(XL2+XM2)，不计中压侧阻抗，可改写为(XE+XH1)//XL1//XL2。

这种接地方式，在两台变压器停运一台时，就变为图6-20。比较这两种方式对零序阻抗及零序电流保护的影响：图6-21中220kV母线等值阻抗为(XL2//XL1+XH1)//XE；图6-20中220kV母线等值阻抗为XE//(XH1+XL1)；XE越小，即系统越大，两者差别就越小。

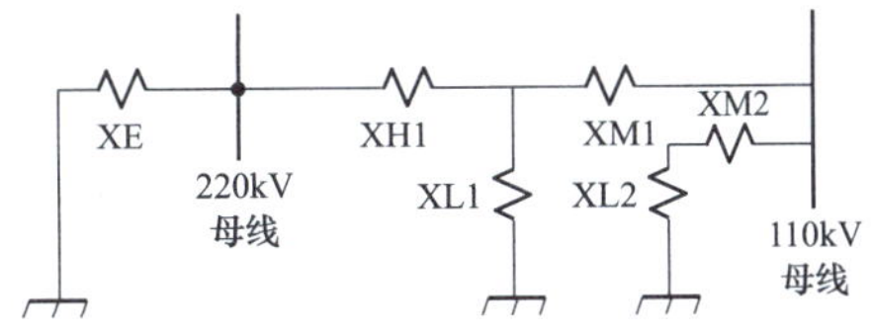

图6-21 110kV两台接地零序阻抗图

对220kV侧中性点零序电流保护的影响：因220kV侧中性点零序电流保护主要考虑与220kV出线零序保护配合，这里主要分析两者与某一线路配合时的分支系数的影响。为简化计算，线路末短路时系统等值220kV母线的零序等值阻抗仍以XE表示，则分支系数$K=1/(1+XT/XE)$。在图6-21中XT为XL2//XL1+XH1；在图6-20中XT为XH1+XL1。可见，220kV侧中性点零序电流保护的分支系数正好与220kV母线等值阻抗相反，XE越小，即系统越大，两者差别越大。

三种方式下，110kV 母线等值阻抗都差别很大。

通过以上分析，可以总结如下：

1）同一台变压器两侧均接地的方式对 220kV、110kV 母线等值零序阻抗影响最小，运行方式灵活，其缺点是接地变压器跳开，将使 110kV 系统失去中性点。

2）交叉接地的方式能有效隔离 220kV 与 110kV 系统间的零序电流，变压器接地方式的倒换也基本不影响 220kV 系统零序阻抗，对 220kV 系统运行非常有利。但其对 110kV 母线零序阻抗影响较大，在整定 110kV 系统零序保护时，应以一台变压器同时接地的方式避免线末故障，以交叉接地方式校核保护灵敏度。其缺点也是接地变压器跳开，将使 110kV 系统失去中性点。

3）110kV 两台变压器接地的方式能有效克服上述两种方式的缺点，但在运行中，其方式的改变对 220kV 及 110kV 母线影响很大，110kV 系统零序保护的整定应以 110kV 两台变压器接地的方式避免线路末端故障，以交叉接地方式校核保护灵敏度。

案例三　安全措施不到位导致母线保护动作

一、案例名称

220kV 某变电站安全措施不到位导致 220kV 母线保护动作跳闸事故。

二、案例简介

2020 年 6 月 19 日 13 时 18 分，220kV 某变电站在待用间隔第二套合并单元 TA 侧采用继电保护测试仪进行电流为 1A 的二次通流试验时，220kV 第二套母线保护装置副母线差动保护动动作，跳开 220kV 4001 断路器、220kV 母联开关、2 号主变压器 220kV 断路器，导致 220kV 副母失电。

三、事故信息

1. 220kV 系统

1 号主变压器 220kV 断路器，除 4001、待用间隔其他线路间隔均正母运行；4001 断路器、2 号主变压器 220kV 断路器副母运行；220kV 母联开关运行。待用间隔开关检修及线路检修，1 号主变压器高中压侧中性点接地，2 号主变压器高中压侧中性点不接地，低压侧均小电阻接地。

2. 保护台账及检修情况

4001 断路器、220kV 母联开关、2 号主变压器 220kV 断路器于 2015 年 3 月 26 日投产，设备型号为 ZF11B-252（L），生产厂家为河南平高电气股份有限公司，投运至今运行正常。220kV 第二套母线保护装置型号为长园深瑞 BP-2C，投运日期为 2015 年 3 月 26 日，上次校验日期为 2017 年 5 月。

3. 现场工作内容

（1）配合待用间隔与 220kV 第二套母线保护二次接入；

（2）220kV 第二套母线保护进行相关工作后重新配置调试、光模块更换；

（3）运行间隔第二套保护光模块更换。

四、检查处理情况

1. 保护动作信息

13 时 18 分 15 秒，220kV 第二套母线保护副母线动动作。

2. 一次设备检查

无异常。

3. 二次设备检查

220kV 第二套母线保护检修状态硬压板处于退出状态，所有间隔 GOOSE 跳闸出口软压板处于投入状态，所有间隔光纤均在连接状态。母线保护母线动作定值为 0.6A，故障电流 1A，保护动作正确。

待用间隔第二套线路保护、第二套合并单元检修状态硬压板处于退出状态，第二套智能终端检修状态硬压板处于退出状态。

运行间隔智能终端出口硬压板均在投入状态，检修状态硬压板均处于退出状态。

五、原因分析

现场工作情况如下：现场光模块更换工作是由于 220kV 第二套母线保护采用共网共口技术，该光模块为早期光模块，功率较高，易引起电源板老化现象，已出现多次电源插件故障缺陷。为保证装置的运行稳定性，降低装置运行时的功耗，将现场使用的光功率模块更换为低功率模块，因两种光模块读取数据的格式存在差异，采用低功率光模块需要对该装置底层程序进行升级以适配新型号光模块的数据格式，升级底层程序仅影响光模块数据采集数据的收发，装置版本、定值清单、装置模型、保护逻辑无变化。

光模块更换工作结束后，现场检修人员在220kV间隔第二套合并单元TA侧用继保测试仪加1A电流做装置二次通流试验时，因220kV第二套母线保护采用共网共口技术跳闸光纤回路处于连通状态、母线保护所有间隔的GOOSE跳闸出口软压板处于误投入状态、母线保护装置检修状态硬压板处于退出状态、其他运行间隔智能终端出口硬压板在投入状态，导致220kV第二套母线保护副母线动动作跳开运行间隔。

事故发生具体原因分析如下：

1. 检修二次安全措施执行情况

根据《国调中心关于印发智能变电站继电保护和安全自动装置现场检修安全措施指导意见（试行）的通知》（调继〔2015〕92号），智能变电站虚回路安全隔离应至少采取双重安全措施，如退出相关运行装置中对应的接收软压板、退出检修装置对应的发送软压板，投入检修装置检修压板。开展工作如下：

（1）工作票许可前，检修人员与运维人员在装置及后台确认220kV第二套母线保护GOOSE跳闸出口软压板均在退出位置，现场确认保护装置检修压板在取下位置。

（2）在升级工作开始前，检修人员按继电保护及二次回路现场工作安全措施卡投入装置检修硬压板，再次确认装置内部GOOSE跳闸出口软压板已退出，并拔出母线保护组网光纤。

（3）现场工作为保护底层程序的升级，不需要开展间隔传动点灯试验，故现场运行间隔智能终端跳闸出口硬压板在投入状态。

2. 二次安全措施变动情况

（1）220kV第二套母线保护GOOSE跳闸出口软压板投入原因分析。厂家人员对该装置底层程序进行升级，程序升级后现场检修人员为验证母线保护与后台通信状态，误投入所有间隔GOOSE出口软压板。

（2）220kV第二套母线保护检修状态硬压板退出原因分析。现场检修人员根据作业指导书在进行新投产间隔合并单元和第二套母线保护的检修态不一致试验，检修态不一致需验证 4 种情况，当验证该合并单元和母线保护同时正常态时，检修人员将该母线保护检修状态硬压板退出。

(3) 恢复跳闸出口光纤原因分析。因装置采用共网共口技术，一根光纤上同时传输 GOOSE、SV 信号，开展新间隔通流采样试验时，将拨出的光纤恢复。

综上分析，检修人员在做二次通流采样值核对试验时，装置检修硬压板刚好为退出状态，GOOSE 跳闸出口软压板为投入状态，出口光纤在连接状态，运行间隔智能终端硬压板在投入状态，导致母线保护动作出口跳开运行间隔。

六、知识点拓展

1. 母线保护信息流

对于智能站 220kV 母线保护，以线路间隔为例，220kV 第一套母线保护的失灵、远跳以及闭锁重合闸等组网信息的传输路径如图 6-22 和图 6-23 所示。

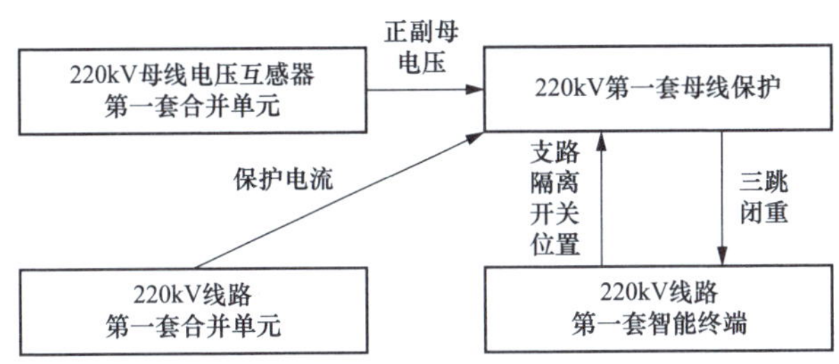

图 6-22　220kV 母线保护直采直跳

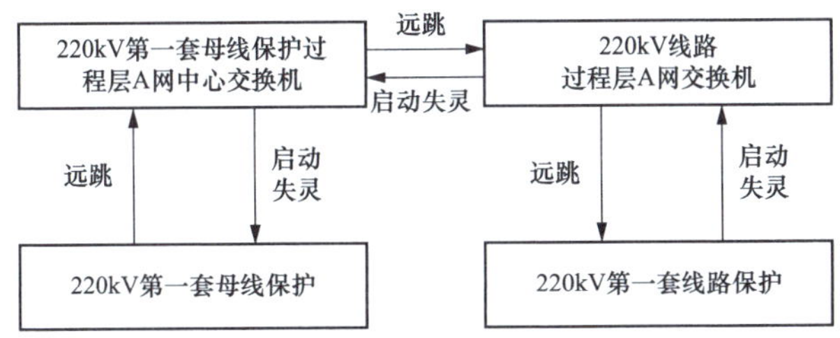

图 6-23　220kV 母线保护启动失灵、远跳

220kV 第一套母线保护直接通过光纤直连的方式，从 220kV 母线电压互感器第一套合并单元获取母线电压，从 220kV 线路第一套合并单元获得该支路电流。

母线保护通过光纤直连方式接收 220kV 线路第一套智能终端发出的线路母线隔离开关位置，发送跳闸信息至 220kV 线路第一套智能终端。

启动失灵、远跳信息流通过交换机组网传输。对于启动失灵，当线路保护动作时，220kV 线路第一套保护发送启动失灵 GOOSE 命令，依次经 220kV 线路过程层 A 网交换机、220kV 第一套母线保护过程层 A 网中心交换机至 220kV 第一套母线保护组网光口。而远跳传输方向相反，当母线保护动作时，220kV 第一套母线保护发出远跳 GOOSE 命令，依次经 220kV 第一套母线保护过程层 A 网中心交换机、220kV 线路过程层 A 网交换机至 220kV 线路第一套保护组网光口。

2. 智能站检修压板

智能变电站中检修压板是为检修时实现检修装置与运行装置有效隔离而设置的，智能站与常规站的检修压板定义异同见表 6-3。检修压板投入时，装置应通过 LED 灯、液晶显示、报文或动作触点提醒运行、检修人员注意装置处于检修状态。

表 6-3　　智能站与常规站的检修定义异同

类别	智能站	常规站
通信关系	涉及站控层通信，还涉及过程层检修。检修压板投入后站控层报文，过程层报文均置检修态	只涉及站控层通信，检修压板投入后，装置上送监控及远动报文至检修位
二次回路关系	保护设备、合并单元、智能终端间的过程层光纤数据交互。增加了 SV、GOOSE 通信（SV、GOOSE 虚端子连线及验证），受检修压板影响	不涉及出口及采样回路的检修。由于常规站二次回路为继电器及电缆组成的回路，回路的检修通过短接或断开对应电缆回路实现

装置检修压板分为合并单元检修压板、智能终端检修压板、保护装置检修压板、测控装置检修压板。

投入检修压板后，装置将接收到 GOOSE 报文 TEST 位、SV 报文数据品质 TEST 位与装置自身检修压板状态进行比较，做“异或”逻辑判断，两者一致时，信号进行处理或动作，两者不一致时，则报文视为无效，不参与逻辑运算。

投入装置检修压板后，其网络数据打上了“Test”标记，当合并单元（MU）与保护的检修压板均在投入位置，智能终端检修压板在退出位置时，保护可以正确动作，但不能出口跳闸，当合并单元（MU）与智能终端的“检修”

压板在投入位置，保护检修压板在退出位置，保护不动作，也不出口跳闸。检修压板逻辑见表6-4。

表6-4　检修压板逻辑

保护装置	合并单元	智能终端	保护动作情况
投检修	投检修	投检修	保护动作、出口跳闸
投检修	投检修	不投检修	保护动作、不出口跳闸
投检修	不投检修	投检修	不保护动作、不出口跳闸
不投检修	投检修	投检修	不保护动作、不出口跳闸
投检修	不投检修	不投检修	不保护动作、不出口跳闸
不投检修	不投检修	投检修	保护动作、不出口跳闸
不投检修	投检修	不投检修	不保护动作、不出口跳闸
不投检修	不投检修	不投检修	保护动作、出口跳闸

投入检修压板前，除需要关注的操作对象外，还要分析清楚其与各自相关的二次设备的联系，尤其与母线、主变压器间隔相关的二次跨间隔设备容易造成保护逻辑或出口的闭锁。

3. 新建间隔接入母线保护相关工作与安全措施

对于新建单间隔母线保护接入工作，因涉及运行间隔回路较多，在新建间隔接入母线保护不停电调试时，容易出现误动，造成停电事故。

（1）常规站新建间隔接入母线保护。常规站新间隔接入母线保护调试，不停电相应的220/110kV母线保护典型安全措施与工作流程：

1）检查母线保护的差动、失灵功能硬压板和各支路间隔的跳闸出口硬压板确已退出。

2）在母线保护柜取下各运行间隔跳闸出口硬压板，用红色绝缘胶布将压板上下端包好。

3）在各支路间隔断路器端子箱内，将该母线保护所用绕组用短路线或短接片封好，确认母线保护装置中该间隔没有电流后，将连接片断开；拆除母线保护柜内接入的母线电压，用红色绝缘胶布包好。

4）在母线保护柜解开运行间隔相应的启失灵回路（主变压器间隔还有解开失灵连跳主变压器三侧回路），并用红色绝缘胶布包好。

5）将新间隔的电流回路、隔离开关开入回路、跳闸回路接入母线保护，通过拉合母线隔离开关的方式检查隔离开关开入回路，并采用通入模拟量电流的方式检查保护装置采样，应符合相关规程的要求；在该支路加入故障量，分别投退该支路跳闸出口硬压板检查跳闸回路的正确性。与该支路保护一起做联调验证启失灵开入的正确性。

(2) 智能站新建间隔接入母线保护。与常规变电站相比，智能变电站在实际应用过程中，普遍采用 GOOSE 发送软压板、GOOSE 接收软压板及检修压板等新型隔离技术与其他间隔联系，所以在安全措施技术方面，智能变电站与常规变电站存在很大的差异。智能变电站中继电保护和安全自动装置的安全措施一般可采用投入检修压板、退出装置软压板/出口硬压板、断开装置间的连接光纤等方式实现检修装置与运行装置的隔离。

根据国网浙江省电力有限公司对智能变电站继电保护装置新建、改扩建的要求，新建 220kV 智能变电站中，220、110kV 母线保护投运时应实现“最大化配置”，即下装配置文件时，应完成母线保护所有支路（包括备用支路）输入虚端子的配置工作并验证其正确性，其中备用支路可选用任一厂家相应类型的标准化 ICD 模型文件；后续改扩建工程中不再修改或重新下装母线保护的配置文件，母线保护不需要与运行间隔进行传动验证，仅与改扩建间隔进行传动验证即可。

未实现“最大化配置”的智能变电站实施改扩建工程时，需修改相应母线保护的配置文件。为确保母线保护配置文件修改后与运行间隔不再进行实际传动验证，应先通过可视化比对改扩建前后的两个 SCD 文件，确认母线保护与运行间隔的虚回路连接未发生变化，再通过光数字继电保护测试仪模拟运行间隔进行“两步比对法”验证，其现场传动阶段详细流程如下。

1）进行改扩建继电保护装置的配置文件下装，比对装置过程层虚端子 CRC 校验码与 SCD 文件对应间隔的 CRC 校验码一致后。

2）开展改扩建继电保护装置功能及虚回路连接的传动试验。

a）实施“两步比对法”第一步：在母线保护配置未改动的情况下，由光数字式继电保护测试仪使用原 SCD 文件模拟运行设备，与母线保护进行虚回路传动，验证该光数字式继电保护测试仪能正确模拟各运行设备。

b）实施“两步比对法”第二步：母线保护下装新配置文件，比对母线保护过程层虚端子 CRC 校验码与 SCD 文件对应间隔的 CRC 校验码一致后，用通过原 SCD 配置文件验证的光数字式继电保护测试仪模拟运行间隔，验证配置文

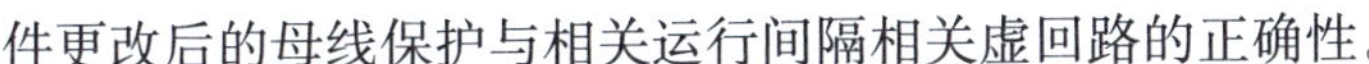

件更改后的母线保护与相关运行间隔相关虚回路的正确性。

3）开展母线保护与改扩建设备间的实际传动验证。

4）检查对应母线保护及运行设备均无系统配置错误或其他报警信号。

智能变电站单间隔母线保护接入安全措施见表 6-5，单间隔母线保护接入相应工作见表 6-6。

表 6-5　　智能变电站单间隔母线保护接入安全措施

序号	安全措施
1	退出母线保护所有 GOOSE 跳闸出口软压板、GOOSE 接收软压板、SV 接收软压板
2	退出母线保护所有功能软压板
3	投母线保护装置检修硬压板
4	母线保护相关工作结束后退出检修压板，并按要求恢复各软压板
5	新增间隔压板按实际要求投退

表 6-6　　单间隔母线保护接入相应工作流程

序号	工作流程
1	记录初始状态，核对光口对照表与保护背板光纤对应关系
2	申请网络安全检修挂牌
3	投入母差保护装置检修压板
4	更新母线保护装置配置
5	取下全部光纤，通过数字式测试仪确保光纤标签与内部间隔的对应关系
6	退出母线保护所有功能软压板，SV 接收压板、GOOSE 出口压板
7	按间隔投入该支路 SV 接收压板，在该支路合并单元加相应电流（除新接入间隔外，其他间隔均通过数字式测试仪通过老配置文件输出电流值），核对电流幅值和相位信息，验证正确后退出 SV 接收压板
8	投入相应出口软压板开出传动，验证跳闸回路、启线路远跳回路的正确性（除新接入间隔外，其他间隔均以数字式测试仪模拟接收）
9	验证线路保护启失灵、远跳功能；主变压器保护启失灵、失灵联跳功能。对于新接入间隔恢复组网口，投入母线保护内对应间隔 GOOSE 出口、接收软压板，验证正确后退出（除新接入间隔外，其他间隔均以数字式测试仪模拟接收组网信息）
10	传动结束后，恢复初始状态
11	退出母线保护检修压板
12	恢复初始状态与光纤，检查无异常
13	网络安全检修挂牌解除